新一代
柠檬酸发酵技术

刘 龙　陈 坚　石贵阳　李由然　编著

·北 京·

本书体系全面，紧紧围绕柠檬酸生产工艺上、中、下游技术展开。内容包括柠檬酸发酵的理论基础、发酵菌种、发酵原料、发酵过程、提取及废物资源化利用等。本书在撰写过程中，广泛收集资料，以科学性、先进性、实用性相结合为宗旨，荟萃了经过产业化实践验证确实可靠的先进工艺和技术，并经过反复核对和精炼，采用图文并茂的说明方法，反映了柠檬酸发酵技术的最新进展。

本书适用于有机酸发酵行业的科研人员、生产技术人员，以及相关专业的学生参考。

图书在版编目（CIP）数据

新一代柠檬酸发酵技术/刘龙等编著．—北京：化学工业出版社，2019.6

ISBN 978-7-122-33643-9

Ⅰ.①新…　Ⅱ.①刘…　Ⅲ.①柠檬酸-发酵　Ⅳ.①TQ921

中国版本图书馆 CIP 数据核字（2018）第 297282 号

责任编辑：赵玉清　　文字编辑：焦欣渝

责任校对：王素芹　　装帧设计：关　飞

出版发行：化学工业出版社（北京市东城区青年湖南街 13 号　邮政编码 100011）

印　　刷：北京京华铭诚工贸有限公司

装　　订：三河市振勇印装有限公司

787mm×1092mm　1/16　印张 10　字数 229 千字　　2020 年 1 月北京第 1 版第 1 次印刷

购书咨询：010-64518888　　售后服务：010-64518899

网　　址：http://www.cip.com.cn

凡购买本书，如有缺损质量问题，本社销售中心负责调换。

定　　价：88.00 元

前言

发酵工程是我国重点发展的高新技术——工业生物技术的重要组成部分，是其产业化的关键。现代发酵工程将基因工程、细胞工程、酶工程、生化工程等技术的创新注入其中，为产业的发展增加了新的活力，也使其为解决人类所面临的食品与营养、健康与环境、资源与能源等重大问题开辟了新的途径。

柠檬酸又名枸橼酸，是一种重要的三羧酸类化合物，由于具有生物基安全性、环境友好性等优良特性，在食品工业、化学工业、纺织工业等领域具有广泛的应用。2018 年全球柠檬酸产量达到 200 万吨，是全球产量最大的食品酸味剂，同时也是全球第二大生物发酵产品。我国柠檬酸产量占全球的 70%，但产业技术水平相对落后，整个行业存在原料利用率低、菌种代谢调控机制不明、发酵生产效率低、产物提取率低且环境污染严重等问题。如何对柠檬酸传统发酵工艺进行重构，显著提升行业技术水平，使我国从柠檬酸生产大国变为生产强国，是柠檬酸发酵行业可持续发展的艰巨挑战。在这样的背景下，我们编著了此书。

本书紧紧围绕柠檬酸生产工艺上、中、下游技术展开。内容包括柠檬酸发酵的理论基础、发酵菌种、发酵原料、发酵过程、提取及废物资源化利用等。本书在撰写过程中，广泛收集资料和最新标准，以科学性、先进性、实用性相结合为宗旨，荟萃了经过产业化实践验证确实可靠的先进工艺和技术，并经过反复核对和精炼，采用图文并茂的说明方法，反映了柠檬酸发酵技术的最新进展，力求兼具理论指导意义和实践应用价值。

本书的编写分工如下：第一章，刘龙、陈坚、李由然；第二章，刘龙、殷娴；第三章，石贵阳、李由然；第四章，石贵阳、王宝石；第五章，刘龙、殷娴；第六章，石贵阳、李由然；第七章，金赛、石贵阳。此外，陈坚教授还负责本书稿的内容架构与审稿工作。笔者特别感谢江苏国信协联能源有限公司宗伟刚总经理、胡志杰副总经理以及孙福新高级工程师给予的帮助，感谢化学工业出版社的大力支持。

笔者撰写此书，一方面得益于笔者所在的江南大学生物工程学院发酵工程国家重点学科，学校从成立迄今，60 多年中不断积累着发酵工程领域的科研经验，其中柠檬酸发酵始终是重要的研究方向。另一方面受助于包括 863 重点项目、973 子课题、国家自然科学基金项目在内的国家和省部级项目的支持，这些科研项目的完成为本书提供了较多的实践案例。在此笔者深表感谢。

本书适用于有机酸发酵行业的科研人员、生产技术人员以及相关专业的学生参考。

由于水平有限，书中存在不妥之处在所难免，敬请广大读者和专家提出宝贵意见，以利完善，更好地促进我国柠檬酸发酵行业的发展。在此表示诚挚的谢意！

编者

2019 年 4 月

目录

第一章 概述 / 1

第二章 柠檬酸发酵的生物化学基础 / 10

第三章 柠檬酸发酵的微生物学基础 / 19

第一章 概 述

第一节 柠檬酸物理性质

柠檬酸（citric acid，CA）又称枸橼酸，化学名称2-羟基丙烷-1,2,3-三羧酸（$C_6H_8O_7$），分子量为192.13，其化学结构式如图1-1所示。常带有一分子结晶水（$C_6H_8O_7 \cdot H_2O$），分子量为210.12，是自然界中广泛存在的三羧酸类化合物。它有三个电离常数，分别为3.13、4.76、6.40。柠檬酸是一种酸性较强的有机酸，亦具有较宽的pH缓冲范围（2.5～6.5）。柠檬酸是动植物体内的一种天然成分和生理代谢的中间产物，在室温下，为无色透明或半透明的晶体或（微）粒状粉末，无臭，具有强烈酸味，是食品、医药、化工等领域应用最广泛的有机酸之一。柠檬酸同时具有羟基和羧基，极易溶于水，溶解度随温度的升高而增大；微溶于乙醚，不溶于四氯化碳、苯、甲苯等其他有机溶剂。

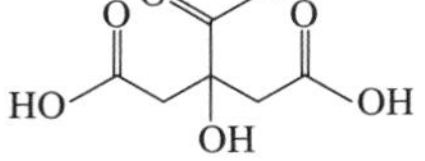

图1-1 柠檬酸的结构式

第二节 柠檬酸化学性质

(1) 溶解性好 柠檬酸易溶于水、乙醇，微溶于乙醚。无水柠檬酸在水中的溶解度很大，10℃为54g/100g水、20℃为59g/100g水、50℃为71g/100g水、100℃为84g/100g水。25℃时在乙醇中的溶解度为58.900g/100g乙醇。此外，柠檬酸及其衍生物（如柠檬酸酯）

的丙二醇溶液还可溶于油脂。由于水溶性和脂溶性较好，柠檬酸易于均匀地分散于各类食品中。

(2) 酸味纯正 1%的无水柠檬酸溶液 pH 值为 2.31，呈酸性，其刺激阈值（感官上能尝出酸味的最低浓度）最大为 0.08，最小为 0.0025。柠檬酸酸味纯正，温和芳香，在所有有机酸中是最可口的，并能与多种香料混合产生清爽的酸味，故适用于许多食品。同时，由于柠檬酸的弱酸性，在一定 pH 范围内能抑制细菌繁殖，起到防腐作用。

(3) 螯合力强 柠檬酸分子中有三个羧基，是多元酸，羧基中的氧原子能提供孤对电子，因而柠檬酸可作为“OO”型螯合剂，它能与可接受电子的金属离子相键合形成稳定的环状螯合物，从而封锁金属离子使其失去催化能力，延缓油脂的酸败、变味及果蔬的褐变等。

(4) 能与碱或盐组成缓冲剂 柠檬酸为三元弱酸，能与碱组成广泛 pH 范围的缓冲溶液，如与磷酸氢二钠以不同比例混合，可得到 pH 为 2～8 的系列缓冲溶液。此外，柠檬酸还可与其钠、钾盐配成缓冲溶液，控制溶液 pH 值。

(5) 毒性小 在人体中柠檬酸为三羧酸循环的重要中间体，毒性小。联合国粮农组织/世界卫生组织（FAO/WHO）（1994）对柠檬酸的 ADI 不作限制性规定，美国食品和药物管理局（FDA）及美国食用香料制造者协会（FEMA）将柠檬酸列为一般公认为安全品(GRAS)，我国 GB 2760—2014 中规定柠檬酸可按正常生产需要添加。

柠檬酸具有多元酸的性质，可以生成酯、盐和酰胺，但不能生成酸酐；其羧基和羟基也可以和金属离子形成络合物或螯合物；与氢氧化钾熔融时，分解为草酸及乙酸；对碳钢有强腐蚀作用，但对不锈钢无腐蚀作用；遇强氧化剂（如高锰酸钾）可被氧化，生成草酸；加热可以分解成多种产物，与酸、碱、甘油等发生反应。其钙盐在冷水中比热水中易溶解，此性质常用来鉴定和分离柠檬酸。结晶时控制适宜的温度可获得无水柠檬酸。在工业、食品业、化妆业等具有极多的用途。

第三节　柠檬酸功能与应用

柠檬酸是三羧酸循环的中间代谢产物，是一种附加值非常高的产品，广泛应用于食品行业（75%）、医药行业（10%）及其他工业领域（15%）（如图 1-2 所示）。柠檬酸具有令人愉快的酸味，入口爽快、无后酸味，安全无毒；它在水中的溶解度极高，能被生物体直接吸收代谢；基于此优良的特性，广泛应用于食品行业中。同时，柠檬酸也是化学合成的中间体，是非常重要的化合物。另外，由柠檬酸衍生生产的盐类、酯类和衍生物也各具特色，用途极为广泛；伴随着技术的进步，其应用新领域也不断开拓。

柠檬酸被称为第一食用酸味剂。在饮料与酿酒工业中，不仅能赋予产品水果风味，而且还有增溶、缓冲、抗氧化等作用，使色素、香气、糖分等成分交融协调，形成调和的口味和香气，同时能增强抗微生物防腐效果。柠檬酸作为酸味剂具有酸味柔和的特点，广泛用于汽水、果汁、水果罐头等。通常使用量为 0.1%～0.5%，具体使用量视品种和需要而定。柠檬酸可感觉酸味的最低浓度为 0.0025%～0.08%。在某些果蔬制品中可以通过柠檬酸和糖

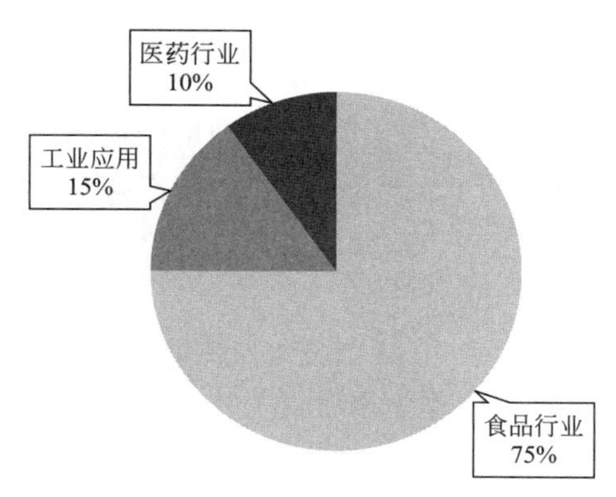

图 1-2　柠檬酸的应用领域及市场份额

来调节制品的糖酸比，改善制品的风味。柠檬酸在果酱与果冻中的作用主要在于赋予产品酸味，调节 pH 至适于果胶凝胶最窄的范围内；在冷冻食品、脂肪和油类中，具有螯合及调节 pH 的特点，加强抗氧化剂作用和酶失活，提高冷冻食品的稳定性。在蔗糖液中添加适量柠檬酸可使其转化为转化糖，可提高蔗糖的饱和度和黏度，增大渗透压。因此可以防止糖制品的蔗糖返砂，还可增强糖制品的保藏性和改善制品的质地。柠檬酸应用在罐头、果酱、果冻等制品中，可使 pH 值降低，抑制腐败微生物的繁殖。当 pH 值小于 5.5 时，大部分腐败细菌可被抑制。通过用柠檬酸调整 pH 值，还可达到改善品质和风味的目的。在医药行业，可作发泡剂，柠檬酸与碳酸钠水溶液共同反应产生大量 CO_2（即泡腾），可使药物中的活性配料迅速溶解并改善味觉感受。在面食制品中用小苏打疏松剂时，制品往往碱度增大，口味变劣，若柠檬酸和小苏打同时使用，可使小苏打分子在反应过程中产生的二氧化碳被吸收，不致使碳酸钠积累，从而降低面制品的碱度，改善口味。享有“西餐之王”美誉的柠檬具有很强的杀菌作用，对食品卫生很有好处，再加上柠檬的清香气味，人们历来喜欢用其制作凉菜，不仅美味爽口，也能增进食欲。

柠檬酸作为一种弱有机酸，能有效祛除金属表面氧化物，作为高效螯合清洗剂，有效去除钙、镁、铬、铜等污垢；其钠盐能增强去污性能，在去垢剂中添加可加快生物降解，替代磷酸盐，应用于洗衣粉与去污剂中，同时可作为纺织品的软化剂；柠檬酸能够生产广泛的金属盐，如遇铜、铁、镁、锰和钙等生成络合物，形成的盐使得它在工业过程中作为掩蔽剂和抗氧化剂等获得应用。

柠檬酸在制药、医药杀菌等方面主要用作抗凝血剂、解酸药、矫味剂及配制各种药剂。柠檬酸可防止血液中凝血酶的生成，其下游产品柠檬酸钠、柠檬酸钾可用于输血剂、抗凝血剂、化痰药和利尿药；柠檬酸铁用于铁营养强化剂治疗缺铁性贫血；柠檬酸铁和柠檬酸铵的复盐柠檬酸铁铵可作补血药、营养强化剂等；柠檬酸酯是无毒增塑剂，可被生物降解，无污染，已被美国 FDA 批准用于医疗卫生制品和食品包装薄膜。在 80℃温度条件下柠檬酸具有良好的杀灭细菌芽孢的作用，并可有效杀灭血液透析机管路中污染的细菌芽孢。在凝血酶原激活物的形成及以后的凝血过程中，必须有钙离子参加。柠檬酸根离子与钙离子能形成一种难以解离的可溶性络合物，因而降低了血中钙离子的浓度，使血液凝固受阻。本品在输血或化验室血样抗凝时，用作体外抗凝药。

柠檬酸代替三聚磷酸钠用作家用洗涤剂，不仅去污和清洗效果好，而且易于生物降解，不会带来环境污染和公害；此外，柠檬酸还可用于照相纸的上浆，用作造纸稳定剂，用作饲料、微量元素肥料和磷肥的添加剂；用作甲基丙烯酸甲酯聚合物的发泡剂，聚酰胺黏合剂的引发剂，聚氯乙烯的增塑剂；用作丙烯腈聚合反应中激活硫醇链转移的激活剂，聚酰胺纤维染色时促进染料与纤维结合的促进剂，苯酚的氧化羟基化、氨基酸与糖的缩合、环氧树脂的交联等生产的催化剂。

柠檬酸属于果酸的一种，主要作用是加快角质更新，常用于乳液、乳霜、洗发精等生产；在化妆品与发蜡的制备过程中，作为金属离子螯合剂，同时可增强发蜡的防腐作用。

柠檬酸在化学技术上可作为化学分析用试剂，用作实验试剂、色谱分析试剂及生化试剂；用作络合剂、掩蔽剂；用以配制缓冲溶液。采用柠檬酸或柠檬酸盐类作助洗剂，可改善洗涤产品的性能，迅速沉淀金属离子，防止污染物重新附着在织物上，保持洗涤必要的碱性；使污垢和灰分散和悬浮；提高表面活性剂的性能，是一种优良的螯合物；可用作测试建筑陶瓷瓷砖耐酸性的试剂。

柠檬酸-柠檬酸钠缓冲液用于烟气脱硫。我国煤炭资源丰富，是构成能源的主要部分，然而一直缺乏有效的烟气脱硫工艺，导致大气层污染严重。柠檬酸-柠檬酸钠缓冲溶液由于其蒸气压低、无毒、化学性质稳定、对硫吸收率高等原因，是极具开发价值的脱硫吸收剂。

柠檬酸在化学清洗中可应用于针对高杂质硬水质的最新清洗技术，利用食品级柠檬酸软化顽固水垢，再以微电脑控制水流与气动，产生水流周波水振荡等方法，使水管内的陈年积垢剥离脱落，让水管畅通清洁。高周波柠檬酸清洗技术，是最快速安全有效的施工法，不使用臭氧或化学试剂，费用低。柠檬酸、AES和苯并二氮唑配制的化学清洗剂可用于清洗已使用多年的燃气热水器。将以上清洗剂注入倒置的热水器中，浸泡1h后，倒出清洗液，用清水冲洗干净；重新使用热水器时，在相同流量下，将出水温度提高5～8℃完成清洗。家用饮水机长期使用内胆易结水垢，将食用柠檬酸（粉末状）用水稀释后，注入饮水机加热内胆中浸泡2min，再用清水反复冲洗内胆至彻底干净，清洗效果好且对人体无毒害。

在建筑工业中，柠檬酸可作为混凝土缓凝剂，提高工程抗拉、抗压、抗冻性能，防止龟裂。

高纯度的柠檬酸（含量在99.9%以上）可用于半导体等电子产品。柠檬酸在电镀业中可用作电镀液的pH值调整剂；在印染业中可用作染料的防染剂，还可用作金属清洁剂、油脂抗氧剂、锅炉清洗剂、无毒增塑剂等。柠檬酸作为多价螯合剂，可用于配制缓冲溶液，测定血钾，检定铋、亚硝酸盐等。

第四节　发酵法生产柠檬酸的历史与现状

柠檬酸在1784年被瑞典化学家Carl Scheele首次从柠檬汁中分离出来，它几乎存在于所有动植物中；研究初期，柠檬酸主要从柠檬汁中分离提取；Wehmer（1891）发现霉菌能够生产有机酸，但由于菌种易退化、易感染杂菌等原因未能实现生产；随后，柠檬酸首次被认定为霉菌代谢的产物；Zahorsky（1913）获得了第一个黑曲霉生产柠檬酸的发明专利，Szücs（1925）发现黑曲霉以糖蜜为原料生产柠檬酸。在最初工业化生产柠檬酸过程中，存在发酵周期长、染菌等问题，一直未获得成功；直至Currie（1916）从大量菌株中分离获得黑曲霉，积累了大量柠檬酸；其中，他获得的最重要的发现是，黑曲霉能够在低pH（2.5～3.5）条件下生长，同时，高浓度底物能够获得高的柠檬酸产量，为柠檬酸工业化生产奠定了基础。比利时一家工厂（1919）首次成功地进行了浅盘法生产柠檬酸，美国Pfizer公司（1923）采用黑曲霉浅盘发酵糖蜜实现了工业化生产柠檬酸；Szucs（1944）首次尝试机械搅拌通风发酵方式，以纯蔗糖工业化生产柠檬酸；随后，Buelow和Johnso（1952）等通过对发酵条件的控制，增加通气量，明显缩短了发酵周期；美国Miles公司（1952）成功应用深层发酵法工业化生产柠檬酸，替代了传统的浅盘发酵工艺，有力地推动了世界柠檬酸工业的蓬勃发展。

我国柠檬酸生产起步较晚，初期主要以糖蜜或砂糖进行浅盘发酵研究；直到1968年首次实现以淀粉为原料深层发酵柠檬酸，同期天津工业微生物所开发了薯干原料深层发酵生产柠檬酸。高产菌育种工作在柠檬酸生产中一直处于举足轻重的地位，我国在菌种选育方面的研究非常活跃，经过几代人的不懈努力，选育出了具有底物粗放（无需预处理）、底物广泛（多种淀粉质原料进行发酵）、耐受性强（耐高糖、耐高柠檬酸并具有抗金属离子）、产酸高等优良特性的菌种；开发出黑曲霉液态深层发酵的主流技术。我国柠檬酸发酵已达到世界先进水平，而且是世界上最大的柠檬酸出口国，2012年的产能已经超过170万吨，占世界总产量的70%左右。尽管许多文献报道化学法实现柠檬酸合成，但未能实现工业化生产；迄今柠檬酸生产仍然沿用微生物发酵法，柠檬酸初期发酵方式采用表面发酵，黑曲霉液态深层发酵方式逐渐发展并取得了广泛应用。

发酵法生产柠檬酸的方式，从培养方法上可分为浅盘发酵（surface fermentation）、固态发酵（solid fermentation）与液态深层发酵（submerged fermentation）三种。

浅盘发酵方式设备简单、易操作，但劳动强度大且空间利用率低，是柠檬酸生产最初的生产模式。

固态发酵方式是近年来的研究热点，此发酵方式在固体介质中进行发酵而不需要游离液体，仅需要维持一定的湿度。此方式具有能耗低、废水产量少等优势；它能够以工农业加工废料为底物，可以降低原料成本，同时能够减少环境污染，是一种非常具有发展前景的发酵模式。但此发酵方式自动化程度较低，废料成分复杂，造成产品分离提取困难，难以实现规模化生产。

液态深层发酵方式具有劳动强度小、生产效率高、占用空间小、自动化程度高等优势，是柠檬酸工业化生产的最主要方式，约超过80%的柠檬酸产品是通过此发酵方式获得的。

分批发酵模式是柠檬酸最主要的发酵方法，但存在能效低、辅助时间长、设备利用率偏低等缺陷，发酵模式已成为制约柠檬酸产能扩大的瓶颈。相比较而言，连续发酵模式（半连续发酵）更具有优势。柠檬酸合成属部分生长偶联型，不利于连续过程的形成，但研究专家始终未停止对此发酵模式的探索；Arzumanov等开发了一种*Yarrowia lipolytica* VKM Y-2373发酵柠檬酸工艺，分离出发酵液中的酵母细胞，添加新鲜培养基，发酵一段时间，发酵过程比较稳定；同样地，Rywińska等采用*Yarrowia lipolytica* Wratislavia AWG7发酵生产柠檬酸，开发了新颖的发酵方式，发酵培养至一定阶段，排出一定量的发酵液并添加新鲜培养基继续发酵，重复上述操作方式，当40%新鲜培养基被替代时，酵母细胞能够较长时间维持细胞活力。Moeller基于生物传感器在线控制，解脂耶氏酵母发酵葡萄糖生产柠檬酸，分别考察了分批发酵、补料分批发酵、反复分批发酵及反复补料分批发酵等发酵方式，反复补料分批发酵为最佳方式，柠檬酸产量达到100g·L^{-1}（发酵3d），但发酵过程积累了大量的副产物异柠檬酸，限制了其规模化应用。

半连续或连续发酵柠檬酸研究主要集中在酵母菌，黑曲霉连续培养的研究鲜有报道；黑曲霉特殊的菌丝体结构在连续培养过程中会造成溶氧运输受到限制，进一步地造成细胞代谢与柠檬酸合成异常。基于以上问题，开发一种安全、可靠的方法连续培养黑曲霉，具有较大的困难。尽管如此，一些研究专家提出了采用固定化方式，固定化黑曲霉细胞，控制了菌丝球的大小。但在固定化反应体系中存在副反应；更重要的是，产物合成的限速性步骤（传质速率）受到固定化系统的限制；在细胞逐渐老化及细胞未能更新的条件下，很难维持培养液菌丝球高的细胞活性，因而限制了此方法的进一步应用。因此，如何有效控制连续培养过程中菌丝球的形态、保持细胞活力，是实现黑曲霉连续发酵的一个重要课题。

工业化生产中，柠檬酸发酵采用精制糖如葡萄糖、蔗糖，能够获得较高的产量，但生产成本较高；相比较而言，淀粉质原料替代精制糖发酵更经济也更具有竞争力，但淀粉质原料需经液化、糖化等工艺才能获得可发酵性糖。作为蛋白生产的细胞工厂，黑曲霉可以高效分泌蛋白，并且是天然的多糖降解酶（如糖化酶、淀粉酶）的高产菌种。为降低生产成本，工业化生产中集淀粉糖化过程、发酵过程一体化（同步糖化发酵）；此发酵模式能降低成本消耗，解决高糖抑制细胞生成问题。黑曲霉自身能分泌大量糖化酶（高达10g·L^{-1}），以淀粉质为原料的柠檬酸发酵，普遍采用同步发酵方式合成。然而，在其发酵过程中，伴随着柠檬酸的积累，发酵pH显著下降，特别是当pH降至2.00以下时，糖化酶活性被破坏，造成葡萄糖供应速率减缓而降低产物合成速率，发酵残总糖含量偏高。高发酵残糖问题明显降低了底物与产物之间的转化比率，同时会进一步地造成产物分离与纯化步骤的困难，因此，需要大量投资诸如膜分离与柱色谱等复杂设备用于解决高发酵残糖引起的分离提取问题。为降低发酵残糖浓度，改善发酵效率，提高发酵液糖化酶活力是一种有效的方法；基因工程技术手段在降低发酵残糖方面已经取得了一定的进展，Wang在黑曲霉中过量表达糖化酶，提高了柠檬酸产量，降低了发酵液残糖；但重组工程菌的稳定性，制约了其规模化应用，同时，产品安全性有待于进一步考察。发酵过程控制技术如pH控制、溶氧控制、前体补偿等方式，能够更好地适应菌种的生物学特性与目标产物的合成特点，能够有效提高发酵产率，已经成功应用于氨基酸与有机酸发酵生产中。总之，上述阶段控制策略的发展，为有效解决柠檬酸发酵过程中糖化酶活力损失引起的系列问题提供了参考。

参 考 文 献

[1] Karaffa L，Kubicek C P. *Aspergillus niger* citric acid accumulation：do we understand this well working black box? [J]. Applied Microbiology and Biotechnology，2003，61（3）：189-196.

[2] Carlos R Soccol，Luciana P S V，Cristine Rodrigues，Pandey A. New perspectives for citric acid production and appli-

cation [J] . Food Technol Biotechnol, 2006, 44 (2): 141-149.

[3] Anastassiadis S, Morgunov I G, Kamzolova S V, et al. Citric acid production patent review [J] . Recent patents on biotechnology, 2008, 2 (2): 107-123.

[4] Ates S, Dingil N, Bayraktar E, et al. Enhancement of citric acid production by immobilized and freely suspended *Aspergillus niger* using silicone oil [J] . Process Biochemistry, 2002, 38 (3): 433-436.

[5] Tran C T, Sly L I, Mitchell D A. Selection of a strain of *Aspergillus* for the production of citric acid from pineapple waste in solid-state fermentation [J] . World Journal of Microbiology & Biotechnology, 1998, 14 (3): 399-404.

[6] Wang J. Improvement of citric acid production by *Aspergillus niger* with addition of phytate to beet molasses [J] . Bioresource Technology, 1998, 65 (3): 243-245.

[7] Soccol C R, Vandenberghe L P S. Overview of applied solid-state fermentation in Brazil [J] . Biochemical Engineering Journal, 2003, 13 (2-3): 205-218.

[8] Chang V S, Holtzapple M T. Fundamental factors affecting biomass enzymatic reactivity [J] . Applied Biochemistry and Biotechnology, 2000, 84 (1): 5-37.

[9] Bal'A M F, Marshall D L. Organic acid dipping of catfish fillets: effect on color, microbial load, and listeria monocytogenes [J] . Journal of Food Protection, 1998, 61 (11): 1470-1474.

[10] Sommers C H, Fan X, Handel A P, et al. Effect of citric acid on the radiation resistance of Listeria monocytogenes and frankfurter quality factors [J] . Meat Science, 2003, 63 (3): 407-415.

[11] Yang J, Webb A R, Ameer G A. Novel Citric Acid-Based Biodegradable Elastomers for Tissue Engineering [J] . Advanced Materials, 2004, 16 (16): 511-516.

[12] 陈颖，曾嘉，Markus D. 柠檬酸盐抗凝剂对机体代谢的影响 [J] . 中华检验医学杂志，2008，31 (12): 1382-1384.

[13] Ousmanova D, Parker W. Fungal generation of organic acids for removal of lead from contaminated soil [J] . Water Air & Soil Pollution, 2007, 179 (179): 365-380.

[14] Dhillon G S, Brar S K, Kaur S, et al. Bioproduction and extraction optimization of citric acid from *Aspergillus niger* by rotating drum type solid-state bioreactor [J] . Industrial Crops and Products, 2013, 41: 78-84.

[15] Shamloo A, Vossoughi M, Alemzadeh I, et al. Two Nanostructured Polymers: Polyaniline Nanofibers and New Linear-dendritic Matrix of Poly (citric acid) -block-poly (ethylene glycol) Copolymers for Environmental Monitoring in Novel Biosensors [J] . International Journal of Polymeric Materials & Polymeric Biomaterials, 2013, 62 (7): 377-383.

[16] Naeini A T, Adeli M, Vossoughi M. Poly (citric acid) -block-poly (ethylene glycol) copolymers—new biocompatible hybrid materials for nanomedicine [J] . Nanomedicine: Nanotechnology, Biology and Medicine, 2010, 6 (4): 556-562.

[17] Guillermo A, Jian Y, Ryan H. New biodegradable biocompatible citric acid nano polymers for cell culture growth & implantation engineered by Northwestern University Scientists. Nano patents and innovations [J] . US Patent Application 20090325859, 2010.

[18] Mostafa Y S, Alamri S A. Optimization of date syrup for enhancement of the production of citric acid using immobilized cells of *Aspergillus niger* [J] . Saudi Journal of Biological Sciences, 2012, 19 (2): 241-246.

[19] Khosravi-Darani K, Zoghi A. Comparison of pretreatment strategies of sugarcane baggase: Experimental design for citric acid production [J] . Bioresource Technology, 2008, 99 (15): 6986-6993.

[20] Shojaosadati S, Babaeipour V. Citric acid production from apple pomace in multi-layer packed bed solid-state bioreactor [J] . Process Biochemistry, 2002, 37 (8): 909-914.

[21] Kurbanoglu E B. Enhancement of citric acid production with ram horn hydrolysate by *Aspergillus niger* [J] . Bioresource Technology, 2004, 92 (1): 97-101.

[22] Hossain M, Brooks J D, Maddox I S. The effect of the sugar source on citric acid production [J] . Appl Microbiol Biotechnol, 1984 (19): 393-397.

[23] Dawson M W, Maddox I S, Boag I F, et al. Application of fed-batch culture to citric acid production by *Aspergillus niger*: The effects of dilution rate and dissolved oxygen tension [J] . Biotechnology and bioengineering, 1988, 32

(2): 220-226.

[24] Kubicek C P, Zehentgruber O, El-Kalak H, et al. Regulation of citric acid production by oxygen: Effect of dissolved oxygen tension on adenylate levels and respiration in *Aspergillus niger* [J]. European journal of applied microbiology and biotechnology, 1980, 9 (2): 101-115.

[25] Hiromi K, Ohnishi M, Tanaka A. Subsite structure and ligand binding mechanism of glucoamylase [J]. Molecular and Cellular Biochemistry, 1983, 51 (1): 79-95.

[26] Meagher M M, Nikolov Z L, Reilly P J. Subsite mapping of *Aspergillus niger* glucoamylases I and II with malto- and isomaltooligosaccharides [J]. Biotechnology and Bioengineering, 1989, 34 (5): 681-688.

[27] Converti A, Fiorito G, Del Borghi M, et al. Simultaneous hydrolysis of tri- and tetrasaccharides by industrial mixtures of glucoamylase and α-amylase: kinetics and thermodynamics [J]. Bioprocess Engineering, 1991, 7 (4): 165-170.

[28] Kuforiji O, Kuboye A O, Odunfa S A. Orange and pineapple wastes as potential substrates for citric acid production [J]. International Journal of Plant Biology, 2010, 1 (1): e4.

[29] Rywińska A, Rymowicz W. High-yield production of citric acid by *Yarrowia lipolytica* on glycerol in repeated-batch bioreactors [J]. Journal of Industrial Microbiology & Biotechnology, 2010, 37 (5): 431-435.

[30] Förster A, Aurich A, Mauersberger S, et al. Citric acid production from sucrose using a recombinant strain of the yeast *Yarrowia lipolytica* [J]. Applied Microbiology and Biotechnology, 2007, 75 (6): 1409-1417.

[31] Liu X Y, Chi Z, Liu G L, et al. Both decrease in ACL1 gene expression and increase in ICL1 gene expression in marine-derived *yeast Yarrowia lipolytica* expressing INU1 gene enhance citric acid production from inulin [J]. Marine Biotechnology, 2013, 15 (1): 26-36.

[32] Xin B, Xia Y, Zhang Y, et al. A feasible method for growing fungal pellets in a column reactor inoculated with mycelium fragments and their application for dye bioaccumulation from aqueous solution [J]. Bioresource Technology, 2012, 105: 100-105.

[33] Angumeenal A R, Venkappayya D. An overview of citric acid production [J]. LWT - Food Science and Technology, 2013, 50 (2): 367-370.

[34] Krishna C. Solid-state fermentation systems-an overview [J]. Critical Reviews in Biotechnology, 2008, 25 (1-2): 1-30.

[35] Dhillon G S, Brar S K, Verma M, et al. Utilization of different agro-industrial wastes for sustainable bioproduction of citric acid by *Aspergillus niger* [J]. Biochemical Engineering Journal, 2011, 54 (2): 83-92.

[36] Bari M N, Alam M Z, Muyibi S A, et al. Improvement of production of citric acid from oil palm empty fruit bunches: Optimization of media by statistical experimental designs [J]. Bioresource Technology, 2009, 100 (12): 3113-3120.

[37] Podgorski W, Lesniak W. Induction of citric acid overproduction in *Aspergillus niger* on beet molasses [J]. Progress in Biotechnology, 2000, 17: 247-250.

[38] Thompson J C, He B. Characterization of crude glycerol from biodiesel production from multiple feedstocks [J]. Applied Engineering in Agriculture, 2006, 22 (2): 261-265.

[39] Arzumanov T, Shishkanova N, Finogenova T. Biosynthesis of citric acid by *Yarrowia lipolytica* repeat-batch culture on ethanol [J]. Applied Microbiology and Biotechnology, 2000, 53 (5): 525-529.

[40] Moeller L, Grünberg M, Zehnsdorf A, et al. Biosensor online control of citric acid production from glucose by *Yarrowia lipolytica* using semicontinuous fermentation [J]. Engineering in Life Sciences, 2010, 10 (4): 311-320.

[41] Kim S-K, Park P-J, Byun H-G. Continuous production of citric acid from dairy wastewater using immobilized *Aspergillus niger* ATCC 9142 [J]. Biotechnology and Bioprocess Engineering, 2002, 7 (2): 89-94.

[42] Sankpal N, Joshi A, Kulkarni B. Citric acid production by *Aspergillus niger* immobilized on cellulose microfibrils: influence of morphology and fermenter conditions on productivity [J]. Process Biochemistry, 2001, 36 (11): 1129-1139.

[43] Garg K, Sharma C B. Continuous production of citric acid by immobilized whole cells of *Aspergillus niger* [J]. Journal of General and Applied Microbiology, 1992, 38 (6): 605-615.

[44] John R P, Anisha G S, Nampoothiri K M, et al. Direct lactic acid fermentation: Focus on simultaneous saccharification and lactic acid production [J]. Biotechnology Advances, 2009, 27 (2): 145-152.

[45] Huang X, Chen M, Lu X, et al. Direct production of itaconic acid from liquefied corn starch by genetically engineered *Aspergillus terreus* [J]. Microbial Cell Factories, 2014, 13: 108.

[46] Li X, Zhou J, Ouyang S, et al. Fumaric acid production from Alkali-Pretreated corncob by Fed-Batch simultaneous saccharification and fermentation combined with separated hydrolysis and fermentation at high solids loading [J]. Applied Biochemistry and Biotechnology, 2017, 181 (2): 573-583.

[47] Nikolić S, Mojović L, Rakin M, et al. Bioethanol production from corn meal by simultaneous enzymatic saccharification and fermentation with immobilized cells of *Saccharomyces cerevisiae var. ellipsoideus* [J]. Fuel, 2009, 88 (9): 1602-1607.

[48] Suzuki A, Sarangbin S, Kirimura K, et al. Direct production of citric acid from starch by a 2-deoxyglucose-resistant mutant strain of *Aspergillus niger* [J]. Journal of fermentation and bioengineering, 1996, 81 (4): 320-323.

[49] Lv X, Yu B, Tian X, et al. Effect of pH, glucoamylase, pullulanase and invertase addition on the degradation of residual sugar in L-lactic acid fermentation by *Bacillus coagulans* HL-5 with corn flour hydrolysate [J]. Journal of the Taiwan Institute of Chemical Engineers, 2016, 61: 124-131.

[50] Wang L, Cao Z, Hou L, et al. The opposite roles of *agdA* and *glaA* on citric acid production in *Aspergillus niger* [J]. Applied Microbiology and Biotechnology, 2016, 100 (13): 5791-5803.

[51] Cheng L-K, Wang J, Xu Q-Y, et al. Strategy for pH control and pH feedback-controlled substrate feeding for high-level production of l-tryptophan by *Escherichia coli* [J]. World Journal of Microbiology and Biotechnology, 2013, 29 (5): 883-890.

[52] Sun J, Zhang L, Rao B, et al. Enhanced acetoin production by *Serratia marcescens* H32 using statistical optimization and a two-stage agitation speed control strategy [J]. Biotechnology and Bioprocess Engineering, 2012, 17 (3): 598-605.

[53] Zhang J, Liu L, Li J, et al. Enhanced glucosamine production by *Aspergillus sp.* BCRC 31742 based on the time-variant kinetics analysis of dissolved oxygen level [J]. Bioresource Technology, 2012, 111: 507-511.

[54] Li X, Lin Y, Chang M, et al. Efficient production of arachidonic acid by *Mortierella alpina* through integrating fed-batch culture with a two-stage pH control strategy [J]. Bioresource Technology, 2015, 181: 275-282.

[55] Riaz M, Rashid M H, Sawyer L, et al. Physiochemical properties and kinetics of glucoamylase produced from deoxy-d-glucose resistant mutant of *Aspergillus niger* for soluble starch hydrolysis [J]. Food Chemistry, 2012, 130 (1): 24-30.

第二章

柠檬酸发酵的生物化学基础

柠檬酸主要通过细胞质的糖酵解途径和随后线粒体的 C_4 和 C_2 聚合生成。糖酵解将葡萄糖分解为 2 分子丙酮酸，一个进入线粒体并释放 1mol CO_2 转化成乙酰辅酶 A，另一个通过固定 1mol CO_2 转化成草酰乙酸。草酰乙酸随后被还原为苹果酸并通过苹果酸-柠檬酸逆向转运蛋白被运输到线粒体。线粒体的苹果酸进入三羧酸循环（TCA 循环）而形成柠檬酸（图 2-1）。因此，柠檬酸的理论转化率为 $1mol \cdot mol^{-1}$ 葡萄糖。每产生 1 分子柠檬酸，释放 1 分子 ATP 和 3 分子 NADH，过剩的 NADH 通过侧呼吸链被还原。柠檬酸是糖酵解的抑制剂，所以黑曲霉过量表达柠檬酸而能保持糖酵解途径的活性引起了广泛的兴趣。作为碳源的多聚糖，除非被水解，否则不能作为柠檬酸发酵的原料，所以从多聚糖到产生柠檬酸的通路从胞外就开始了。Torres 计算认为柠檬酸生产的关键点是己糖的摄入和磷酸化。也就是说，如果葡萄糖吸收的速度增加，柠檬酸的产生速度将增加。Gupta 证明了这一变化不影响柠檬酸的产量，同时，葡萄糖转运速度的增加，减少了 NH_4^+ 摄入和柠檬酸生产的迟滞期。发酵时保持葡萄糖浓度，葡萄糖浓度越高，柠檬酸产生速率越快，但产量没有增加。

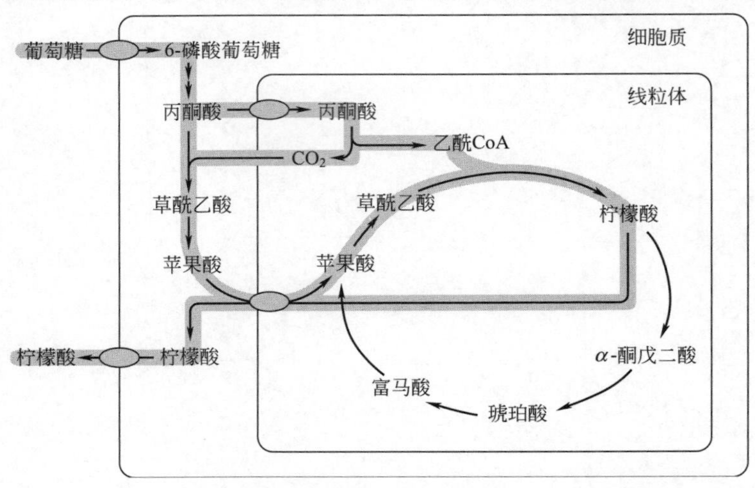

图 2-1　柠檬酸合成途径

Wayman 发现葡萄糖的吸收率与葡萄糖浓度为简单的线性关系，也就是说，简单扩散是黑曲霉吸收葡萄糖的主要方式。然而，黑曲霉中存在 2 类葡萄糖转运蛋白，Torres 的研究认为，低亲和力葡萄糖转运蛋白介导柠檬酸发酵所需的葡萄糖的转运。发酵初期，代谢流主要流向磷酸戊糖途径，菌体生长期，TCA 循环的关键酶的活性都很高，碳源主要用于菌体的生长，随后开始生成柠檬酸。己糖的磷酸化由己糖激酶和葡萄糖激酶共同作用。葡萄糖激酶对不同效应因子的抑制有抵抗作用，但容易被低 pH 破坏。Cleland 和 Johnson 发现，黑曲霉用来形成草酰乙酸的 CO_2 的量和形成乙酰辅酶 A 释放的 CO_2 的量相等。这对柠檬酸的高产很重要，因为另一条产生草酰乙酸的途径是完整的三羧酸循环，这需要损失 2mol CO_2。如果这样的话，只有 2/3 的碳源能形成柠檬酸，至少 1/3 的碳源被浪费了。Cleland 和 Johnson 反应只在发酵后期比较重要，即柠檬酸开始积累的时期，此时不需要消耗 CO_2。催化 Cleland 和 Johnson 反应的是丙酮酸羧化酶。不同于其他真核生物，黑曲霉的丙酮酸羧化酶定位于细胞质。糖酵解产生的丙酮酸可以不用转运到线粒体中就转化为草酰乙酸，并被细胞质中的苹果酸脱氢酶异构酶进一步转化为苹果酸。在黑曲霉中，该酶被天冬氨酸抑制，而不被乙酰辅酶 A 或 α-酮戊二酸抑制。柠檬酸合成酶催化草酰乙酸和乙酰辅酶 A 生成柠檬酸。该反应在体内由于底物浓度较低很少受到抑制。黑曲霉有 3 种异柠檬酸脱氢酶，其差别是接受质子的受体不同，分为 NAD^+ 专一性和 $NADP^+$ 专一性的异柠檬酸脱氢酶。NAD^+ 专一性的酶只存在于线粒体中，$NADP^+$ 专一性的酶有 2 种，分别存在于线粒体和细胞质中。$NADP^+$ 专一性的酶的数量远多于 NAD^+ 专一性的酶。柠檬酸和 α-酮戊二酸都是 $NADP^+$ 依赖的酶的抑制剂，有助于柠檬酸的积累。α-酮戊二酸脱氢酶则受高浓度碳源的抑制。1mol 葡萄糖通过糖酵解途径和 TCA 循环合成柠檬酸会产生 1mol ATP 和 3mol NADH，NADH 必须及时传递电子才能转化为 NAD^+，从而保证黑曲霉菌体内氧化还原电位的平衡。柠檬酸产率提高与 NADH 泛醌氧化还原酶失活有关联。如果来自 NADH 的电子经过呼吸链传递，氧化磷酸化会产生 ATP，ATP 含量的提高将抑制磷酸果糖激酶的活性，从而抑制糖酵解途径。实际上，黑曲霉发酵后期柠檬酸合成时，电子传递主要通过侧呼吸链完成，侧呼吸链受水杨基羟肟酸抑制，交替氧化酶是侧呼吸链的关键酶，缺氧会造成侧呼吸链不可逆的失活。

第一节　柠檬酸生物合成途径

黑曲霉利用糖类发酵生成柠檬酸，其生物合成途径现在普遍认为是，葡萄糖经 EMP、HMP 途径降解生成丙酮酸，丙酮酸一方面氧化脱羧生成乙酰 CoA，另一方面经 CO_2 固定化反应生成草酰乙酸，草酰乙酸与 CoA 缩合生成柠檬酸。这一过程已为许多学者研究证实。

三羧酸循环是需氧生物体内普遍存在的代谢途径，因为在这个循环中几个主要的中间代谢物是含有三个羧基的柠檬酸，所以叫做三羧酸循环，又称为柠檬酸循环；或者以发现者 Hans Adolf Krebs（英 1953 年获得诺贝尔生理学或医学奖）命名为 Krebs 循环。糖、脂肪和蛋白质在分解代谢过程中都先生成乙酰辅酶 A，乙酰辅酶 A 与草酰乙酸结合进入三羧酸循环而彻底氧化。所以三羧酸循环是糖、脂肪和蛋白质分解的共同通路。三羧酸循环的另一重要功能是为其他合成代谢提供小分子前体。α-酮戊二酸和草酰乙酸分别是合成谷氨酸和天冬氨酸的前体；草酰乙酸先转变成丙酮酸再合成丙氨酸；许多氨基酸通过草酰乙酸可异生成糖。所以三羧酸循环是糖、脂肪酸（不能异生成糖）和某些氨基酸相互转变的代谢枢纽。乙酰 CoA 进入由一连串反应构成的循环体系，被氧化生成 H_2O 和 CO_2。由于这个循环反应开始于乙酰 CoA 与草酰乙酸（oxaloacetic acid）缩合生成的含有三个羧基的柠檬酸，因此称之为三羧酸循环或柠檬酸循环（citrate cycle）。在三羧酸循环中，柠檬酸合成酶催化的反应是关键步骤，草酰乙酸的供应有利于循环顺利进行。其详细过程如下：

一、乙酰 CoA 进入三羧酸循环

乙酰 CoA 具有硫酯键，乙酰基有足够的能量与草酰乙酸的羧基进行醛醇型缩合。首先，柠檬酸合成酶的组氨酸残基作为碱基与乙酰 CoA 作用，使乙酰 CoA 的甲基上失去一个 H^+，生成的碳阴离子对草酰乙酸的羰基碳进行亲核攻击，生成柠檬酰 CoA 中间体，然后高能硫酯键水解放出游离的柠檬酸，使反应不可逆地向右进行。该反应由柠檬酸合成酶（citrate synthase）催化，是很强的放能反应。由草酰乙酸和乙酰 CoA 合成柠檬酸是三羧酸循环的重要调节点，ATP 是柠檬酸合成酶的抑制剂，此外，α-酮戊二酸、NADH 能变构抑制其活性，长链脂酰 CoA 也可抑制它的活性，AMP 可对抗 ATP 的抑制而起激活作用。

二、异柠檬酸形成

柠檬酸的叔醇基不易氧化，转变成异柠檬酸而使叔醇变成仲醇就易于氧化，此反应由顺乌头酸酶催化，为一可逆反应。

三、第一次氧化脱羧

在异柠檬酸脱氢酶的作用下，异柠檬酸的仲醇氧化成羰基，生成中间产物草酰琥珀酸（oxalosuccinic acid），后者在同一酶表面，快速脱羧生成 α-酮戊二酸（α-ketoglutarate）、NADH 和 CO_2，此反应为 β 氧化脱羧，此酶需要镁离子作为激活剂。此反应是不可逆的，是三羧酸循环中的限速步骤，ADP 是异柠檬酸脱氢酶的激活剂，而 ATP、NADH 是此酶的抑制剂。

四、第二次氧化脱羧

在 α-酮戊二酸脱氢酶系的作用下，α-酮戊二酸氧化脱羧生成琥珀酰 CoA、NADH＋H^+ 和 CO_2，反应过程完全类似于丙酮酸脱氢酶系催化的氧化脱羧，属于 α 氧化脱羧，氧化产生的能量中一部分储存于琥珀酰 CoA 的高能硫酯键中。α-酮戊二酸脱氢酶系也由三个酶（α-酮戊二酸脱氢酶、硫辛酸琥珀酰基转移酶、二氢硫辛酸脱氢酶）和五个辅酶（TPP、硫辛酸、HSCoA、NAD^+、FAD）组成。此反应也是不可逆的。α-酮戊二酸脱氢酶复合体受ATP、GTP、NADH和琥珀酰CoA抑制，但其不受磷酸化/去磷酸化的调控。

五、底物磷酸化生成ATP

在琥珀酸硫激酶（succinate thiokinase）的作用下，琥珀酰CoA的硫酯键水解，释放的自由能用于合成GTP，在细菌和高等生物中可直接生成ATP，在哺乳动物中，先生成GTP，再生成ATP，此时琥珀酰CoA生成琥珀酸和辅酶A。

六、琥珀酸脱氢

琥珀酸脱氢酶（succinate dehydrogenase）催化琥珀酸氧化成为延胡索酸。该酶结合在线粒体内膜上，而其他三羧酸循环的酶则都是存在于线粒体基质中的，该酶含有铁硫中心和共价结合的FAD，来自琥珀酸的电子通过FAD和铁硫中心，然后进入电子传递链到O_2，丙二酸是琥珀酸的类似物，是琥珀酸脱氢酶强有力的竞争性抑制物，所以可以阻断三羧酸循环。

七、延胡索酸的水化

延胡索酸酶仅对延胡索酸的反式双键起作用，而对顺丁烯二酸（马来酸）则无催化作用，因而是高度立体特异性的。

八、草酰乙酸再生

在苹果酸脱氢酶（malic dehydrogenase）的作用下，苹果酸仲醇基脱氢氧化成羰基，生成草酰乙酸（oxaloacetate），NAD^+是脱氢酶的辅酶，接受氢成为$NADH+H^+$。

在此循环中，最初草酰乙酸因参加反应而消耗，但经过循环又重新生成。所以每循环一次，净结果为1个乙酰基通过2次脱羧而被消耗。循环中有机酸脱羧产生的二氧化碳，是机体中二氧化碳的主要来源。在三羧酸循环中，共有4次脱氢反应，脱下的氢原子以$NADH+H^+$和$FADH_2$的形式进入呼吸链，最后传递给氧生成水，在此过程中释放的能量可以合成ATP。乙酰辅酶A不仅来自糖的分解，也可由脂肪酸和氨基酸的分解代谢中产生，都进入三羧酸循环彻底氧化。并且，凡是能转变成三羧酸循环中任何一种中间代谢物的物质都能通过三羧酸循环而被氧化。所以三羧酸循环实际是糖、脂肪、蛋白质等有机物在生物体内末端氧化的共同途径。三羧酸循环既是分解代谢途径，又为一些物质的生物合成提供了前体分子。如草酰乙酸是合成天冬氨酸的前体，α-酮戊二酸是合成谷氨酸的前体。一些氨基酸还可通过此途径转化成糖。

循环中有两次脱羧基反应，两次都同时有脱氢作用，但作用的机理不同，由异柠檬酸脱氢酶所催化的β氧化脱羧，辅酶是NAD^+，它们先使底物脱氢生成草酰琥珀酸，然后在

Mn^{2+}或Mg^{2+}的协同下，脱去羧基，生成α-酮戊二酸。α-酮戊二酸脱氢酶系所催化的α氧化脱羧反应和前述丙酮酸脱氢酶系所催化的反应基本相同。应当指出，通过脱羧作用生成CO_2，是机体内产生CO_2的普遍规律，由此可见，机体CO_2的生成与体外燃烧生成CO_2的过程截然不同。

三羧酸循环的四次脱氢，其中三对氢原子以NAD^+为受氢体，一对以FAD为受氢体，分别还原生成$NADH+H^+$和$FADH_2$。它们又经线粒体内递氢体系传递，最终与氧结合生成水，在此过程中释放出来的能量使ADP和Pi结合生成ATP，凡$NADH+H^+$参与的递氢体系，每2H氧化成1分子H_2O，生成2.5分子ATP，而$FADH_2$参与的递氢体系则生成1.5分子ATP，再加上三羧酸循环中一次底物磷酸化产生1分子ATP，那么，1分子柠檬酸参与三羧酸循环，直至循环终末共生成10分子ATP。

乙酰CoA进入循环，乙酰CoA中乙酰基的碳原子，与四碳受体分子草酰乙酸缩合，生成六碳的柠檬酸，在三羧酸循环中有两次脱羧生成2分子CO_2，与进入循环的二碳乙酰基的碳原子数相等，但是，以CO_2方式失去的碳并非来自乙酰基的两个碳原子，而是来自草酰乙酸。

三羧酸循环的中间产物，从理论上讲，可以循环不消耗，但是由于循环中的某些组成成分还可参与合成其他物质，而其他物质也可不断通过多种途径而生成中间产物，所以说三羧酸循环组成成分处于不断更新之中。

例如：草酰乙酸⟶天冬氨酸

α-酮戊二酸⟶谷氨酸

草酰乙酸⟶丙酮酸⟶丙氨酸

其中丙酮酸羧化酶催化的生成草酰乙酸的反应最为重要。因为草酰乙酸的含量多少，直接影响循环的速度，因此，不断补充草酰乙酸是使三羧酸循环得以顺利进行的关键。三羧酸循环中生成的苹果酸和草酰乙酸也可以脱羧生成丙酮酸，再参与合成许多其他物质或进一步氧化。

三羧酸循环是生物机体获取能量的主要方式。1分子葡萄糖经无氧酵解净生成2分子ATP，而有氧氧化可净生成38分子ATP（不同生物化学书籍上数字不同，近年来大多数倾向于32分子ATP），其中三羧酸循环生成24分子ATP，在一般生理条件下，许多组织细胞皆从糖的有氧氧化获得能量。糖的有氧氧化不但释能效率高，而且逐步释能，并逐步储存于ATP分子中，因此能的利用率也很高。三羧酸循环是糖、脂肪和蛋白质三种主要有机物在体内彻底氧化的共同代谢途径，三羧酸循环的起始物乙酰CoA不但是糖氧化分解产物，也可来自脂肪的甘油、脂肪酸和来自蛋白质的某些氨基酸代谢，因此，三羧酸循环实际上是三种主要有机物在体内氧化供能的共同通路，估计人体内2/3的有机物是通过三羧酸循环而被分解的。三羧酸循环是体内三种主要有机物互变的联络机构，因糖和甘油在体内代谢可生成α-酮戊二酸及草酰乙酸等三羧酸循环的中间产物，这些中间产物可以转变成为某些氨基酸；而有些氨基酸又可通过不同途径变成α-酮戊二酸和草酰乙酸，再经糖异生的途径生成糖或转变成甘油，因此，三羧酸循环不仅是三种主要有机物分解代谢的最终共同途径，而且也是它们互变的联络机构。

第二节 柠檬酸合成与分解关键酶

柠檬酸循环又称三羧酸循环（TCA 循环），因为循环中存在三羧酸中间产物。柠檬酸循环既是分解代谢途径，又是合成代谢途径，可以说是分解和合成两用途径。柠檬酸循环途径包括八步酶促反应：①柠檬酸合成酶催化乙酰辅酶 A 与草酰乙酸缩合形成柠檬酸；②顺乌头酸酶催化前手性分子柠檬酸转化为手性分子异柠檬酸；③异柠檬酸脱氢酶催化异柠檬酸氧化生成 α-戊酮二酸和 CO_2；④α-戊酮二酸脱氢酶复合物催化 α-戊酮二酸氧化脱羧生成琥珀酰 CoA；⑤琥珀酰 CoA 合成酶催化底物水平磷酸化；⑥琥珀酸脱氢酶催化琥珀酸脱氢生成延胡索酸；⑦延胡索酸酶催化延胡索酸水化生成 L-苹果酸；⑧苹果酸脱氢酶催化苹果酸氧化重新形成草酰乙酸。

在柠檬酸工业生产中，原料为淀粉，淀粉经过淀粉酶液化后过滤，得到清液和浑液，通过清液和浑液进行勾兑得到种子和发酵培养基，此时培养基中约一半的碳源为葡萄糖，一半碳源以多聚葡萄糖的形式存在，而工业生产菌在发酵初期合成大量糖化酶，将多聚葡萄糖分解为葡萄糖，因此，在发酵前期培养基中的碳源已经基本以葡萄糖的形式存在，所以柠檬酸发酵对碳源的吸收实际上就是对葡萄糖的吸收。因此，葡萄糖的转运是柠檬酸发酵的第一个步骤，随后进行糖酵解和柠檬酸循环（图 2-2）。糖酵解过程有三个关键酶：己糖激酶、磷酸果糖激酶和丙酮酸激酶。

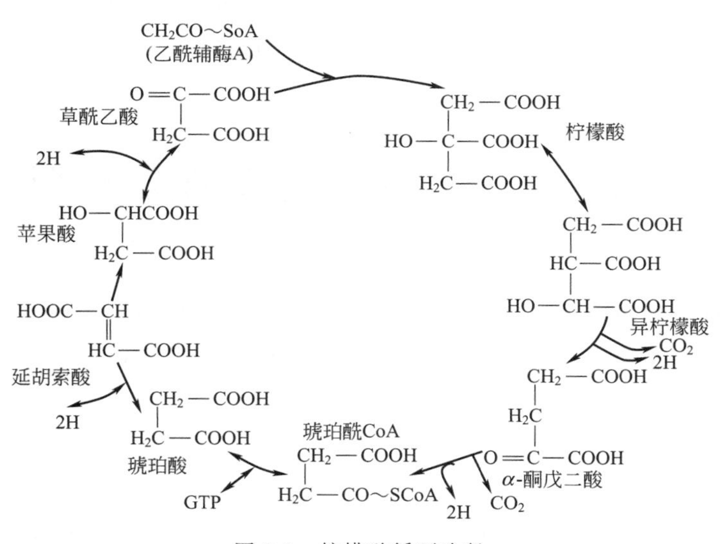

图 2-2 柠檬酸循环途径

柠檬酸循环途径有四个关键酶：己糖激酶、磷酸果糖激酶、丙酮酸激酶以及柠檬酸合成酶。

己糖的磷酸化由己糖激酶和葡萄糖激酶共同作用。葡萄糖激酶对不同效应因子的抑制有抵抗作用。另外，糖浓度低时，果糖和葡萄糖都是己糖激酶磷酸化的底物，也没有明显的偏好性。6-磷酸海藻糖是己糖激酶的抑制剂，但只存在于发酵初期，cAMP依赖的蛋白激酶（PKA）能够对其磷酸化，使之被中性海藻糖酶识别而被水解，水解后，己糖激酶不再受到抑制，催化果糖和葡萄糖磷酸化，促使磷酸戊糖途径转向糖酵解途径。

糖酵解途径的第二个关键酶是磷酸果糖激酶（PFK），负责催化糖酵解途径的第一步不可逆反应。正常生理浓度的柠檬酸（1～5mmol·L^{-1}）会抑制磷酸果糖激酶的活性。但是在发酵条件下，细胞内存在许多正向效应因子（NH_4^+、AMP和2,6-二磷酸果糖），能够削弱柠檬酸对酶的抑制作用。提高碳源的浓度也可能利于减轻对磷酸果糖激酶的抑制，原因是黑曲霉在高浓度蔗糖或者葡萄糖中，细胞内磷酸果糖激酶的激活因子2,6-二磷酸果糖浓度会升高。但Torres认为PFK对糖酵解的流量没有明显的作用，细胞质中抑制因子和激活因子的联合作用可保证糖酵解途径的进行和柠檬酸的积累。

丙酮酸激酶一直被认为是调控柠檬酸合成阶段的重要酶。但Ruijter等的研究证明，无论是单独表达还是共表达*pfkA*和*pkiA*基因，对提高柠檬酸的产率均没有影响，这验证了Torres等的计算——糖酵解途径关键酶的活性必须整体同时增加才能获得显著的柠檬酸的积累。

柠檬酸合成酶催化草酰乙酸和乙酰CoA生成柠檬酸。乙酰CoA是细胞内重要的分子，在多个细胞器内产生，主要用于生产能量，合成多种分子以及蛋白的乙酰化。真核细胞有4个部位可以合成乙酰CoA：丙酮酸脱氢酶合成乙酰CoA，主要用于TCA循环；过氧化物酶体中的乙酰CoA通过氧化脂肪酸形成，随后进入线粒体进行氧化；在细胞质，乙酰CoA合成酶和ATP柠檬酸裂解酶转化乙酸和柠檬酸形成乙酰CoA。此外，乙酰CoA合成酶和ATP柠檬酸裂解酶也涉及在细胞核中合成乙酰CoA，为组氨酸乙酰化提供乙酰基。研究表明，ATP柠檬酸裂解酶（ACL）的缺失使琥珀酸的产量提升，同时也增加了柠檬酸的产量。

第三节　柠檬酸合成途径的代谢调控

柠檬酸主要通过糖酵解途径和随后的线粒体中的TCA循环产生。柠檬酸积累受到四个方面的调节：糖酵解途径、TCA循环、GABA通路和rTCA循环。

一、糖酵解途径的调节

磷酸果糖激酶（phosphofructokinase，PFK1）是糖酵解途径中重要的受到调节的酶，其表达没有发生明显的变化。PFK1的酶活会受到高浓度柠檬酸、ATP和Mn^{2+}的抑制，同时，PFK1酶活的抑制也会受NH_4^+、2,6-二磷酸果糖的拮抗。

在整个糖酵解途径中，丙酮酸激酶是唯一转录水平被下调的酶，暗示酶的转录可能受到调控，为调控的节点。经过糖酵解途径，1mol葡萄糖被催化成2mol丙酮酸，其中1mol丙酮酸被转运到线粒体中形成乙酰辅酶A，而另外1mol丙酮酸在细胞质中形成草酰乙酸，然后被还原成苹果酸，通过苹果酸-柠檬酸逆向转运蛋白进入线粒体，进而参与TCA循环，参与形成柠檬酸。定位于细胞质的丙酮酸脱羧酶被表达，其表达水平与菌体生长阶段相比，减少至1/3水平。定位于细胞质的苹果酸脱氢酶有3个基因，只有1个基因在柠檬酸发酵过程中被转录，而线粒体苹果酸脱氢酶的表达也明显下降了。

柠檬酸合成酶的情况也是如此。基因测序预测到5个柠檬酸合成酶，2个定位于线粒体的柠檬酸合成酶的表达均下调了，说明比菌体生长阶段更低的代谢流也可以维持柠檬酸的生成与分泌。

二、TCA循环的调节

柠檬酸合成酶是TCA循环的第一个酶。顺乌头酸酶是催化柠檬酸—顺乌头酸—异柠檬酸正逆反应的酶，2个定位于线粒体的顺乌头酸酶的表达水平均下调。细胞质中的依赖于 $NADP^+$ 的异柠檬酸脱氢酶和线粒体中的依赖于 NAD^+ 的异柠檬酸脱氢酶均表达下调。

三、GABA通路的调节

在黑曲霉中存在补充琥珀酸合成的GABA通路，酮戊二酸（ketoglutaric acid，KGA）和GABA被催化成琥珀酸半醛，并进一步催化成琥珀酸。这条通路在柠檬酸发酵过程中被上调了。由于酮戊二酸脱氢酶在转录水平和翻译后水平均被抑制，GABA通路对补充琥珀酸供给十分重要。

GABA通路中会产生谷氨酸，谷氨酸可以通过氨基酸脱羧消耗胞内质子，帮助提高胞内pH，同时也涉及胞内 NH_4^+ 的释放，而 NH_4^+ 对磷酸果糖激酶的抑制起拮抗作用。

四、rTCA循环的调节

草酰乙酸由线粒体中的TCA循环和细胞质中的rTCA循环共同产生。前者会形成2mol CO_2，造成碳源损失，而后者可以固定化 CO_2，使丙酮酸在丙酮酸羧化酶的作用下形成草酰乙酸，草酰乙酸继而被苹果酸脱氢酶还原为苹果酸，通过苹果酸-柠檬酸逆向转运蛋白穿越线粒体膜后参与TCA循环。

柠檬酸合成中心代谢通路的大部分基因在产酸阶段与细胞生长阶段相比均下调了，可能的原因是随着pH下降到极低水平，细胞的基础代谢下调以应对低pH，尽管这些基因的表达水平下调了，但FPKM值依然很高，足以形成柠檬酸。

参考文献

[1] Yin X，Li J，Shin H D，et al. Metabolic engineering in the biotechnological production of organic acids in the tricarboxylic acid cycle of microorganisms：Advances and prospects [J]. Biotechnology Advances，2015，33（6 Pt 1）：830-841.

[2] Papagianni M. Advances in citric acid fermentation by *Aspergillus niger*：biochemical aspects，membrane transport

and modeling [J] . Biotechnology Advances, 2007, 25 (3): 244-263.

[3] Arisan-Atac I, Wolschek M F, Kubicek C P. Trehalose-6-phosphate synthase A affects citrate accumulation by *Aspergillus niger* under conditions of high glycolytic flux [J] . Fems Microbiology Letters , 1996, 140 (1): 77-83.

[4] Steinbock F, Choojun S, Held I, et al. Characterization and regulatory properties of a single hexokinase from the citric acid accumulating fungus *Aspergillus niger* [J] . Biochimica et Biophysica Acta , 1994, 1200 (2): 215-223.

[5] Legisa M, Bencina M. Evidence for the activation of 6-phosphofructo-1-kinase by cAMP-dependent protein kinase in-*Aspergillus niger* [J] . Fems Microbiology Letters, 1994, 118 (3): 327-333.

[6] Kubicek-Pranz E M, Mozelt M, Rohr M, et al. Changes in the concentration of fructose 2,6-bisphosphate in-*Aspergillus niger* during stimulation of acidogenesis by elevated sucrose concentration [J] . Biochimica et Biophysica Acta, 1990, 1033 (3): 250-255.

[7] Torres N V. Modeling approach to control of carbohydrate-metabolism during citric acid accumulation by *Aspergillus niger*: 1. Model definition and stability of the steady state [J] . Biotechnology and Bioengineering, 1994, 44 (1): 104-111.

[8] Ruijter G, Panneman H, Visser J. Overexpression of phosphofructokinase and pyruvate kinase in citric acid-producing *Aspergillus niger* [J] . Biochimica et Biophysica Acta, 1997, 1334 (2): 317-326.

[9] Torres N V. Modeling approach to control of carbohydrate metabolism during citric acid accumulation by *Aspergillus niger*: 2. Sensitivity analysis [J] . Biotechnology and Bioengineering, 1994, 44 (1): 112-118.

[10] Richard H, Foster J W. Escherichia coli glutamate- and arginine-dependent acid resistance systems increase internal pH and reverse transmembrane potential [J] . Journal of Bacteriology, 2004, 186 (18): 6032-6041.

第三章 柠檬酸发酵的微生物学基础

第一节 产生柠檬酸的微生物

很多微生物都能产生柠檬酸，例如黑曲霉、棒曲霉、淡黄青霉、橘青霉、绿色木霉及假丝酵母属中的一些种。目前，糖质原料发酵使用黑曲霉，因为它的柠檬酸产量最高，且能利用多样化的碳源。烷烃和糖质原料发酵也有采用解脂耶氏酵母等酵母发酵的。利用正烷烃类（石油副产品）为原料生产柠檬酸，主要以耶氏酵母为生产菌种，其次是毕赤酵母、球拟酵母、汉逊酵母和红酵母属的一些种。

第二节 国内外柠檬酸生产菌株

微生物发酵法是柠檬酸工业化生产的最主要方法，全球约99%的产品是由发酵法生产的。微生物发酵菌种分为酵母与黑曲霉。解脂耶氏酵母可以利用不同种类的碳源如烷烃类及葡萄糖等，能够积累大量柠檬酸，已被应用于生产中；但酵母发酵过程中同时积累大量副产物异柠檬酸（5%～10%），给后续柠檬酸的分离纯化造成困难，限制其规模化应用。Förster 使用重组解脂耶氏酵母 H222-S4（p671CL1），在诱导型 XPR2 启动子与多拷贝 ICL1 条件下，提高蔗糖酶表达量，柠檬酸产率为 $0.33g \cdot L^{-1} \cdot h^{-1}$，同时降低副产物的比率（小于5%）。通过敲除 ATP-柠檬酸裂解酶（ACL）基因并过量表达异柠檬酸裂解酶（ICL），副产物异柠檬酸产量下降。基因工程在菌种改造中的应用，在一定程度上减少了副产物的积累，重组工程菌的稳定性与柠檬酸的安全性有待于进一步考察。

国际上有大量的研究在不断推进柠檬酸发酵的生产工艺，同时作为发酵的基础，柠檬酸生产菌种黑曲霉的改良也一直是研究人员所关注的焦点，获得更优质的生产菌株对巩固我国柠檬酸生产大国的地位和促进柠檬酸行业的发展有重要的现实意义（表 3-1）。

表 3-1　国内外柠檬酸生产菌株

菌种	发酵方式	底物	柠檬酸产量	发酵温度/时间
Aspergillus niger IIB-A6	SF	甘薯淀粉	$(45.90\pm4.2)g\cdot L^{-1}$	30℃/264h
A. niger NRRL 567	Smf	苔藓泥炭混合葡萄糖	354g④	35℃/120h
A. niger CECT-2090	Smf	橘皮	53%①	30℃
A. niger NRRL 567	SSF	苹果渣	127g④	30℃/12d
A. niger NRRL 328	SSF	菠萝渣	46.4%②	6d
A. niger MTCC 282	SSF	香蕉皮	约 180g④	28℃/72h
A. niger ATCC 9142	SSF	橘皮	193g④	86h
A. niger NRRL 567	SSF	橘皮	57.6%②	28℃/6d
A. niger IBO-103MNB	SSF	油椰、果皮	337.94g④	32℃/6d
Yarrowia lipolytica NRRL YB-423	Smf	粗甘油	119g③	10d
Y. lipolytica NG40/UV7	Smf	粗甘油	$112g\cdot L^{-1}$	28℃/144h
Y. lipolytica A-101-1.22	Smf	甘油	55.7%②	158h
Y. lipolytica N 1	Smf	菜籽油	$66.6g\cdot L^{-1}$	96h
Y. lipolytica	Smf	橄榄渣	$28.8g\cdot L^{-1}$	28℃
Y. lipolytica NCIM 3589	SSF	菠萝渣	202.35g④	30℃/6d

① 基于糖耗计算。

② 基于总糖计算。

③ 基于脂肪酸计算。

④ 基于每千克干底物计算。

注：Smf—液体深层发酵；SSF—同步糖化发酵；SF—固态发酵。

黑曲霉是食品级安全的丝状真菌，具有酶系丰富、发酵效率高、副产物少等优势。如何能够很好地调控糖酵解的通量，以及柠檬酸从线粒体和细胞质的分泌，是柠檬酸发酵过程研究的重要方向，也是提高柠檬酸生产率的重要途径。现代工业化生产的黑曲霉种子仍然沿用传统二级培养方式，首先要培养成熟的黑曲霉种子，然后转接发酵培养；黑曲霉种子培养过程首先需要制备成熟的孢子，然后孢子接种培养成熟的菌丝球。孢子的制备采用固态培养方式，一批成熟的孢子需经平板筛选，斜面培养、茄子瓶培养、麸曲桶等逐级扩大培养过程，制备过程烦琐且周期长（制备周期 30d 以上）；二级种子培养周期长，仅孢子萌发需要 12h 以上，消耗大量辅助时间与生产成本；同时，固态培养方法固有的缺陷是缺乏精确评价种子（孢子）活力的方法，实施监控全过程孢子活力比较困难，传统培养模式下孢子活力具有多样性，会影响后续发酵过程波动。因此，如何改进黑曲霉种子培养工艺，缩短生长周期，降低生产成本，是柠檬酸生产中亟待解决的一个重要问题。

第三节　黑曲霉菌株的生理特性

曲霉是世界上最丰富的真菌之一。它们可以在很宽范围的非生物生长条件下存活，并能以多种有机基质为食，它们中的大多数是植物、动物和人类的病原体。在自然界中普遍存在的曲霉——黑曲霉（*Aspergillus niger*）是一种丝状子囊菌真菌，它和人类的机会性感染有关。黑曲霉是最广为人知的柠檬酸生产者，生产的柠檬酸每年超过 150 万吨。黑曲霉生产柠檬酸的这一过程，一直作为真菌发酵的模型过程用于科学实验。作为土壤中发现的微生物群落成员——黑曲霉在全球碳循环中扮演着十分重要的角色。黑曲霉是土壤腐生微生物，被美国 FDA 称作“一般认为安全”(generally regarded as safe，GRAS) 菌株之一，黑曲霉所产生的各种酶类对生物技术行业的生产十分重要。它是许多研究领域的一个重要的生物模型，如研究真核蛋白质的分泌，探究处于抑制状态下的各种环境因素的影响，探索发酵过程以及真菌形态控制的相关分子机制。

黑曲霉，俗称黑曲霉丝状子囊菌，广泛分布于世界各个地区。黑曲霉是食品微生物中常见的食品腐败菌，广泛应用于发酵食品和饮料的制造和生产。黑曲霉菌落颜色为黑褐色，且繁殖与生长速度都非常快，10d 左右菌落直径就可达 3cm。

目前生产上常用产酸能力强的黑曲霉作为生产菌。在固体培养基上，菌落由白色逐渐变至棕色。孢子区域为黑色，菌落呈绒毛状，边缘不整齐。菌丝有隔膜和分枝，是多细胞的菌丝体，无色或有色，有足细胞，顶囊生成一层或两层小梗，小梗顶端产生一串串分生孢子。

黑曲霉生活周期见图 3-1。

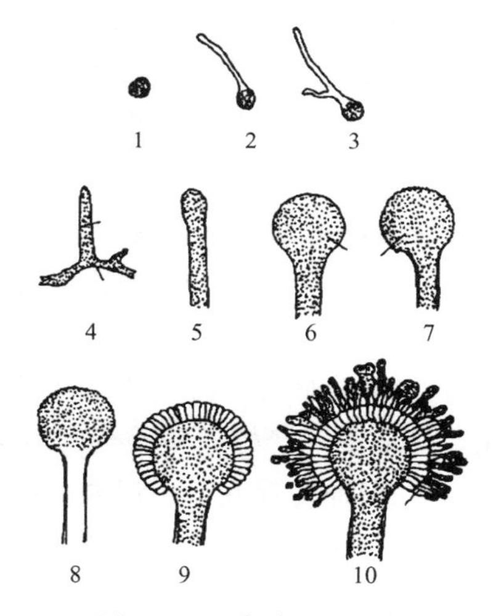

图 3-1　黑曲霉生活周期

1—孢子；2—发芽早期；3—菌丝迅速生长；4—由足细胞生出分生孢子梗；
5—孢子梗顶端膨大；6—成为顶囊；7～9—初生小梗形成；10—孢子形成

黑曲霉生产菌可在薯干粉、玉米粉、可溶性淀粉、糖蜜、葡萄糖、麦芽糖、糊精、乳糖等培养基上生长、产酸。

黑曲霉生长最适 pH 值因菌种而异，一般为 pH 3～7；产酸最适 pH 为 1.8～2.5。生长最适温度为 33～37℃，产酸最适温度在 28～37℃，温度过高易形成杂酸，斜面培养要求在麦芽汁 40°Bé 左右的培养基上。黑曲霉以无性生殖的方式繁殖，具有多种活力较强的酶系，能利用淀粉类物质，并且对蛋白质、单宁、纤维素、果胶等具有一定的分解能力。黑曲霉可以边长菌、边糖化、边发酵产酸的方式生产柠檬酸。

第四节　产柠檬酸黑曲霉基因组解析

基因组测序技术正在经历巨大的变革，其发展从第一代操作烦琐且不能自动化的Sanger法测序（双脱氧链终止法）过渡到目前被普遍应用的第二代测序（next generation sequencing，NGS），二代测序通量高且成本低，主要包括Illumina公司的Solexa测序技术、罗氏公司的454测序技术和ABI公司的SOLiD测序技术，其中Solexa技术因性价比高而应用最广泛，通过将基因组DNA随机打断成500bp大小的片段，加上接头来构建文库，解链后的单链DNA通过两端接头固定于芯片上形成桥状结构并进行PCR扩增，测序时随着测序循环的启动、四种碱基的加入释放不同的荧光，从而实现边合成边测序。优点是准确度高，缺点是后续拼接复杂。正在兴起的第三代测序技术（the third generation sequencing，TGS）利用纳米孔进行单分子测序，目前成功商业化的是Pacific Biosciences公司的单分子实时DNA测序技术（single molecule，real-time sequencing technology，SMRT），多零模式波导孔（zero-mode waveguides，ZMW）（厚度为100nm）仅允许单个DNA分子穿过，小孔的荧光信号衍射区锚定了DNA聚合酶，单分子DNA穿过纳米孔时进行合成并实现荧光检测。三代测序弥补了二代测序读长短的缺陷，在序列拼接、定位以及需要跨越重复区域的应用中有着极大的优势，缺陷是会出现插入和缺失错误，因此准确度不如二代测序。

目前已经对3株产酶的黑曲霉进行了测序，菌株分别为CBS 513.88、ATCC 9029和SH2，黑曲霉总共有8条染色体，基因组大小约34Mb。另外，对2株产柠檬酸的菌株（NRRL3和ATCC 1015）也完成了测序。基于CBS 513.88和ATCC 1015的测序结果，建立了含基因组注释的代谢模型。目前，黑曲霉产柠檬酸的途径已经明确，葡萄糖经过糖酵解和TCA循环形成柠檬酸。但是，黑曲霉高产柠檬酸的机理尚不明确，导致改造黑曲霉提高柠檬酸产量的尝试鲜获成功。同时，黑曲霉存在非同源末端连接系统来提高染色体重排的频率，用以修复庞大的染色体在复制和转录过程中难以避免的断裂，因此，黑曲霉基因组间存在巨大的差异，有必要对黑曲霉柠檬酸生产菌株的基因组进行解析，为进一步改造黑曲霉工业菌株来提高柠檬酸的生产能力提供依据。

一、诱变和高通量筛选获得黑曲霉柠檬酸低产菌株

目前，国内的黑曲霉生产菌株均由诱变育种获得，常用的诱变方法为化学诱变（硫酸二乙酯、亚硝基胍和氯化锂等）和物理诱变（紫外线、^{60}Co等）。化学诱变剂主要通过与碱基结合形成加合物以及造成DNA烷基化引入变异，紫外线则通过使DNA分子形成环丁烷嘧啶二聚体阻碍碱基间的正常配对造成核酸变异。这些诱变操作存在安全性风险，此外，诱变效率的可控性有限。常压室温等离子体诱变是最近发展起来的技术，电子在射频电场作用下获得能量，通过碰撞，与周围的中性粒子发生能量交换，使其分解、激发或电离，在两级电

压作用下，气体被击穿产生放电，形成具有一定电离度的等离子体。通过高浓度的中性活性粒子会造成细胞的亚致死效应，使核酸出现开环、断裂、破碎现象，再利用细胞自身的DNA修复机制，实现胞内遗传物质的变化。此外，等离子体产生的活性氧成分（reactive oxygen species，ROS）由于细胞膜通透性增强而进入细胞，也进一步造成DNA损伤。因此，等离子诱变可以同时造成基因突变和染色体变异。等离子诱变及高通量筛选流程见图3-2。

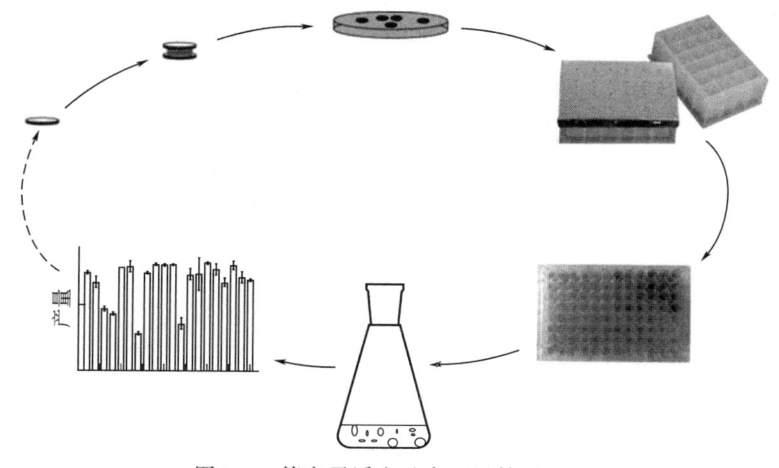

图3-2 等离子诱变及高通量筛选流程

以诱变时间为变量，变化范围为30～180s，检测黑曲霉致死率。由图3-3可知，随着诱变时间的增加，菌株的致死率上升，诱变时间由90s延长至120s时，致死率由75.95%上升到92.50%，继续延长诱变时间则致死率上升幅度微小，当诱变时间为180s时，致死率为95.35%。为得到最佳的突变效果，检测了不同诱变时间下的正突变率和负突变率。正突变率随诱变时间的延长开始增加，到120s达到峰值，而负突变率则随诱变时间的延长而持续增加，诱变150s和180s的负突变率较高，为得到突变的低产菌，最终诱变时间定为180s。图中误差线为生物学重复。

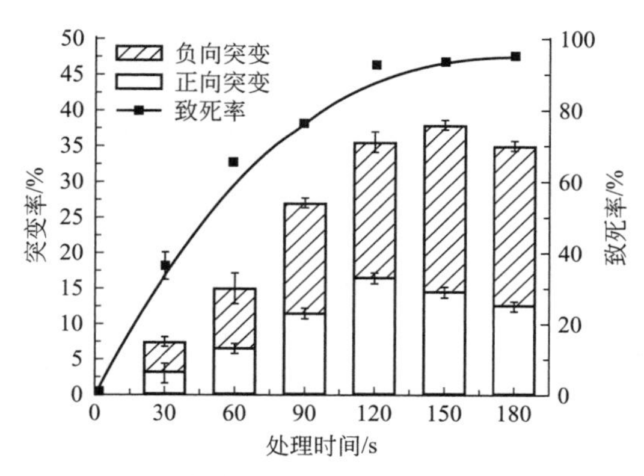

图3-3 等离子诱变的致死率-时间曲线

经历第一轮诱变的菌株经过复筛后选取5个最低产量的菌株分别进行第二轮诱变，5个菌株记为5个实验组，每组经下一次初筛和复筛只选取1个最低产量的菌株进行下一轮诱变，经过 5 轮初筛和复筛，对转化子的产量进行摇瓶鉴定，由图 3-4 可知，L 组产量最低，选取该组产量最低的菌株 L2；其次为 A 组，选取该组菌株 A1。L2、A1 和 H915-1 的柠檬酸产量呈梯度变化。

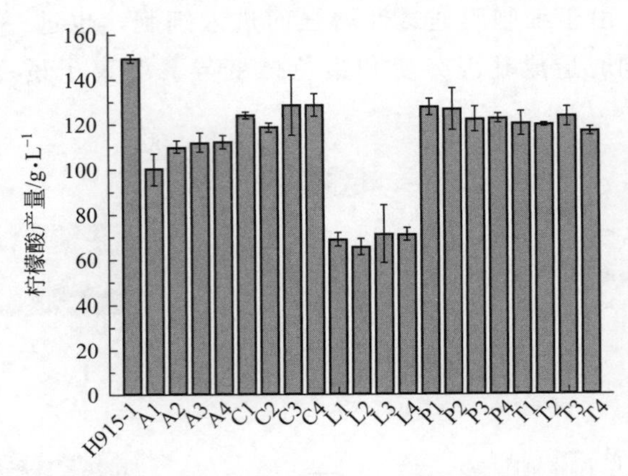

图 3-4　突变株的柠檬酸产量

对突变株进行了 10 次单孢子传代，在 3L 罐上确认产量，它们的柠檬酸产量分别为 $117g \cdot L^{-1}$ 和 $76g \cdot L^{-1}$，发酵时间分别为 92h 和 160h，转化率分别为 70.9%和 46%。而出发菌株的柠檬酸产量为 $157g \cdot L^{-1}$，发酵时间为 85h，转化率为 95.2%（图 3-5）。三株菌株

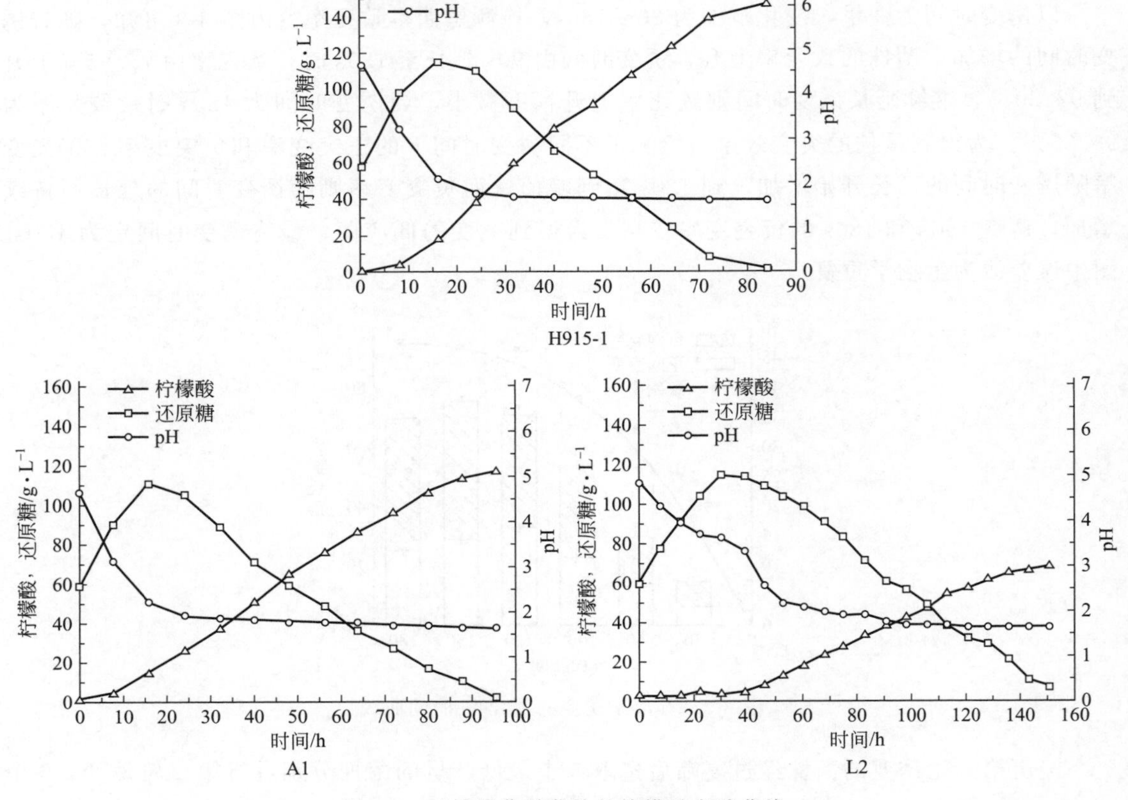

图 3-5　三株黑曲霉菌株的柠檬酸发酵曲线

发酵 24h 的菌丝形态存在明显差别，高产菌 H915-1 形成球根状菌丝，具有粗短的分枝，菌球匀称紧密（图 3-6）；低产菌 A1 形成较松散的菌球，菌丝更长且分枝减少；低产菌 L2 的菌丝也是很少分枝的细丝状，最终形成簇状大型聚集体。菌丝聚集方式可能对产量产生影响，不同的菌丝形态可能通过改变培养基的黏性改变菌丝体呼吸。形成紧密的菌球有利于柠檬酸的合成，而松散的菌丝体形态会降低柠檬酸的产量和产率。

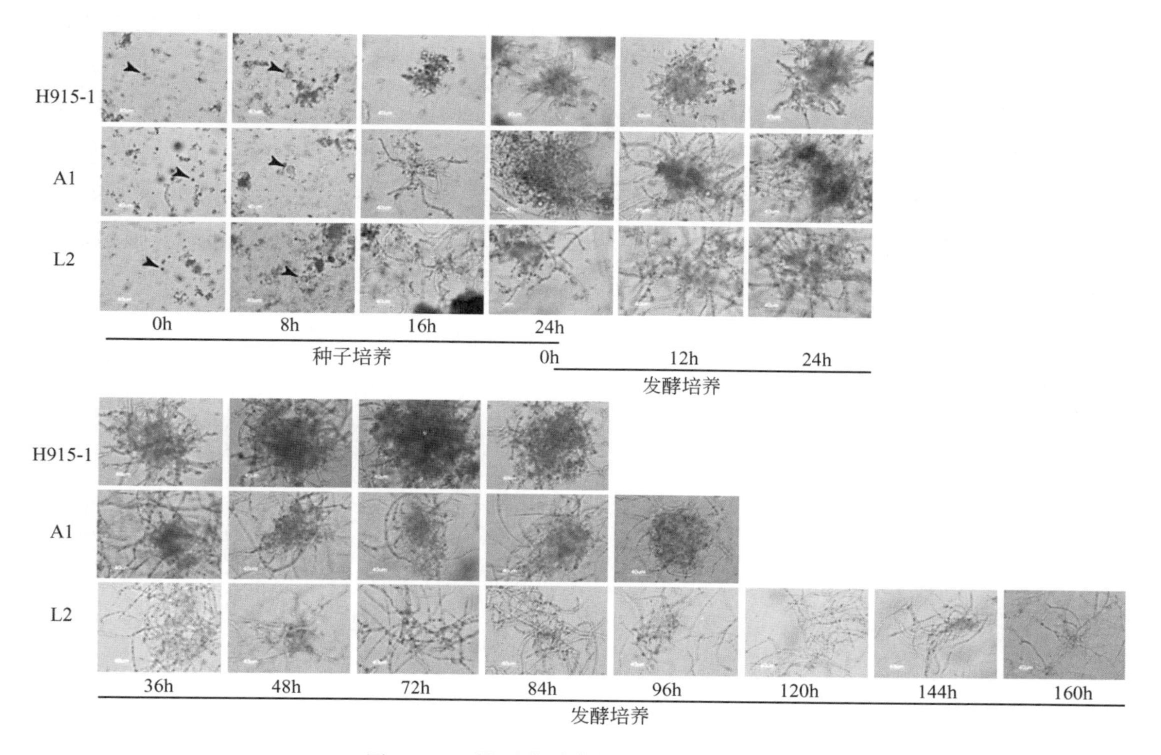

图 3-6　三株黑曲霉菌株的形态发育比较

箭头指向孢子，白线代表 40μm

二、黑曲霉基因组组装与信息注释

对三株黑曲霉菌株（H915-1、L2 和 A1）进行基因组测序。H915-1、L2 和 A1 的基因组大小分别为 35.98Mb、36.45Mb 和 34.64Mb（表 3-2）。测序深度都达到了 80 倍以上。由于 H915-1 和 L2 采用了 PacBio RS Ⅱ系统进行测序，读长较长，且克服了二代测序的测序偏好问题，因此 N50 较长，达到 4.4Mb 和 4.1Mb，拼接后基因组较完整，仅 30 个 contig，拼接完成后以 Illumina 二代测序数据进行校正，二代测序深度分别为 80.08 倍和 47.42 倍；A1 进行了二代测序，de novo 拼接后共 319 个 contig。三株菌预测到的基因数目在 10123～10433 之间，比 2 株产酶菌株 CBS 513.88 和 SH2 分别减少 26％和 10％。H915-1 和 L2 预测到的 tRNA 数目分别为 666 个和 557 个，而 A1 仅预测到 278 个 tRNA，数量与 CBS 513.88 和 SH2 的 tRNA 数目一致。为检测 tRNA 数目产生巨大差异的原因，H915-1 的基因组利用二代测序数据重新进行了拼接，一种进行 de novo 从头组装，得到 35.5Mb 基因组并预测到255个tRNA，与A1进行de novo组装的结果一致；另一种以H915-1基因组（GeneBank序列号LLBX00000000）为模板进行拼接，得到36.0Mb基因组并预测到666个tRNA，与模板的预测结果相似，说明二代测序的测序偏好性问题并不明显，但是由于获得的读长较短，容易造成基因组拼接的片段化，因此，拼接方法对基因组拼接结果有较大影响（表3-3）。三代测序可以得到更长的读长且测序无偏好性，因此，组装得到的基因组具有更少的gap以及更长的contig，得到基因组完成图的可能性更大。三株菌的基因组参数总结于表3-2。COG数据库（Clusters of Orthologous Groups，COG）是由NCBI创建并维护的蛋白质数据库，根据细菌、藻类和真核生物完整基因组的编码蛋白系统进化关系分类构建而成，按照基因功能一共可以分为25类。将三株菌预测的基因分别提交至COG数据库进行分类，高产菌和低产菌均有超过3700条序列得到分类，高产菌的类别A（RNA加工与修饰）、C（能量产生与代谢）、F（核酸代谢与转运）、G（碳代谢与转运）和S（胞内转运、分泌和囊泡运输）基因数多于低产菌。功能分类列于表3-4。

表3-2 黑曲霉菌株H915-1、L2和A1的基因组参数

项目	黑曲霉H915-1	黑曲霉L2	黑曲霉A1
基因组大小/Mb	35.98	36.45	34.64
contig数	30	30	319
N50/bp	4441427	4157665	247692
测序深度	88.05	88.07	83
基因数	10318	10433	10123
蛋白长度(氨基酸)	498	501	498
内含子数	3	3	3
平均基因长度/bp	1787	1781	1756
tRNA数	666	557	278

表3-3 黑曲霉菌株H915-1二代测序组装的基因组参数

组装方式	比对参考基因组组装	de novo组装
基因组大小/Mb	35.98	35.54
contig数	30	308
N50/bp	4441474	305146
tRNA数	666	255

表3-4 黑曲霉菌株H915-1、L2和A1的基因功能分类

功能	基因数		
	H915-1	L2	A1
A:RNA加工与修饰	93	92	88
B:染色质结构与动力学	42	44	44
C:能量产生与代谢	279	277	275
D:细胞周期调控与细胞分裂	53	54	54

续表

功能	基因数		
	H915-1	L2	A1
E:氨基酸代谢与转运	223	224	221
F:核酸代谢与转运	43	42	41
G:碳代谢与转运	215	214	212
H:辅酶代谢与转运	78	81	75
I:脂肪代谢与转运	306	306	303
J:核糖体结构与翻译	161	164	156
K:转录	108	110	107
L:复制、重组与修复	74	74	69
M:细胞壁与细胞膜	68	68	70
N:细胞机动性	2	2	2
O:翻译后修饰、蛋白折叠与分子伴侣	275	278	275
P:无机离子转运与代谢	100	101	100
Q:次级代谢物合成、转运与代谢	340	339	344
R:信号转导	191	191	193
S:胞内转运、分泌和囊泡运输	132	131	131
T:防御机制	32	33	32
U:胞外结构	2	3	2
V:细胞核结构	7	7	7
W:细胞骨架	60	61	60
X:其他	872	881	864

三、基因组比较分析

根据 H915-1、L2 和 A1 菌株功能基因的韦恩图（图 3-7）可知，三株菌共有的基因家

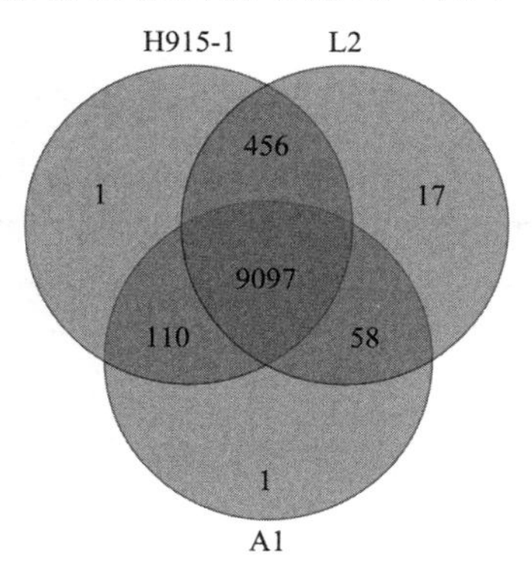

图 3-7　黑曲霉 H915-1、L2 和 A1 功能基因的韦恩图

三个圆形所示范围分别为黑曲霉 H915-1、L2、A1 来源基因

族为 9097 个，H915-1 独有的基因家族有 1 个，但与 L2 和 A1 相比少了 58 个基因家族。其中，磷酸甘油酸异构酶和乙醇脱氢酶与糖酵解通路相关，可能通过调整代谢流量加强糖酵解途径；细胞壁蛋白可能通过调整细胞壁结构成分，导致菌株的形态发生变化，使菌丝更趋向于形成长丝状而影响溶氧，进而抑制次呼吸链的表达，从而造成柠檬酸合成的减弱；锌指结构的转录因子通过与 DNA 的结合，从转录水平调整基因的表达；丝氨酸/苏氨酸蛋白激酶可能通过蛋白的磷酸化来调控蛋白活性，从翻译后水平进行调控；单羧酸转运蛋白通过影响有机酸的转运，造成细胞代谢流的改变（表 3-5）。

表 3-5　黑曲霉 H915-1 与黑曲霉 A1 和 L2 相比较缺失或独有的功能基因

基因家族	NR 蛋白 ID	功能
Group_0372	gi|350632768|gb|EHA21135.1|	假定蛋白
Group_9174	gi|145237106|ref|XP_001391200.1|	谷胱甘肽 *S*-转移酶
Group_9287	gi|145253669|ref|XP_001398347.1|	丝氨酸/苏氨酸蛋白激酶
Group_9143	gi|317037733|ref|XP_003188986.1|	磷酸甘油酸突变酶家族蛋白
Group_9245	gi|145232859|ref|XP_001399802.1|	细胞壁蛋白
Group_9156	gi|145242916|ref|XP_001394010.1|	膜内在蛋白(Pth11)
Group_9207	gi|358365333|dbj|GAA81955.1|	锌指转录因子
Group_9175	gi|350635355|gb|EHA23716.1|	乙醇脱氢酶
Group_9160	gi|317038016|ref|XP_003188654.1|	YCII-相关结构域蛋白
Group_9146	gi|134084539|emb|CAK43292.1|	MFS 单羧酸转运蛋白

H915-1、L2 和 A1 三株菌与产酶黑曲霉 CBS 513.88 相比，有很多片段的移位、颠倒和缺失。利用 samtools 分析单核苷酸多态性并以 SNPeff 进行注释，以黑曲霉 H915-1 的基因组为参比基因组，在黑曲霉 L2、A1 基因组中共检测到 SNP/INDEL 位点 1210 处，包含了 57 个非同义 SNP（表 3-6）。利用 Pindel 软件进行 SV 分析，共找到长片段的缺失 6 处，长片段的插入 29 处，位置的颠倒 12 处，串联重复 5 处，共涉及 35 个基因的表达；其中 24 个位点改变了开放阅读框，另外 11 个位于启动子区域；串联重复影响 4 个蛋白的表达，颠倒影响 7 个蛋白的表达，插入影响 22 个蛋白的表达，删除影响 2 个蛋白的表达（表 3-7）。对所有差异基因进行 GO 功能聚类（图 3-8），在细胞组分、分子功能和生物过程 3 大类中均存在较多变异，其中，代谢过程类别的基因变异数目最多，其次为催化活性类别。

表 3-6　黑曲霉 L2、A1 与黑曲霉 H915-1 在 SNP/INDEL 分析中涉及的蛋白的变化

基因 ID	变化类型	核酸变化	氨基酸变化	基因名称
evm. model. 1. 311	错义突变	Tca/Gca	Ser598Ala	Proline utilization trans-activator
evm. model. 1. 443	错义突变	Tgg/Ggg	Trp237Gly	ATPbinding L-PSP endoribonuclease family protein
evm. model. 1. 561	错义突变	Tcg/Gcg	Ser433Ala	unnamed protein product
evm. model. 1. 732	移码突变	agc/agcA;ccc/ccGc	—	branched-chain-amino-acid aminotransferase
evm. model. 1. 76	错义突变	Atc/Ctc	Ile675Leu	hypotheticalprotein
evm. model. 1. 766	移码突变	cgg/cggT	—	UPD-GlcNAc transporter (Mnn2-2)

续表

基因 ID	变化类型	核酸变化	氨基酸变化	基因名称
evm. model. unitig_ 0. 1249	氨基酸缺失	AACACCGCC TCCATGCCG TTGGCGCCC CGAGCGGCC GGATCCCTC GTGGCAGGT GACGATG/A	—	fork headprotein homolog 2
evm. model. unitig_ 0. 1291	移码突变	ccc/Accc;tac/taAc	—	hypothetical protein
vm. model. unitig_ 0. 1343	错义突变	Gat/Tat	Asp225Tyr	histone chaperone asf1 involved in gene silencing
evm. model. unitig_ 0. 1696	移码突变	G/GT	—	hypothetical protein
evm. model. unitig_ 0. 1717	移码突变	cgatcgtctccggtcg/c;gc/g	—	ubiquitin carboxyl-terminal hydrolase
evm. model. unitig_ 0. 625	错义突变	Acc/Ccc	Thr59Pro	Isonitrile hydratase
evm. model. unitig_ 0. 675	错义突变	cTc/cCc	Leu140Pro	tRNA-specific adenosine deaminase subunit tad3
evm. model. unitig_ 0. 703	错义突变	tCc/tAc	Ser659Tyr	mitochondrial escape protein 2
evm. model. unitig_ 0. 807	移码突变	ccc/Accc	—	cytochrome P450 monooxygenase
evm. model. unitig_ 0. 983	移码突变	tct/tctG	—	hypothetical protein
evm. model. unitig_ 1. 103	同义突变	ggA/ggG	Gly492Gly	amino acid transporters
evm. model. unitig_ 1. 1041	氨基酸增加	acc/aTCAcc	—	hypothetical protein
evm. model. unitig_ 1. 1114	错义突变	Tcc/Ccc	Ser109Pro	hypotheticalprotein
evm. model. unitig_ 1. 1195	氨基酸增加	tct/ACTGGAGGC AGCAACGGCtct	—	hypotheticalprotein
evm. model. unitig_ 1. 1385	内含子变异	C/G;C/T	—	C2H2 finger domain protein
evm. model. unitig_1. 140	移码突变	ccc/cAcc	—	pre-mRNA-splicing factor syf1
evm. model. unitig_ 1. 745	错义突变	Agc/Cgc	Ser88Arg	CORD and CS domain protein
evm. model. unitig_ 1. 873	同义突变	ccA/ccC	Pro97Pro	PBSP domain protein
evm. model. unitig_ 1. 969	移码突变	TGGCCGTTTGTTTGGCC GGCGCCTGCGACTCGA GGATTCGGAACATCGCA ACTGGTAGCTCGTAATTT CATGGTCACCGCCG GCCG/TGGCCG	—	ER-Golgi vesicle-tethering protein p115
evm. model. unitig_ 2. 1270	错义突变	caT/caG	His329Gln	succinate-semialdehyde dehydrogenase [NADP(+)]
vm. model. unitig_ 2. 1312	无义突变	tac/tacTAA	—	pantothenate transporter liz1
evm. model. unitig_ 2. 405	错义突变	Agc/Cgc	Ser68Arg	hypothetical protein
evm. model. unitig_ 2. 697	错义突变	aTa/aGa	Ile528Arg	early growth response protein 1-B

续表

基因 ID	变化类型	核酸变化	氨基酸变化	基因名称
evm. model. unitig_2. 713	同义突变	ccA/ccC;ccT/ccC	Pro50Pro; Pro44Pro	hypothetical protein
evm. model. unitig_2. 963	氨基酸缺失	CCTCCTCCTCCTC CTCCTCCTCCTCCT CCTCCTCCTC/C	—	hypothetical protein
evm. model. unitig_ 3. 153	错义突变	aTa/aGa	Ile527Arg	heterokaryon incompatibility protein6
evm. model. unitig_ 3. 411	氨基酸增加	Gggagcattggatcattatt- ctgcttcgagc tag/G	—	isochorismatase family protein
evm. model. unitig_3. 529	错义突变	Ccc/Acc	Pro19Thr	sorting nexin-3
evm. model. unitig_ 3. 624	错义突变	Atc/Ctc;gGa/gTa	Ile325Leu; Gly326Val	dimethylaniline monooxygenase
evm. model. unitig_ 3. 722	错义突变	aTg/aAg	Met101Lys	hypothetical protein
evm. model. unitig_ 3. 784	错义突变	gaT/gaG	Asp465Glu	trimethylguanosine synthase
evm. model. unitig_ 4. 103	氨基酸缺失	Ggca/G	Ala1390del	phospholipid- transporting ATPase
evm. model. unitig_ 4. 23	移码突变	gtt/gttT;aac/aTac	—	aconitase family protein
evm. model. unitig_ 4. 629	内含子变异	A/C;atT/at;A/T	—	cell pattern formation- associated protein stuA
evm. model. unitig_ 4. 77	内含子变异	c/Ct	—	ncharacterized transcriptional regulatory protein
evm. model. unitig_ 4. 809	错义突变	Agc/Cgc	Ser151Arg	flavin-containing monooxygenase
evm. model. unitig_ 4. 928	内含子变异	T/A	—	alpha-amylase A
evm. model. unitig_ 5. 165	移码突变	ccc/ccAc;gcc /gcAc;ccc/cAcc	—	mRNA export protein mlo3
evm. model. unitig_ 5. 347	错义突变	tTg/tGg	Leu616Trp	hypothetical protein
evm. model. unitig_ 5. 491	移码突变	gcc/gccA;gcc/gAcc	—	cutinase transcription factor 1 alpha
evm. model. unitig_ 5. 644	移码突变	ccg/ccAg;ccg/Accg	—	ubiquitin-conjugating enzyme E2-18 kDa
evm. model. unitig_ 5. 671	同义突变	ccA/ccC	Pro321Pro	cytokinesis protein 3
evm. model. unitig_ 6. 311	错义突变	gAg/gGg	Glu358Gly	histidine protein methyltransferase 1
evm. model. unitig_ 6. 537	错义突变	gAg/gGg	Glu184Gly	hypothetical protein
evm. model. unitig_ 6. 787	移码突变	cca/Acca	—	tfdA family oxidoreductase
evm. model. unitig_ 6. 833	氨基酸缺失	caacaacag/cag	—	unnamed protein product
evm. model. unitig_ 3. 236	内含子变异	GTA/G	—	hypothetical protein
evm. model. unitig_ 0. 772	内含子变异	GCATCATC/GCATC	—	riboflavin kinase
evm. model. unitig_ 5. 194	移码突变	CAG/C	—	hypothetical protein

续表

基因 ID	变化类型	核酸变化	氨基酸变化	基因名称
evm. model. unitig_0. 1717	移码突变	GATCGTCTCCGGTCT/G	—	ubiquitin carboxyl-terminal hydrolase
evm. model. unitig_ 0. 676	氨基酸缺失	TGCGGC/TGC	—	hypotheticalprotein

表 3-7 黑曲霉 L2、A1 与黑曲霉 H915-1 在 SV 分析中涉及的蛋白的变化

基因 ID	变化类型	核酸变化长度/bp	变化位置	基因功能
evm. model. unitig_2. 1148	串联重复	496	基因内部	未命名蛋白
evm. model. unitig_1. 848	串联重复	5498	基因内部	DNA 修复蛋白(Rad57)
evm. model. unitig_6. 117	串联重复	337	基因内部	GRAM 结构域蛋白
evm. model. unitig_4. 408	串联重复	811	启动子	双组分系统蛋白 A
evm. model. 1. 105 0	颠倒	49412	基因内部	衰老相关蛋白
evm. model. unitig_2. 196	颠倒	1007	基因内部	油脂 Smp2
evm. model. unitig_2. 197	颠倒	1007	启动子	转录起始因子 TFIID，分子量 31000 亚基
evm. model. unitig_2. 314	颠倒	688	启动子	非溶血性磷脂酶 C 前体
evm. model. unitig_2. 1102	颠倒	104	启动子	假定蛋白
evm. model. unitig_1. 891	颠倒	783	基因内部	60S 核糖体蛋白 L5
evm. model. 1. 341	插入	211	启动子	未命名蛋白
evm. model. 1. 382	插入	220	基因内部	假定蛋白
evm. model. 1. 104 6	插入	97	基因内部	假定蛋白
evm. model. 1. 104 7	插入	195	基因内部	假定蛋白
evm. model. 1. 104 8	插入	105	基因内部	假定蛋白
evm. model. 1. 105 0	插入	263	基因内部	衰老相关蛋白
evm. model. unitig_2. 667	插入	159	基因内部	假定蛋白
evm. model. unitig_2. 743	插入	253	启动子	前体 mRNA 剪接因子 cwc22
evm. model. unitig_1. 73	插入	258	基因内部	假定蛋白
evm. model. unitig_1. 141	插入	280	基因内部	Sec7 结构域蛋白
evm. model. unitig_1. 788	插入	85	启动子	未命名蛋白
evm. model. unitig_1. 789	插入	85	启动子	未命名蛋白
evm. model. unitig_1. 1260	插入	274	基因内部	RNA 剪接蛋白 MRS3
evm. model. unitig_0. 113	插入	222	基因内部	mRNA 转运调节因子 Mtr10
evm. model. unitig_0. 311	插入	277	启动子	未命名蛋白
evm. model. unitig_0. 312	插入	277	启动子	假定蛋白
evm. model. unitig_0. 635	插入	201	基因内部	ABC 转运蛋白 Adp1
evm. model. unitig_0. 1140	插入	81	基因内部	磷酯酸胞苷酰转移酶
evm. model. unitig_6. 686	插入	268	基因内部	钙白过敏蛋白前体
evm. model. unitig_5. 900	插入	85	基因内部	假定蛋白

续表

基因 ID	变化类型	核酸变化长度/bp	变化位置	基因功能
evm. model. unitig_4. 405	插入	277	基因内部	假定蛋白
evm. model. unitig_4. 679	插入	261	基因内部	DNA 导向 RNA 聚合酶Ⅱ亚基 PB9
evm. model. unitig_1. 969	删除	80	基因内部	未命名蛋白
evm. model. unitig_5. 207	删除	117	启动子	假定蛋白

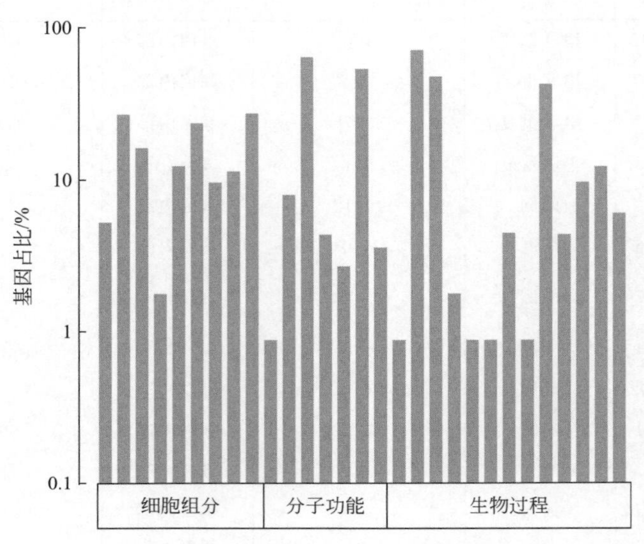

图 3-8 差异基因的 GO 功能聚类

另外，中心代谢通路存在 2 处变异（图 3-9）。琥珀酸半醛脱氢酶的 329 位组氨酸突变为谷氨酰胺，琥珀酸半醛脱氢酶是 γ-氨基丁酸（γ-aminobutyric acid，GABA）通路的关键酶，因三羧酸循环（tricarboxylic acid cycle，TCA 循环）在柠檬酸发酵过程中受抑制，减少了琥珀酸的合成，GABA 通路可以补充琥珀酸的供给，在柠檬酸发酵过程中起重要作用。该通路在解脂耶氏酵母生产酮戊二酸时也很重要。GABA 通路中会产生谷氨酸，谷氨酸可以通过氨基酸脱羧消耗胞内质子，帮助提高胞内 pH，同时也涉及胞内 NH_4^+ 的释放，而 NH_4^+ 对磷酸果糖激酶的抑制起拮抗作用。此外，一个顺乌头酸酶家族蛋白发生了移码突变，可能导致中心代谢通路的减弱。

由于脯氨酸代谢的反式激活因子发生错义突变，以及支链氨基酸氨基转移酶发生了移码突变，氨基酸代谢也受到了影响。由于氨基酸合成的前体大多来自糖酵解和 TCA 循环，如丙酮酸、3-磷酸甘油、草酰乙酸和 α-酮戊二酸均为前体物质，因此，氨基酸的合成通路可能会从有机酸合成代谢中分流一部分代谢流。此外，60S 核糖体蛋白 L5、DNA 修复蛋白、RNA 聚合酶Ⅱ的亚基、RNA 剪切蛋白以及 mRNA 转运调节因子发生了大片段结构的变异，这些基因的变异影响了细胞的生长活性，而柠檬酸作为初级代谢产物，柠檬酸的积累和黑曲霉的营养生长速度相偶联。

黑曲霉进行柠檬酸发酵，菌体的形态发育始于接种后的孢子聚集，然后孢子萌发并形成

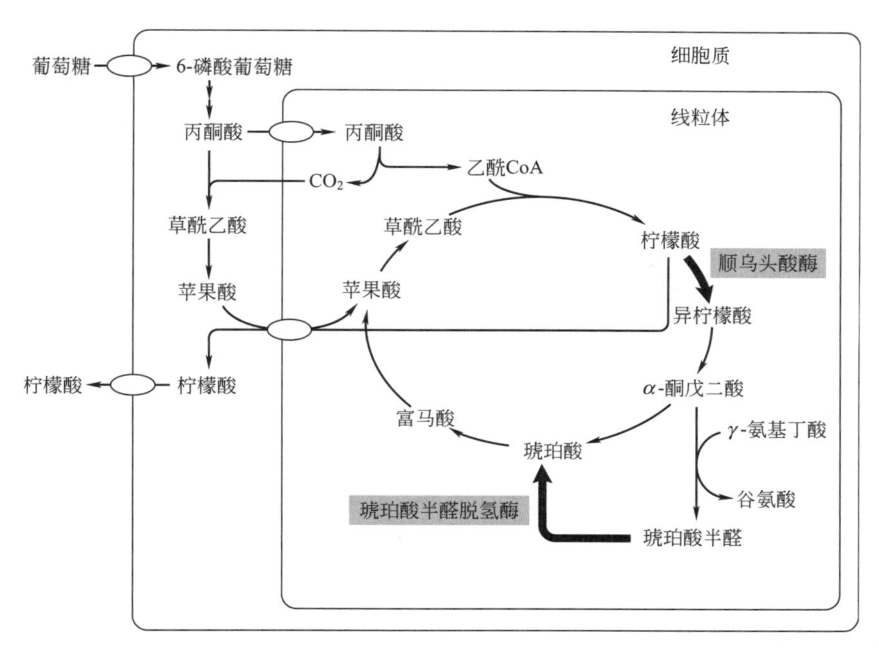

图 3-9　黑曲霉 H915-1 合成柠檬酸途径

阴影部分为突变基因

菌丝体。H915-1 的种子培养由于培养基中大量的玉米微粒阻隔了孢子接触，因而阻止了孢子的聚集。3 株黑曲霉菌株的菌丝形态存在明显的差别，但相关疏水蛋白和色素形成相关的基因并没有发生变异，这些基因影响孢子以及萌发管的聚集。H915-1 基因组相较于另两株菌缺失了一个细胞壁蛋白。真菌细胞壁包含 80%～90%的多聚糖，剩余成分主要为蛋白质和脂类。细胞壁蛋白的功能涵盖防御、维持细胞表面疏水性和调整细胞形态等多方面。当拟南芥缺失细胞壁蛋白 lrx1 后，根毛形态变得粗短且多分枝。此外，ER-Golgi vesicle-tethering protein p115 发生移码突变，可能导致囊泡运输在微丝骨架上的转移能力得到加强，从而使菌丝形态由粗短变为细长。

第五节　产柠檬酸黑曲霉转录组解析

转录组代表特定组织或细胞在特定发育阶段、生理状态或环境条件下转录的所有 RNA 转录本（RNA transcripts），能够系统地反映基因表达和调控规律，揭示特定生物学过程的分子机理。主要研究方法有 2 类：基于杂交的基因芯片微阵列技术和基于高通量测序的转录组测序技术（RNA sequencing，RNA-seq）。由于基因芯片通过设计探针来检测基因表达，具有稳定性高的优点，但该方法仅限于检测已知序列，无法发现新基因。转录组测序技术则利用第二代测序（NGS）对 cDNA 文库进行检测，通过计算读段（reads）数来确定 RNA 的表达量，该方法能够发现新的转录本，并且通过把转录本映射到参考基因组，可以分析转录本位置、RNA 剪切以及非编码 RNA（tRNA、rRNA、snRNA、miRNA 以及 lncRNA）

等遗传信息，因此得到越来越广泛的应用。

作为细胞工厂的理想菌株，黑曲霉产柠檬酸的机制已经在生理生化层面进行了大量的解析，目前也已有多个菌株完成了基因组测序，然而黑曲霉产柠檬酸的机制依然存在若干关键问题需要研究。比如，中心代谢通路的关键酶大部分存在冗余基因，比如 ATCC 9029 中总共鉴定到 5 个柠檬酸合成酶，但是哪个是主效基因以及这些基因在不同发酵阶段的作用并不清楚。此外，柠檬酸转运至胞外的机制尚不明确，虽然在生化层面推测到细胞膜的柠檬酸转运蛋白以及线粒体的柠檬酸-苹果酸逆向转运蛋白的存在，但至今没有鉴定到这些转运蛋白。交替氧化酶在柠檬酸生产过程中对能量平衡的作用也需要在转录层面进行确证。因此，有必要对工业生产菌的柠檬酸发酵进行转录组分析。

利用 RNA-seq 技术来监控 H915-1 的柠檬酸发酵过程不同时间点的基因转录水平，从中心代谢通路、能量平衡、杂酸形成、转运蛋白和细胞壁合成等方面分析了利于柠檬酸积累的代谢通路基因表达的变化，加深了对黑曲霉积累柠檬酸的理解，为后续代谢改造黑曲霉奠定了理论基础。

一、转录组学结果分析

为解析黑曲霉在柠檬酸发酵过程中的生理学变化，对 H915-1 在 3L 发酵罐中合成柠檬酸过程的转录组学进行了分析。当通气量维持在 3.5VVM，分别对发酵 6h、12h、24h、36h 和 48h 的菌丝体取样。发酵 6h 时，培养基 pH 由初始 4.8 降为 3.5，此时菌丝体仍然处于生长阶段，柠檬酸的合成速率较低，为 $0.66g \cdot L^{-1} \cdot h^{-1}$；随后，12h、24h、36h 和 48h 的柠檬酸含量成线性增长，合成速率均较快（图 3-10），分别增加到 $2.34g \cdot L^{-1} \cdot h^{-1}$、$3.26g \cdot L^{-1} \cdot h^{-1}$、$2.75g \cdot L^{-1} \cdot h^{-1}$和 $1.94g \cdot L^{-1} \cdot h^{-1}$。

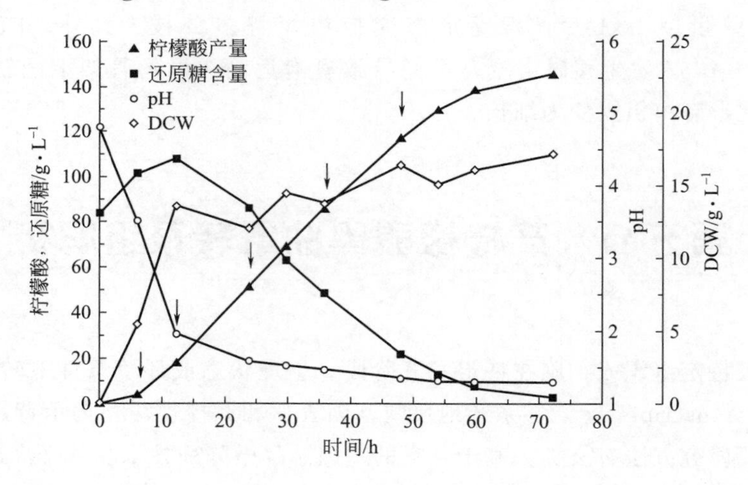

图 3-10　黑曲霉 H915-1 的柠檬酸发酵

取样时间以箭头标注

在所有表达的 9953 个基因中，有 479 个基因在柠檬酸大量合成的四个时间点均与细胞生长阶段（6h）存在差异，其中 269 个基因发生了上调，210 个基因下调（差异倍数≥2，FRD≤0.05），暗示了柠檬酸发酵过程中最有意义的基因（图 3-11）。此外，表达上调和下调的基因均随着发酵时间的延长而增加（图 3-12），说明菌体对柠檬酸分泌引起的环境变化有很强的反应。

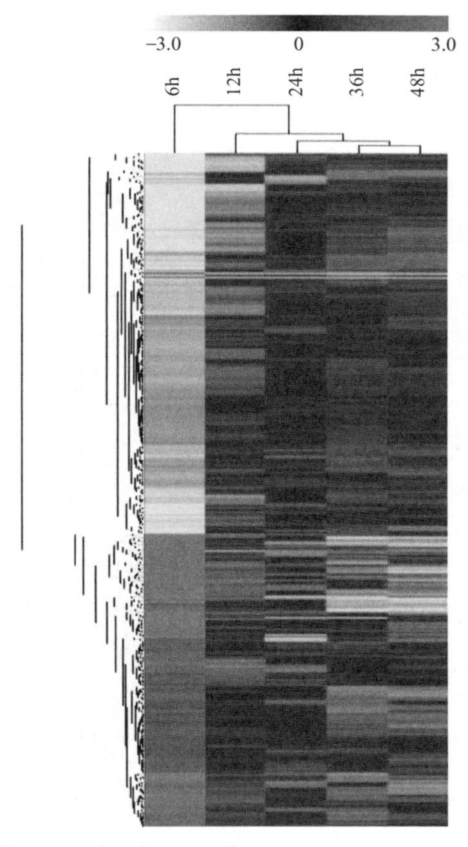

图 3-11　柠檬酸发酵产酸过程（12h、24h、36h 和 48h）和菌体生长阶段（6h）差异表达基因的表达谱及聚类

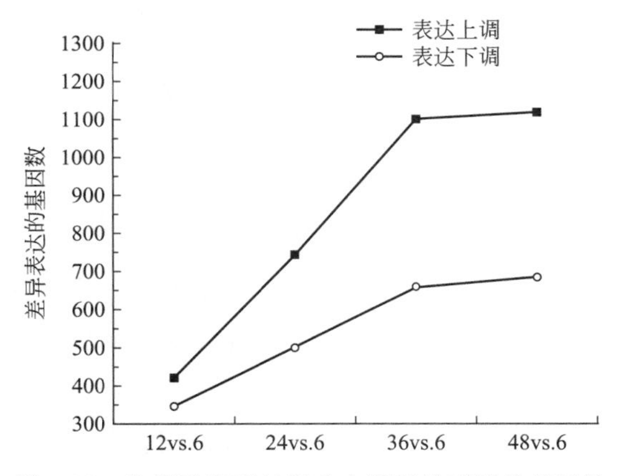

图 3-12　柠檬酸发酵过程中上调以及下调的基因数

为验证转录组数据的准确性，对柠檬酸发酵进行了重复，并取样进行 qPCR 检测。对中心代谢通路的若干个基因以及 2 个表达有剧烈变化的其他通路基因（evm. model. 1. 1208 和 evm. model. unitig _ 3. 181）的表达进行检测，并与转录组分析的基因表达水平进行比较。结果显示 qPCR 和转录组分析的结果一致（图 3-13），在两个实验中，evm. model. 1. 1208 和 evm. model. unitig _ 3. 181 在 12h、24h、36h 和 48h 的表达与 6h 的表达相比，在不同时间点表达量增加倍数的变化趋于一致，而中心代谢通路若干基因表达的上下调程度也基本一致，验证了转录组数据的可靠性。图中误差线代表 3 个技术重复。

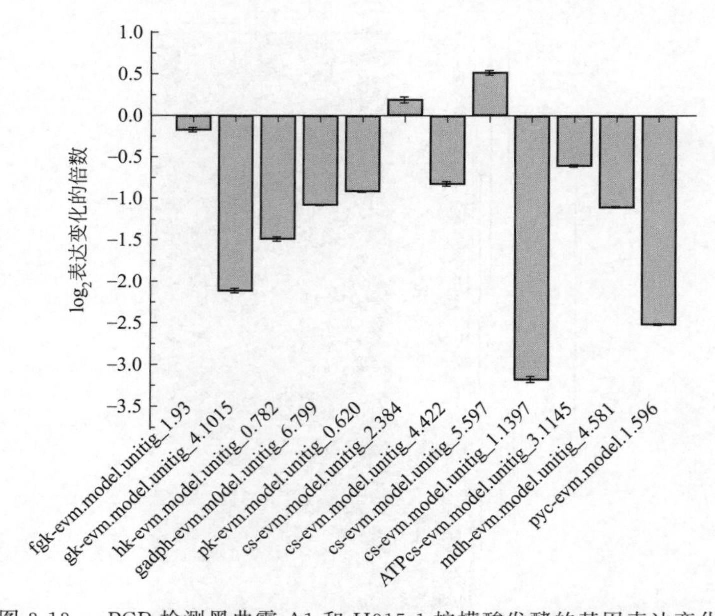

图 3-13　qPCR 检测黑曲霉 A1 和 H915-1 柠檬酸发酵的基因表达变化

中心代谢通路（糖酵解途径、TCA 循环、rTCA 循环和 GABA 通路）调节柠檬酸主要通过糖酵解途径和随后的线粒体中的 TCA 循环产生糖酵解途径的酶。

基因的表达受到的影响较少，仅 3 个基因的表达变化，而 TCA 循环中的大部分基因都发生了下调。在 H915-1 中，共有 6 个同工酶催化葡萄糖的磷酸化，其中有 5 个己糖激酶，它们的表达在转录水平基本没有受到影响。己糖激酶的活性会受到柠檬酸的非竞争性抑制，为维持代谢通量，葡萄糖激酶的表达在发酵过程中逐步增加。

磷酸丙糖异构酶的表达上调了。由于 1mol D-1，6-二磷酸果糖被分解为 1mol 磷酸甘油醛和 1mol D-3-磷酸甘油酸，而只有 D-3-磷酸甘油酸可以作为下一步酶的底物，因此，三磷酸异构酶需要上调来形成更多的 D-3-磷酸甘油酸。

磷酸果糖激酶（phosphofructokinase，PFK1）是糖酵解途径中重要的受到调节的酶，其表达没有发生明显的变化。PFK1 的酶活会受到高浓度柠檬酸、ATP 和 Mn^{2+} 的抑制，同时，酶活的抑制也会受 NH_4^+、2，6-二磷酸果糖的拮抗。

在整个糖酵解途径中，丙酮酸激酶是唯一被下调的酶，暗示酶的转录可能受到调控，为调控的节点。经过糖酵解途径，1mol 葡萄糖被催化成 2mol 丙酮酸，其中 1mol 丙酮酸被转运到线粒体中形成乙酰辅酶 A，而另外 1mol 丙酮酸在细胞质中形成草酰乙酸，而后被还原成苹果酸，通过苹果酸-柠檬酸逆向转运蛋白进入线粒体，进而参与 TCA 循环，参与形成柠檬酸。H915-1 含有 2 个丙酮酸脱羧酶，但只有定位于细胞质的丙酮酸脱羧酶被表达，其表达水平与菌体生长阶段相比，减少至 1/3 水平。定位于细胞质的苹果酸脱氢酶有 3 个基因，只有 1 个基因在柠檬酸发酵过程中被转录，而线粒体苹果酸脱氢酶的表达也明显下降了。

柠檬酸合成酶的情况也是如此。基因测序预测到 5 个柠檬酸合成酶，2 个定位于线粒体的柠檬酸合成酶的表达均下调了，说明比菌体生长阶段更低的代谢流也可以维持柠檬酸的生成与分泌。

TCA 循环在柠檬酸合成酶下游的反应均在转录水平下调了。预测到的 4 个顺乌头酸酶有 2 个定位于线粒体，其表达水平都下降了。3 个异柠檬酸脱氢酶，其中细胞质中的依赖于 $NADP^+$ 的异柠檬酸脱氢酶和线粒体中的依赖于 NAD^+ 的异柠檬酸脱氢酶均表达下调。

在黑曲霉中存在补充琥珀酸合成的 GABA 通路，酮戊二酸（ketoglutaric acid，KGA）和 GABA 被催化成琥珀酸半醛，并进一步催化成琥珀酸。这条通路在柠檬酸发酵过程中被上调了。由于酮戊二酸脱氢酶在转录水平和翻译后水平均被抑制，GABA 通路对补充琥珀酸供给十分重要。在 CBS 513.88 中，对琥珀酸的供给甚至完全依赖于 GABA 通路，因其在转录水平未检测到琥珀酰 CoA 连接酶。而在解脂耶氏酵母生产酮戊二酸时，这条通路也很重要。

GABA 通路中会产生谷氨酸，谷氨酸可以通过氨基酸脱羧消耗胞内质子，帮助提高胞内 pH，同时也涉及胞内 NH_4^+ 的释放，而 NH_4^+ 对磷酸果糖激酶的抑制起拮抗作用。

草酰乙酸由线粒体中的 TCA 循环和细胞质中的 rTCA 循环共同产生。前者会形成 2mol CO_2，造成碳源损失，而后者可以固定化 CO_2，使丙酮酸在丙酮酸羧化酶的作用下形成草酰乙酸，草酰乙酸继而被苹果酸脱氢酶还原为苹果酸，通过苹果酸-柠檬酸逆向转运蛋白穿越线粒体膜后参与 TCA 循环。H915-1 含有 2 个丙酮酸羧化酶，但仅细胞质定位的基因可以被转录，该基因在产酸阶段比发酵 6h 的表达量下降了 2/3；3 个细胞质定位的苹果酸脱氢酶仅 1 个基因被转录，而线粒体定位的苹果酸脱氢酶的表达水平也急剧下调了。

中心代谢通路的大部分基因在产酸阶段与细胞生长阶段相比均下调了，可能的原因是随着 pH 下降到极低水平，细胞的基础代谢下调以应对低 pH，尽管这些基因的表达水平下调了，但 FPKM 值依然很高，足以形成柠檬酸。而细胞生长阶段的高代谢水平也是合理的，因为发酵前 12h 的细胞生长非常迅速（见图 3-14）。由于中心代谢通路的主效基因已经确定，进一步对黑曲霉 A1 在 60h 的基因表达和 H915-1 在 48h 的基因表达进行 qPCR 检测，结果显示 A1 的基因表达水平大部分都降低了（图 3-13），说明更高的柠檬酸发酵水平需要更高的基因表达水平。图中误差线代表 3 个技术重复。

二、无效循环与侧呼吸链共同作用平衡胞内能量

能量平衡对柠檬酸发酵至关重要，从葡萄糖到柠檬酸的转化会产生 1mol ATP 和 3mol NADH，为了应对能量过剩的问题，需要一条侧呼吸链来还原 NADH 而避免 ATP 的形成。电子通过琥珀酸脱氢酶或 NADH:泛醌氧化还原酶由琥珀酸或线粒体 NADH 传递给泛醌，泛醌在交替氧化酶的作用下将电子传递给 O_2 生成水，这个过程不产生质子动力，因此，交

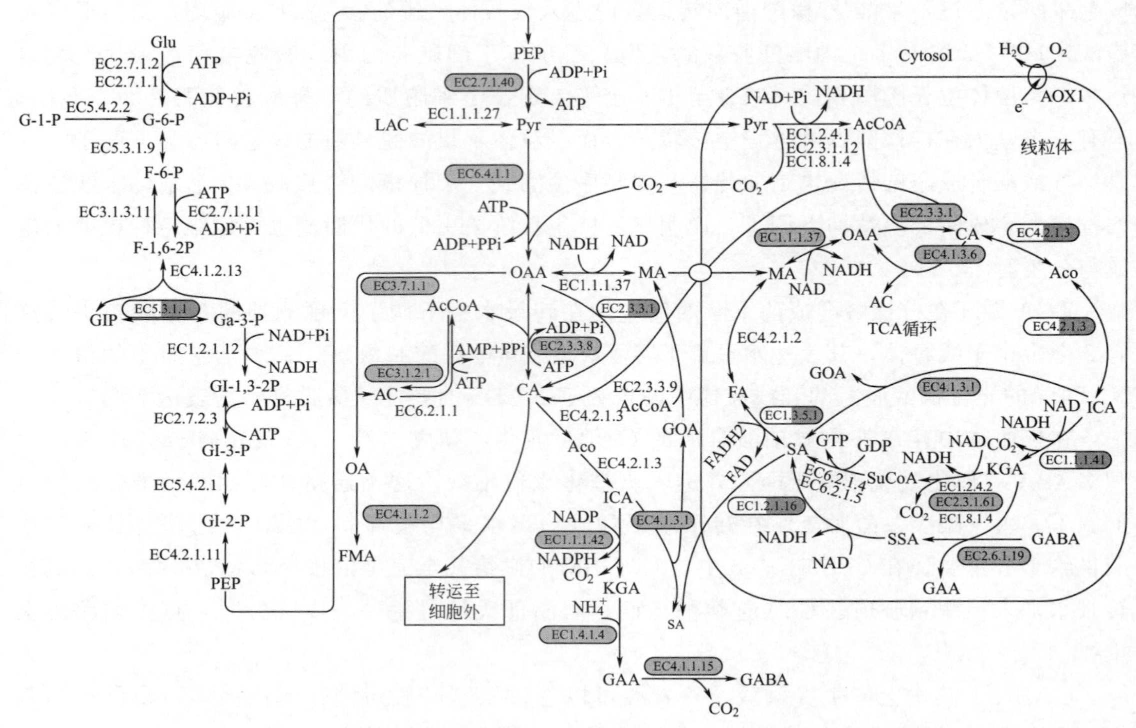

图 3-14　柠檬酸合成相关基因的转录水平的调节

黑色椭圆代表上调的基因，灰色椭圆代表下调的基因，半个椭圆表示部分同工酶的表达有差异

缩写：GABA—γ-氨基丁酸；AC—乙酸；AcCoA—乙酰 CoA；Aco—顺乌头酸；AOX1—交替氧化酶；CA—柠檬酸；F-1,6-2P—1,6-二磷酸果糖；ETH—乙醇；F-6-P—6-磷酸果糖；FA—延胡索酸；FMA—甲酸；G-6-P—6-磷酸葡萄糖；Ga-3-P—3-磷酸甘油醛；GAA—谷氨酸；Glu—葡萄糖；GI-1,3-2P—1,3-二磷酸甘油酸；GI-2-P—2-磷酸甘油酸；GI-3-P—3-磷酸甘油酸；GIP—二羟丙酮磷酸；GOA—乙醛酸；ICA—异柠檬酸；KGA—酮戊二酸；MA—苹果酸；OA—草酸；OAA—草酰乙酸；PEP—磷酸烯醇式丙酮酸；Pyr—丙酮酸；SA—琥珀酸；SSA—琥珀酸半醛；SuCoA—琥珀酰 CoA

替氧化酶是这条通路的核心。之前的研究发现高溶氧激发的柠檬酸积累与交替氧化酶的诱导表达相关，而抑制交替氧化酶会降低柠檬酸产量。

交替氧化酶的表达量基本在柠檬酸发酵阶段强于菌体生长阶段，与文献报道的侧呼吸链对柠檬酸发酵有重要影响相一致。然而，交替氧化酶的表达水平和其他主效基因的表达量相比低了一个数量级，暗示可能存在其他通路来消耗 ATP 以平衡能量（图 3-14）。值得注意的是，2 个细胞质定位的 ATP-柠檬酸裂解酶的表达水平大幅度提高，该酶参与一个无效循环，即线粒体中的柠檬酸被转运到细胞质，其中大部分被转运出细胞从而实现柠檬酸的生产，而另一部分则由 ATP-柠檬酸裂解酶通过消耗 ATP 产生草酰乙酸，随后草酰乙酸被催化成苹果酸，转运到线粒体重新合成柠檬酸。这个循环消耗了 ATP 但没有发生物质的变化。这条通路可能用以缓解侧呼吸链的压力来维持 NADH 库的循环。此外，ATP-柠檬酸裂解酶的另一个作用是生成细胞质的乙酰 CoA，对 ATP 裂解酶进行基因敲除会显著影响菌体生长，从而减弱柠檬酸的合成；相反，在黑曲霉中表达 ATP-柠檬酸裂解酶可以增加柠檬酸产量。但是也有研究通过模型预测发现敲除 ATP-柠檬酸裂解酶可以提高琥珀酸产量，实验证实琥珀酸产量提高了3倍，同时也增加了柠檬酸产量。

三、酸生成相关基因的调节

黑曲霉可以形成多种有机酸，主要是葡萄糖酸、草酸、乙酸、乳酸、苹果酸、琥珀酸和柠檬酸。它可以在特定的pH条件下合成最利于酸化环境的有机酸。葡萄糖酸和草酸是柠檬酸生产中主要的杂酸。分泌杂酸可以帮助降低培养基pH，而低pH是柠檬酸发酵必需的条件，而一旦柠檬酸开始形成，酸化培养基的功能主要由柠檬酸行使。杂酸形成涉及的基因的转录情况见表3-8。

表3-8 杂酸形成相关基因的表达调控

EC号码	基因ID	基因功能	FPKM-6h	FPKM-12h	FPKM-24h	FPKM-36h
EC 1.1.99.1	evm. model. unitig_0.36	葡萄糖氧化酶	792.581	7.59982	5.52318	9.00983
EC 3.7.1.1	evm. model. unitig_6.59	草酰乙酸乙酰水解酶	7968.16	33.4376	4.34472	5.28545
EC 4.1.1.2	evm. model. 1.1180	草酸脱羧酶	10.0074	514.407	2999.5	2018.14
EC 3.1.2.1	evm. model. unitig_6.429	乙酰辅酶A水解酶	2299.17	33.862	32.829	16.3067
EC 6.2.1.1	evm. model. 1.340	乙酰辅酶A合成酶	400.783	146.2	183.762	240.954
EC 1.1.1.27	evm. model. 1.153	L-乳酸脱氢酶	1.83775	0.789	0.192629	0

草酰乙酸乙基水解酶（evm. model. unitig _ 6.59，OAH）催化草酰乙酸水解形成草酸和乙酸。*oah*基因在发酵6h的表达非常高，和Ruijter（1999）的研究结果一致，即草酸是黑曲霉在有机酸合成中最偏好合成的酸，也和Andersen（2009）的模型相吻合，即在pH 1.5～6.5范围内草酸是黑曲霉最偏好合成的有机酸。随后，*oah*的表达量急剧减弱至几乎不表达，尽管此时草酸由于*oah*基因的沉默已不再被合成，但草酸脱羧酶（evm. model. 1.1180）则在产酸阶段一直维持极高的表达水平，用以确保消除草酸在后期的积累，而此时柠檬酸则成为培养基中最主要的有机酸，这一现象也与Andersen（2009）的模型一致，即在pH 1.5～2.5范围内，当草酸不再被合成时，柠檬酸是酸化培养基的最有效的有机酸。黑曲霉试图酸化培养基的原因尚不明确，但这可能是一种进化策略，第一个可能的解释是低pH能帮助降解植物细胞壁，从而有利于营腐生的丝状真菌的生存；第二，低pH也可以抑制其他多种微生物的生长，避免竞争营养；第三是有机酸可以螯合微量金属元素，以利于菌丝体吸收。

在发酵初期，由于*oah*基因的作用，在草酸形成的同时产生了等量的乙酸，此外，乙酰CoA水解酶（evm. model. unitig _ 6.429）在发酵初期大量表达，进一步加速了乙酸的合成，然而培养基中并不存在乙酸的积累，可能如Ruijter（1999）所报道的，乙酸的代谢速度非常快，从而防止其积累，作为重要的代谢中间产物，通过形成乙酰CoA以及乙酰磷酸参与很多代谢通路；同时，Andersen（2009）的模型也说明，从能量利用效率的角度，利用乙酸来酸化培养基不如利用它合成其他有机酸来酸化培养基更经济。*oah*基因和乙酰CoA水解酶的表达均在随后的阶段被强烈抑制，说明乙酸通路的下调以及代谢流向TCA循环以合成柠檬酸。

结果显示，H915-1 仅含有一个葡萄糖氧化酶（evm. model. unitig _ 0. 36），该酶分泌到胞外可催化培养基中的葡萄糖生成葡萄糖酸。葡萄糖氧化酶仅在发酵早期时表达，随后不再表达，这一结果与文献报道的葡萄糖酸仅为柠檬酸发酵早期产物相一致。此外，由于葡萄糖氧化酶的酶活在 pH 低于 3. 5 时丧失，因此在 H915-1 发酵柠檬酸过程中几乎检测不到葡萄糖酸的积累。葡萄糖和柠檬酸的转运对解释黑曲霉生产柠檬酸的机制至关重要。基因组共鉴定到 551 个转运蛋白，在转录水平表达的转运蛋白为 334 个，其中 17 个蛋白的表达发生变化，它们在发酵过程中的表达变化见图 3-15。在柠檬酸发酵过程中总共有 46 个转运蛋白的转录表现为持续上调或下调（表 3-9）。

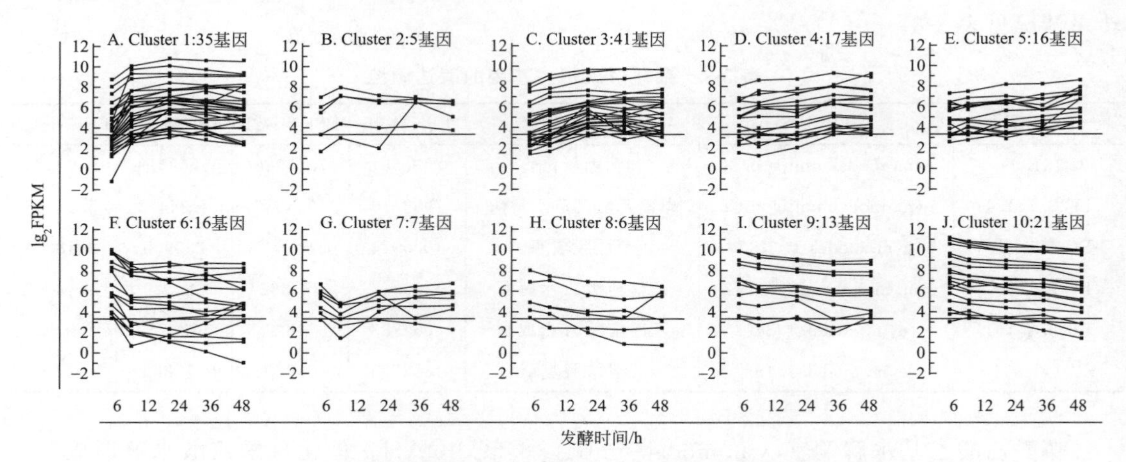

图 3-15　柠檬酸发酵过程中表达量发生变化的转运蛋白的聚类

表 3-9　柠檬酸合成过程受到转录调控的转运蛋白的表达水平

基因 ID	基因功能	FPKM-6h	FPKM-12h	FPKM-24h
evm. model. unitig_3. 636	ABC 转运蛋白 C 家族成员	13. 1977	35. 3317	58. 9041
evm. model. unitig_3. 637	小管多特异性有机阴离子转运蛋白 1	28. 5373	87. 9929	149. 208
evm. model. unitig_3. 640	小管多特异性有机阴离子转运蛋白 1	20. 4793	107. 35	223. 035
evm. model. unitig_0. 1084	小管多特异性有机阴离子转运蛋白 2	8. 0014	40. 5062	79. 4721
evm. model. unitig_5. 1021	钠/钾转运 ATP 酶亚基 α-1	63. 2289	130. 481	286. 188
evm. model. 1. 100	琥珀酸/延胡索酸转运蛋白	60. 1747	7. 32488	4. 93716
evm. model. 1. 1208	未鉴定转运蛋白	20. 1262	657. 514	638. 877
evm. model. 1. 31	可能的代谢物转运蛋白	19. 7919	47. 7725	103. 538
evm. model. 1. 352	质膜融合蛋白 prm1	4. 66831	21. 8264	107. 014
evm. model. 1. 69	氨基酸转运蛋白	26. 4711	6. 00714	4. 01169
evm. model. 1. 857	未鉴定 MFS-型转运蛋白	262. 407	35. 7379	29. 1139
evm. model. unitig_0. 1595	未鉴定转运蛋白	7. 69787	24. 2853	42. 5223
evm. model. unitig_0. 437	奎尼酸透性酶	2. 52556	23. 0903	55. 1789
evm. model. unitig_1. 1394	MFS 转运蛋白	1144. 22	178. 003	114. 492
evm. model. unitig_1. 578	线粒体 2-氧代二羧酸转运蛋白 2	826. 306	390. 695	405. 997
evm. model. unitig_2. 1188	氨基酸通透酶 inda1	157. 845	440. 541	549. 456

续表

基因 ID	基因功能	FPKM-6h	FPKM-12h	FPKM-24h
evm. model. unitig_2. 1237	MFS 转运蛋白	16. 3143	61. 9491	77. 3993
evm. model. unitig_2. 1258	谷胱甘肽转运蛋白 1	53. 949	4. 04985	2. 2213
evm. model. unitig_2. 1390	液泡钙离子转运蛋白	252. 61	622. 261	657. 009
evm. model. unitig_2. 1392	液泡钙离子转运蛋白	32. 1809	68. 8772	91. 3865
evm. model. unitig_2. 45	MFS 转运蛋白	38. 4455	12. 7329	3. 27757
evm. model. unitig_2. 532	钙离子转运蛋白	53. 9308	119. 391	153. 595
evm. model. unitig_2. 827	尿素激活蛋白 1	15. 9503	43. 262	77. 2426
evm. model. unitig_2. 971	corA 家族金属离子转运蛋白	7. 22867	189. 826	347. 136
evm. model. unitig_3. 1075	半乳糖-质子协同运输蛋白	687. 339	254. 727	116. 009
evm. model. unitig_3. 1191	奎尼酸透性酶	0	25. 5055	36. 3913
evm. model. unitig_3. 62	ABC 转运蛋白	39. 1748	78. 3932	116. 238
evm. model. unitig_3. 635	寡肽转运蛋白	14. 6011	104. 855	128. 548
evm. model. unitig_4. 1038	未鉴定透性酶	63. 5294	161. 174	243. 495
evm. model. unitig_4. 1122	锌调节转运蛋白 1	26. 221	868. 686	1163. 35
evm. model. unitig_4. 29	MFS 多药转运蛋白	28. 1368	65. 3458	79. 5197
evm. model. unitig_4. 558	糖转运蛋白	60. 7082	28. 922	24. 2149
evm. model. unitig_4. 58	锌调节转运蛋白 1	27. 4409	86. 7798	89. 9594
evm. model. unitig_4. 660	MFS 尿囊酸转运蛋白	9. 26185	27. 5775	126. 026
evm. model. unitig_4. 694	转运蛋白颗粒分子量 20000 的亚基	71. 691	35. 4592	31. 7326
evm. model. unitig_4. 966	铜转运蛋白家族蛋白	89. 4315	386. 8	247. 155
evm. model. unitig_5. 1028	寡肽转运蛋白	427. 735	1076. 43	1775. 18
evm. model. unitig_6. 240	corA 家族金属离子转运蛋白	89. 6403	201. 674	232. 638
evm. model. unitig_6. 447	单羧酸转运蛋白	50. 1323	135. 575	189. 269
evm. model. unitig_6. 486	低亲和力铁转运蛋白	3. 69287	73. 9308	190. 217
evm. model. unitig_6. 549	嘌呤-胞嘧啶通透酶 fcyB	59. 0138	194. 498	328. 304
evm. model. unitig_6. 821	MFS 毒素外排泵	49. 4076	103. 654	164. 539
evm. model. unitig_6. 853	胆碱转运蛋白	3. 65766	51. 889	48. 6358
evm. model. unitig_6. 875	MFS 转运蛋白	2. 1797	23. 2597	24. 884
evm. model. unitig_3. 110	己糖转运蛋白	5. 8594	29. 5108	54. 735
evm. model. unitig_3. 919	OPT 寡肽转运蛋白家族	3. 40145	42. 7754	192. 636

黑曲霉对葡萄糖的吸收可能主要依赖于两种方式：自由扩散和糖转运蛋白介导的协助扩散。有研究鉴定到 21 个葡萄糖转运蛋白的表达，其中 1 个低亲和力的糖转运蛋白（evm. model. unitig _ 0. 1567）始终高水平表达，而 5 个高亲和力的糖转运蛋白则维持低水平表达。该结果与文献报道的低亲和力的葡萄糖转运蛋白在葡萄糖代谢中有重要作用相一致，低亲和力的葡萄糖转运蛋白需要在高浓度碳源（$150g \cdot L^{-1}$）下形成，当发酵 48h 糖浓度下降至 8%时该蛋白始终高水平表达。

柠檬酸透过细胞膜的转运机制目前尚不清楚。在细胞质和培养基之间存在巨大的pH梯度，细胞质的pH在6.0～7.0之间，胞内柠檬酸主要以citrate^{2-}形式存在，而培养基pH维持在2.0左右，使柠檬酸主要以非解离形式存在。由于黑曲霉可以分泌citrate^{2-}，而在发酵末期也同样可以吸收柠檬酸，暗示2种形式的柠檬酸都可以被转运。然而，目前黑曲霉的柠檬酸转运蛋白还没有被鉴定到。在本研究中，35个转运蛋白随柠檬酸发酵表达上调，其中有3个有机阴离子转运蛋白，以及1个单羧酸转运蛋白。此外，有11个未知功能转运蛋白的转录上调。这些转运蛋白可能包含了潜在的柠檬酸转运蛋白，为进一步进行功能鉴定提供了研究基础。

四、细胞壁合成相关基因的调控

黑曲霉细胞壁的主要成分包括β-1,3-葡聚糖、几丁质、β-1,6-葡聚糖、α-1,3-葡聚糖、半乳糖胺半乳糖和半乳甘露聚糖。一些涉及细胞壁完整性的基因的表达被上调。β-1,3-葡聚糖转移酶（evm. model. unitig _ 5. 1027）用以合成细胞壁的主要成分，其表达水平随发酵的进行而升高，12h就比6h提高了3倍以上。几丁质合成酶C的表达大幅度提高。Pst1是细胞表面的GPI-锚定蛋白，对维持细胞壁的完整性非常重要，PST1在柠檬酸发酵时的表达逐步增加，帮助细胞在低pH下维持细胞壁强度。α-1,3-葡聚糖通常存在于孢子细胞壁，将黑色素黏附于孢子表面，也对孢子膨胀后聚集起重要作用。α-1,3-葡聚糖合成酶基因*ags1*在柠檬酸发酵过程中表达上调，说明其对菌丝体的聚集也可能起作用。此外，3个葡聚糖内切酶表达下调来减少细胞壁的降解。

第六节　黑曲霉遗传转化新技术

黑曲霉是重要的工业生产菌，广泛应用于酶、抗生素、有机酸等物质的生产。通过分子改造对黑曲霉的代谢进行调控来实现目的产物的积累已经有诸多成功的报道。但是，这些报道所使用的菌株均非柠檬酸生产菌株，目前还没有对柠檬酸生产菌株进行遗传转化来积累目标产物的报道。不同株系的黑曲霉基因组差别巨大，基因表达的差异造成其形态差异明显，高产菌的菌丝形态一般粗短且具有分枝，顶端细胞壁增厚。因此，需要建立黑曲霉柠檬酸生产菌株的表达系统。丝状真菌的转化方法主要有4种：电转化法、农杆菌介导法、基因枪法和聚乙二醇（polyethylene glycol，PEG）介导法。电转化法的受体为原生质体或者完整的细胞，通过短暂的电场脉冲作用扰乱生物膜的类脂分子层，瞬时增大细胞膜的通透性，使DNA进入细胞，随后，细胞迅速自动修复膜穿孔，恢复到正常的生理状态，该方法对黑曲霉的转化效率极低。农杆菌介导法是根癌农杆菌（*Agrobacterium tumefaciens*）通过类似结合的过程把Ti质粒中的T-DNA转移到受体细胞基因组中。在产酶黑曲霉中，该转化方法获得成功的应用，但对产酸黑曲霉，转化效率很低。基因枪法作为一种万能基因转化法，可以直接将外源DNA导入可再生的细胞，但转化频率低，而且转化受体细胞再生困难，目前尚无在黑曲霉中应用的报道。PEG 介导法是目前在黑曲霉中应用最广泛的方法，转化材料为原生质体。原生质体作为受体细胞的优点是群体数量大，容易获得纯合的转化子；缺点是原生质体培养操作复杂、再生频率低和周期长。利用该方法，已经在野生菌株 *A. niger* N400、N402、CAD4、N402 的 *pyrG* 缺陷型菌株 AB4.1、NW185 的 *pyrA* 缺陷型菌株 NW186，以及糖化酶生产菌株 BO-1 中获得应用。野生型菌株和产酶菌株可以控制真菌形态，使其长成长丝状菌丝，易于制备原生质体，而本研究使用的黑曲霉柠檬酸生产菌株 H915-1 未能通过培养基优化得到长丝状菌丝，而始终以粗短菌丝存在，故而原生质体制备非常困难。

从我国柠檬酸生产企业获得工业生产菌株 H915-1，首先对黑曲霉 H915-1 的原生质体形成条件进行了优化，从酶解液成分与配比、酶解作用条件和菌体生长条件三方面入手，系统探索了 PEG 介导的原生质体法，建立了共转化遗传转化系统，并实现了基因敲除，为后续研究奠定基础。

一、细胞壁酶解液的优化

黑曲霉的细胞壁成分主要是葡聚糖和几丁质，此外，β-葡萄糖醛酸酶的酶活作用影响原生质体的形成效率。不同株系的黑曲霉细胞壁成分略有差别，黑曲霉 CBS 513.88 只用溶壁酶一种成分即可消化得到黑曲霉原生质体，黑曲霉 K10 仅需使用蜗牛酶即可获得原生质体，找到合适的细胞壁裂解酶的配比是制作原生质体的基础。对酶复合液的成分和比例进行了优化。对于黑曲霉 H915-1，单独使用蜗牛酶和溶壁酶都无法获得原生质体，当使用复合酶液均可以得到原生质体，但效果不同。当使用溶壁酶、几丁质酶和葡萄糖醛酸酶时，相较于其他种类的酶解液得到的原生质体数最多，进一步优化该酶解液中的各酶浓度，发现 5mg · mL^{-1}溶壁酶、0.2U · mL^{-1}几丁质酶和 460U · mL^{-1}葡萄糖醛酸酶时，得到的原生质体数目最多，为 6.7×10^5 个 · mL^{-1}（表 3-10）。原生质体再生率达到 95%以上。对于 H915-1，

表 3-10　细胞壁酶解液的优化

溶壁酶	几丁质酶	葡萄糖醛酸酶	半纤维素酶	蜗牛酶	纤维素酶	原生质体数 /10^5 个 · mL^{-1}
—	—	—	—	1×	—	—
1×	—	—	—	—	—	—
1×	—	—	—	1×	1×	0.18
1×	1×			1×		1.03
1×	1×				1×	0.82
1×	—	1×	1×	—	—	0.9
1×	1×	1×	—	—	—	1.62
1×	2×	2×	—	—	—	4.73(±0.62)
1×	2×	1×	—	—	—	6.7(±0.78)

注：初始酶液含有 5mg · mL^{-1}溶壁酶，0.1U · mL^{-1}几丁质酶，460U · mL^{-1}葡萄糖醛酸酶，0.06U · mL^{-1}半纤维素酶，10mg · mL^{-1}蜗牛酶和 10mg · mL^{-1}纤维素酶。

溶壁酶破坏葡聚糖，几丁质酶降解几丁质，β-葡萄糖醛酸酶促进破坏细胞间的黏附作用，这三种酶共同作用得到最优的原生质体酶解条件。消化酶的浓度需要严格界定，任意一种酶的过量都会造成原生质体浓度下降。一方面，由于原生质体是从细胞壁间隙挤出的，需要配合间隙大小（由消化酶活性控制）、胞内外渗透压差和转速来完成原生质体的形成和释放；另一方面，消化酶对细胞膜具有破坏作用，过量的酶会造成细胞的损伤。

二、酶解作用条件的优化

渗透压稳定剂的种类对原生质体形成有重要影响，不仅可以保护原生质体，减慢膨胀破裂的速度，而且其中的离子可能会对酶起激活作用。丝状真菌原生质体形成所需的渗透压稳定剂包括无机盐类的 KCl、NH_4Cl、$MgSO_4$、$(NH_4)_2SO_4$ 等，有机物稳定剂为山梨醇和甘露醇。Arati Das 的研究认为黑曲霉原生质体形成的最适渗透压稳定剂是 $MgCl_2$，Charissa de Bekker 则以山梨醇为渗透压稳定剂来制备黑曲霉原生质体。有机物稳定剂可以提高原生质体制备时离心收集的回收率，为此，尽可能选用有机物稳定剂提供渗透压。选择了原生质体制备常用的渗透压稳定剂，由图 3-16(a) 可知，H915-1 在 0.9mol·L^{-1} KCl 中易形成原生质体，在 0.4mol·L^{-1} $MgSO_4$ 和 0.8mol·L^{-1} 山梨醇溶液中，菌丝体很少被消化，只有极少量原生质体形成，而且不同的消化酶成分在这两种渗透压稳定剂下都很难促使原生质体生成，只有以 KCl 为渗透压稳定剂时，原生质体大量形成。细胞壁本身带负电荷，具有吸附阳离子的功能，可能细胞壁成分的差异造成了阳离子吸附量的差异，对酶解液的酶活有影

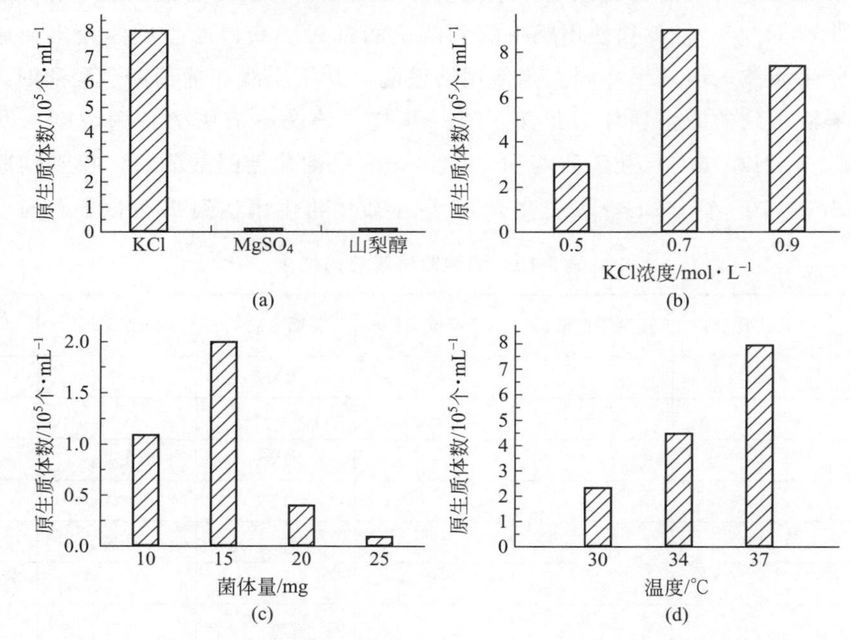

图 3-16　酶解作用条件的优化

（a）不同的渗透压稳定剂对原生质体形成的影响；（b）KCl 浓度对原生质体形成的影响；（c）菌体量对原生质体形成的影响；（d）温度对原生质体形成的影响

响，从而找到合适的渗透压稳定剂是原生质体制备的关键因素之一。

KCl的浓度与原生质体形成相关，只有胞外渗透压略低于胞内渗透压引起黑曲霉细胞膨胀，才会从被酶解的细胞壁间隙“排”出原生质体，当原生质体渗出到一定程度，适当程度的振动使原生质体脱离菌丝，形成游离的原生质体。渗透压稳定剂的浓度越低，原生质体产生的速度越快，但其膨胀速度也快，最终破裂，因此，低渗溶液的原生质体稳定性差，为此需要确认最佳的渗透压稳定剂浓度，由图3-16(b) 可知，最适的KCl浓度为0.7mol·L^{-1}，可以得到9×10^{5}个·mL^{-1}原生质体，0.9mol·L^{-1} KCl得到的原生质体数略低，而在0.5mol·L^{-1} KCl中消化后得到的原生质体比0.7mol·L^{-1} KCl减少了2/3，说明低渗溶液严重影响了原生质体的形成和稳定性。

菌体量是制备原生质体的关键因素，过量的菌体意味着酶的底物增加，会造成被酶解的细胞壁间隙变小，菌丝消化不彻底会导致原生质体制备失败；而菌体量不足会造成原生质体数量的减少。如图3-16所示，在5mL酶解液中，制备H915-1原生质体的最适菌体量为15mg，增加菌体量会导致原生质体量急剧减少，20mg的菌体量是15mg菌体量产生的原生质体量的1/5。

温度对原生质体形成的影响在于酶液在不同温度下的酶活及酶的稳定性不同，而原生质体形成需要用到3种酶，葡萄糖醛酸酶和几丁质酶的最适温度为37℃，但几丁质酶在37℃的稳定性较差，因此，需要考察它们在不同温度下的协同作用，由图3-16(d) 可见，37℃是比较适合的酶作用温度。

酶解时间对获得原生质体的影响在于需要尽可能完全消化掉菌丝体，但维持时间不宜过长，以减少低渗及酶的作用造成的原生质体破裂及活力下降。酶解1h，菌丝体即被消化成原生质体；酶解2h时，原生质体被释放到酶解液中（图3-17)，且获得的原生质体活性较好，存活率为95%以上；酶解3h时，原生质体存活率下降至85%。

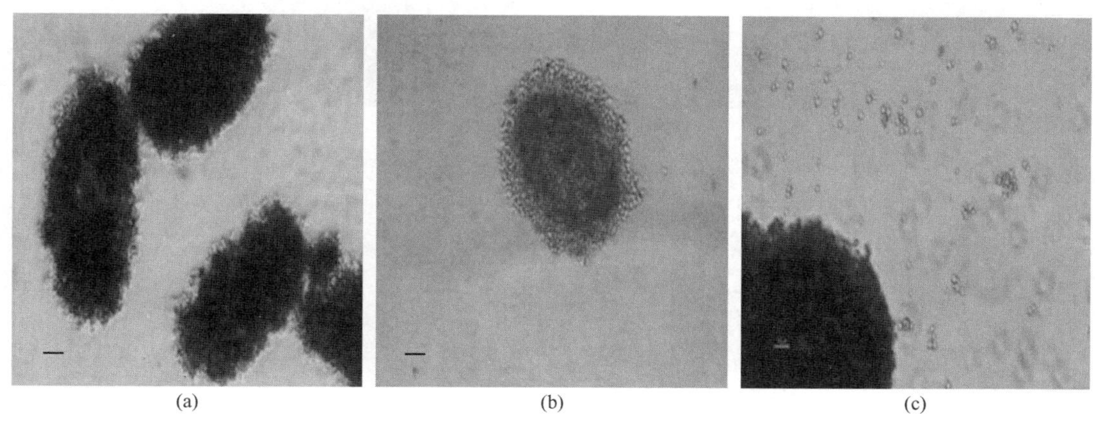

(a) (b) (c)

图3-17　黑曲霉原生质体的形成和释放

菌丝体在酶解液中消化0h（a)、1h（b）以及2h（c)。图中左下角黑线为40μm

三、菌体预培养条件的优化

菌丝体的菌龄对原生质体形成有重要影响。在20mL ME培养基中接种10^{7}个孢子，

30℃ 200r·min^{-1}培养不同时间。由图 3-18 可知，孢子由分散状态逐渐黏附到固形颗粒上；8h 时，固形颗粒上黏附了大量的孢子，且固形颗粒也相互粘连在一起，此时孢子吸胀；12h 时，孢子刚萌发出菌丝，形成菌球；16h 的菌球更大，菌丝层刚好完全包裹住固形颗粒及孢子；20h 的菌丝层更厚，菌球形状更规则，趋于圆形。制备原生质体需要幼嫩的菌丝，孢子萌发初期的菌丝体更容易被降解。但随着培养时间的缩短，菌丝可能无法完全包裹住菌球，造成 ME 固形物裸露于酶解液中被酶解为小碎片，其混杂于原生质体中，不仅影响酶液降解菌丝体，而且无法与原生质体分离，影响后续化学转化；相反，随着菌龄的增加，菌球更大，表层疏散的菌丝体被消化后，开始消化内部连接较为紧密的菌丝体，此时，由于负责降解细胞间的粘连作用的葡萄糖醛酸酶只能作用于表层菌丝，因此形成大量未分散的原生质体团，且粘连在固形颗粒上，为使原生质体团分散，只能延长酶解时间，而酶解时间的延长造成早期形成的原生质体的损失，为此需要确定黑曲霉在 ME 中培养的时间，即菌丝层厚度对原生质体形成的影响。由图 3-19 可知，30℃ 200r·min^{-1}培养 16h 得到的原生质体最多，此时的菌丝层厚度为 50μm 左右。

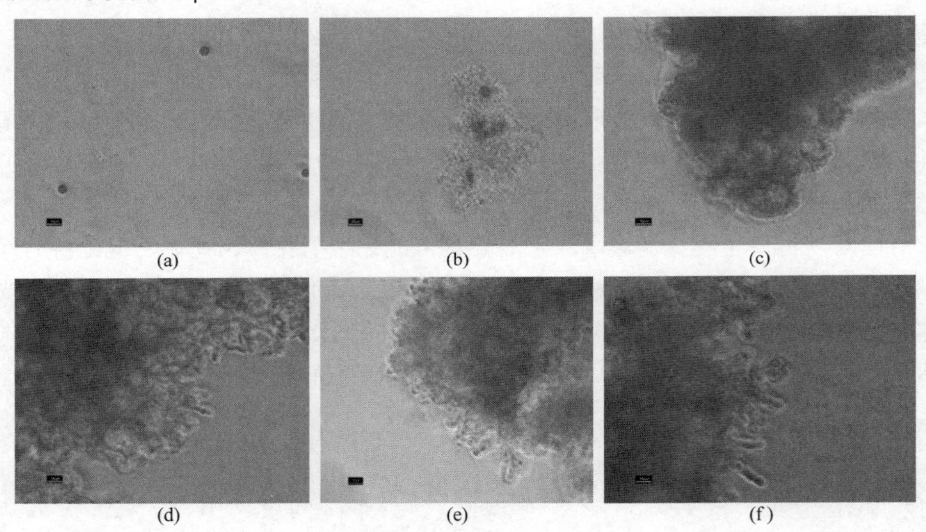

图 3-18 黑曲霉 H915-1 在 ME 培养基中的生长

(a) 0h；(b) 4h；(c) 8h；(d) 12h；(e) 16h；(f) 20h。图中左下角黑线为 10μm

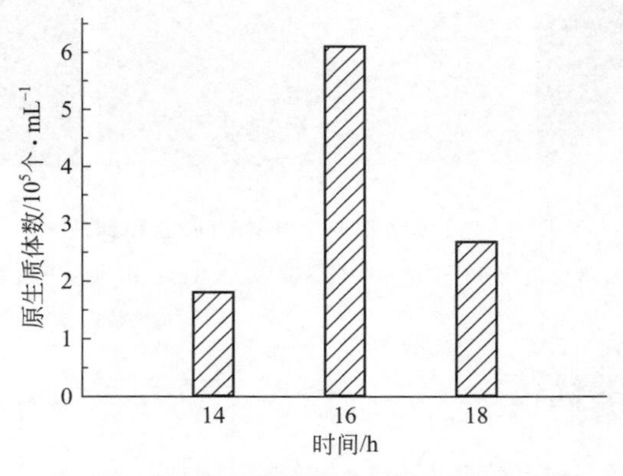

图 3-19 培养时间对原生质体形成的影响

为减少制备原生质体的成本，需要尽可能减少几丁质酶的用量。通过在菌体生长阶段添加 Mn^{2+}，考察最终将等量菌体在相同时间内完全消化成原生质体所需的几丁质酶的用量。如表 3-11 所示，在不添加 Mn^{2+} 时，几丁质酶浓度需要 0.20U·mL^{-1}，添加 Mn^{2+} 至 1 mg·L^{-1}和 10mg·L^{-1}，几丁质酶用量可以减少 1/2。Mn^{2+} 对黑曲霉合成柠檬酸有重要影响，同时也反映了它对黑曲霉细胞壁合成、孢子形成和次级代谢产物的合成有重要影响。在缺乏 Mn^{2+} 时，细胞壁含有更高含量的几丁质，而本研究中添加 Mn^{2+} 显著减少了制备原生质体所需的几丁质酶的用量。

表 3-11　培养基中添加 $MnCl_2$ 对原生质体形成的影响

$MnCl_2$ 浓度/mg·mL^{-1}	几丁质酶浓度/U·mL^{-1}
0	0.20
1	0.10
10	0.10

黑曲霉在孢子萌发前首先进行聚集，因此，黑曲霉以菌丝聚集体的形式存在于液体培养基中。为增加菌体与酶解液的接触面积，促进消化，期望孢子以单体形式萌发，而不形成菌球。葡萄糖醛酸酶具有减少原生质体间黏附的作用，在 LB 孢子萌发培养基中添加葡萄糖醛酸酶，获得了分散生长的孢子（图 3-20），以萌发的孢子取代菌球进行酶解，完全消化菌丝体的时间从 2h 缩短至 1.5h，获得的原生质体量提高了 20%。获得分散的孢子还可以在其他方面进行应用，比如利用流式细胞仪进行转化后筛选已经在动物细胞中获得广泛的应用，利用 GFP 为标记基因，不需要繁杂的抗性筛选，直接用流式细胞仪即可筛选阳性克隆，而且由于筛选的是单个细胞，因此可以避免嵌合体的产生。但这个方法需要获得单个的营养细胞，本研究提供了获得独立的萌发孢子的方法，为后续研究提供技术支撑。

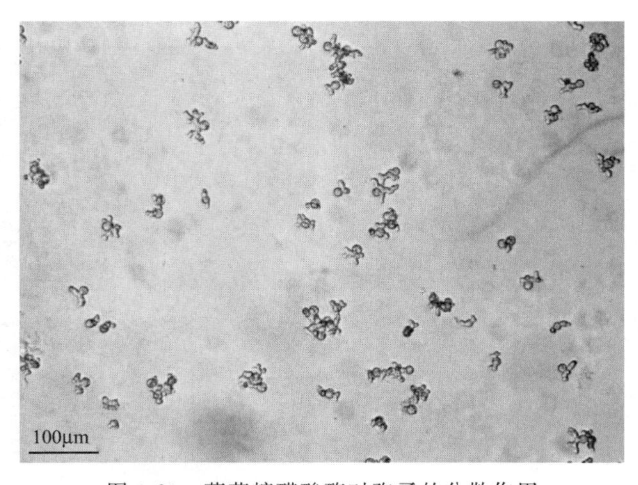

图 3-20　葡萄糖醛酸酶对孢子的分散作用

四、外源基因的整合表达

利用 PEG 介导法，将线性化的 *sGFP* 表达框和 *hph* 表达框［图 3-21(a)］进行共转化

（片段比例为 10∶1），共得到 31 个转化子有持续的潮霉素抗性，提取转化子的基因组进行 PCR 鉴定，所有的潮霉素抗性转化子均能扩增到 *hph* 条带［图 3-21(b)］，为整合表达 *hph* 的转化子，转化率为 6.2CFU·μg^{-1}。其中有 18 个转化子的基因组可以扩增出 *sGFP* 条带［图 3-21(c)］，为整合 *hph* 和 *sGFP* 两个片段的转化子，命名为 PgpdA-sGFP 转化子，片段共整合的概率为 58%，图 3-22 为 PgpdA-sGFP 转化子表达 GFP 蛋白在蓝光激发光下的荧光。在高等生物中，主要利用非同源末端连接进行外源片段对基因组的整合，利用该方式，可以同时使多个片段整合到基因组上，是目前改造高等生物包括真菌最常用的方式。本研究针对菌丝粗短的黑曲霉柠檬酸生产菌株建立了高效的原生质体制备方法，并建立了 PEG 介

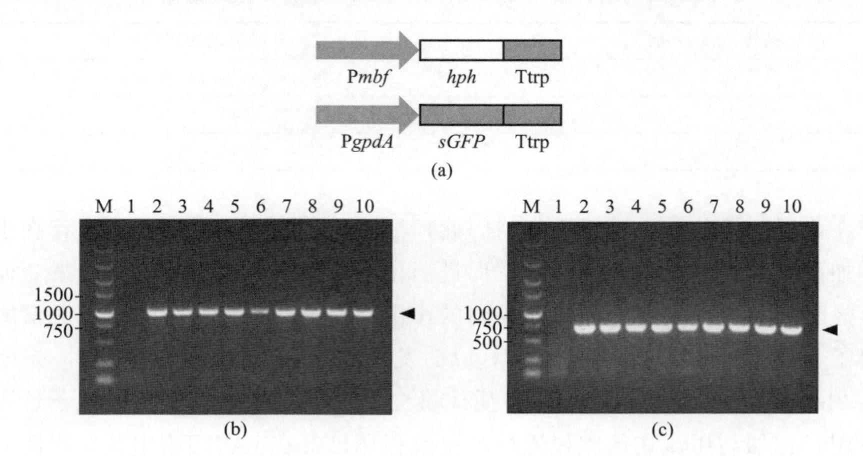

图 3-21　共转化表达框示意图及转化子基因组的 PCR 鉴定

(a) *hph* 表达框和 *sGFP* 表达框示意图；(b) PCR 鉴定转化子基因组中的 *hph* 基因；(c) PCR 鉴定转化子基因组中的 *sGFP* 基因

M—分子量 marker（单位：bp）；1—野生型 H915-1；2～10—PgpdA-sGFP 转化子

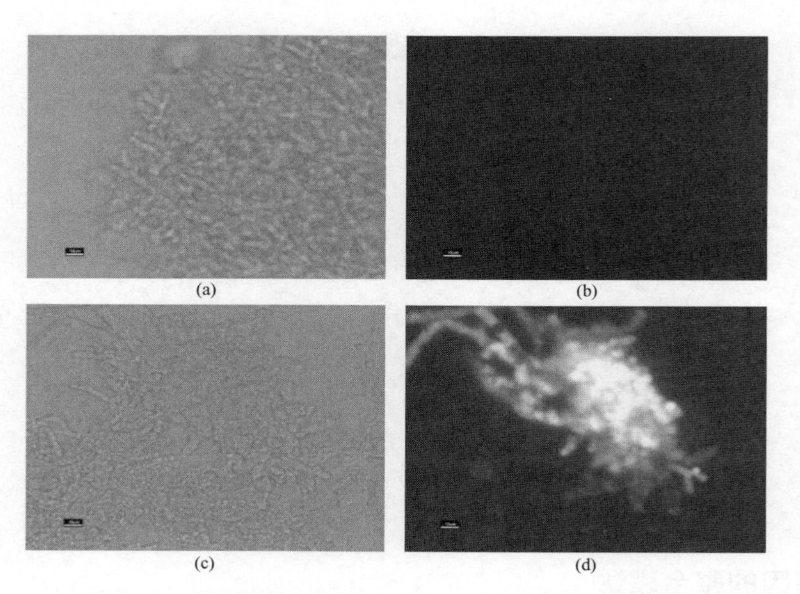

图 3-22　黑曲霉菌丝体表达 *sGFP* 在激发光下产生绿色荧光

(a)、(b) 野生型菌株；(c)、(d) PgpdA-sGFP 转化子；(a)、(c) 白光场；(b)、(d) 蓝光场。图中左下角黑线为 10μm

导的共转化方法，为后续改造此类黑曲霉奠定了基础。

五、敲除 *oah* 基因以消除草酸的形成

为在黑曲霉产酶过程中消除杂酸草酸的形成，*oah* 基因在产酶菌株中需要被敲除。

在草酸生产菌株 iMA871 中预测敲除 *oah* 后总生物量将会提高。草酸对酸化培养基有重要影响，降低培养基 pH 利于柠檬酸的合成，但草酸作为杂酸会竞争碳源，为检测草酸通路对柠檬酸合成的影响，我们对 H915-1 的 *oah* 进行敲除来验证其在柠檬酸发酵中的作用。

在未敲除非同源末端连接（NHEJ）基因 *Ku-70* 的情况下，利用 2.3kb 的同源臂进行同源整合，对阳性转化子进行 PCR 鉴定，同源重组菌利用 P3 和 P4 引物可以扩增得到 2.6kb 下游同源臂序列，而用 P1 和 P2 引物扩增不到 1.7kboah 序列；反之，非同源重组菌利用 P3 和 P4 引物无法扩增得到 2.6kb 序列，而用 P1 和 P2 引物可以扩增到 1.7kboah 序列。PCR 结果显示，同源整合概率为 65%，获得了 *oah* 基因敲除菌株（图 3-23）。

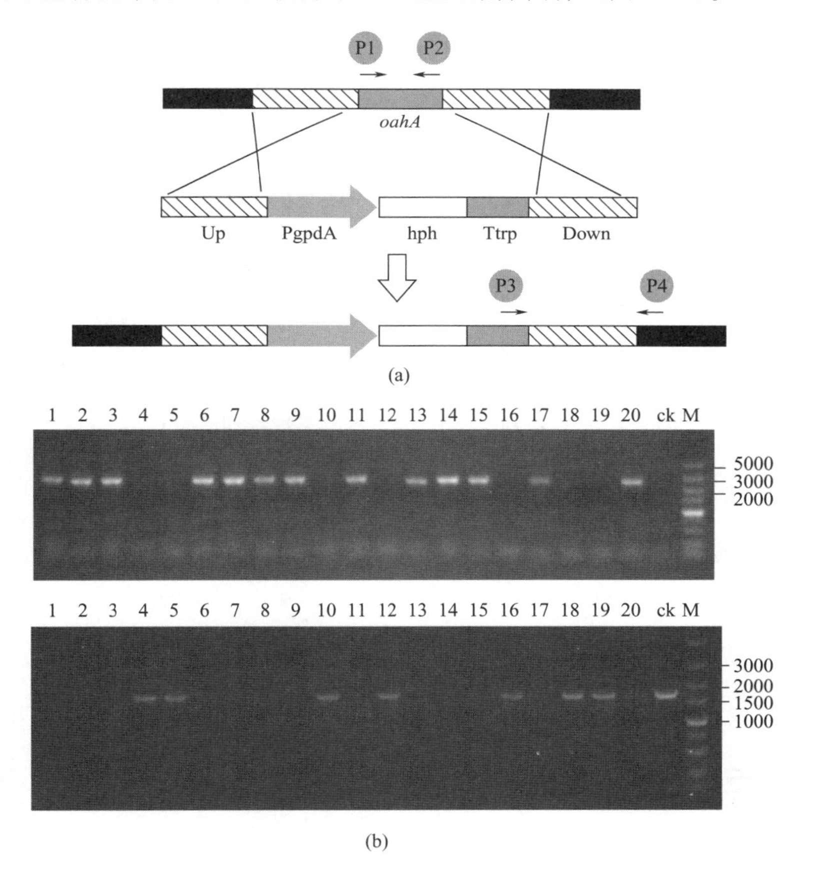

图 3-23　黑曲霉转化子敲除 *oah* 基因的 PCR 验证

(a) 黑曲霉中 *oah* 基因敲除示意图，P1、P2、P3 和 P4 为验证引物；(b) 转化子基因组的 PCR 验证。利用引物 P3 和 P4 扩增 *oah* 基因下游序列（上图），利用引物 P1 和 P2 扩增 *oah* 基因（下图），1～20 泳道为转化子，泳道 CK 为野生型 H915-1，泳道 M 为 DNA marker（单位：bp）

H915-1 发酵柠檬酸时，草酸的合成先于柠檬酸合成，但随后草酸被消除。敲除 *oah* 基因的菌株在整个发酵过程中不再合成草酸，说明在黑曲霉中草酸的形成完全依赖于 OAH 对草酰乙酸的水解作用。由于在 H915-1 发酵柠檬酸时，草酸的形成非常少，敲除 *oah* 对柠檬酸产量的影响微弱［图 3-24(a)］，柠檬酸转化率的提高也并不显著［图 3-24(b)］。

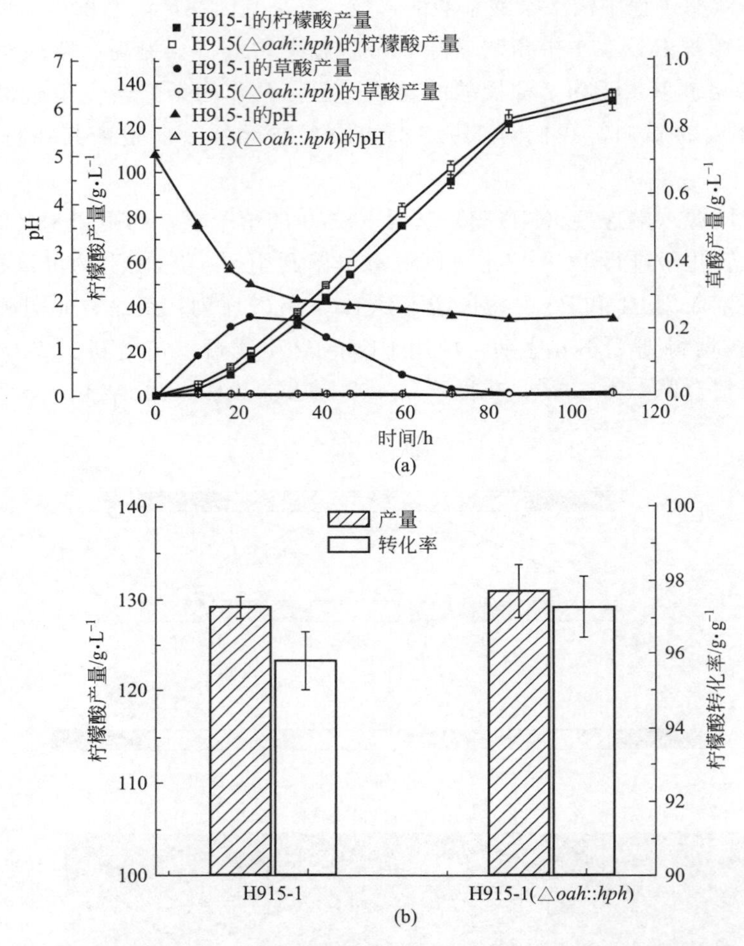

图 3-24　敲除 *oah* 基因消除草酸的形成及对柠檬酸合成的影响

(a) H915-1 及 H915 (△*oah*：：*hph*) 菌株的柠檬酸发酵；

(b) H915-1 及 H915 (△*oah*：：*hph*) 菌株的柠檬酸转化率

第七节　产柠檬酸黑曲霉育种新技术

一、菌种改造以提高柠檬酸产量的策略

柠檬酸是第一大有机酸，需求量巨大，但利润空间狭小，目前依然需要提高柠檬酸工业

的发酵水平来解决整个行业处境艰难的状况，因此，以增加柠檬酸生产强度为目的的研究成为持续的热点。很多研究从优化发酵工艺入手来改善柠檬酸生产，通过固定化细胞的方式可以重复利用菌体，从而达到降低能耗的目的。此外，利用更廉价的碳源包括苹果渣、废糖蜜等来进行柠檬酸发酵，可以降低成本。然而高产的菌种是发酵生产的基础，因此，很多研究集中于菌种的改良，通过诱变筛选和代谢工程改造来促进柠檬酸合成的研究一直没有停歇，尤其是代谢工程改造可以通过理性设计有针对性地改造菌种，因此是国内外关注的焦点。

1. 对糖酵解和 TCA 循环的改造

过表达糖酵解和 TCA 途径的限速酶对柠檬酸合成产率提高的效果有限，原因是中心代谢途径具有严格的蛋白水平的调控。过表达丙酮酸激酶和磷酸果糖激酶没有增加柠檬酸产量，胞内代谢物水平以及酶活也没有明显的变化。尽管磷酸果糖激酶的表达量提高了，但酶活由于其激活因子 2,6-二磷酸果糖浓度的减少而降低了，最终重组菌的柠檬酸产量为 $55g \cdot L^{-1}$，转化率为 $0.64mol \cdot mol^{-1}$，与对照菌没有明显差别。同样的，过表达柠檬酸合成酶也不能提高柠檬酸产量。Maja Capuder 在黑曲霉中表达了 FPK1 突变体，该突变体的 C 端截短以解除柠檬酸的结合，并且 T89E 位点突变去除了磷酸化位点，获得的 7 株工程菌有 5 株柠檬酸产量上升，最高上升幅度为 70%。

2. 抑制因子及副产物的去除

敲除 6-磷酸海藻糖合成酶 A 基因可以减少 6-磷酸海藻糖的含量，减轻其对己糖激酶的抑制，可以更早激发柠檬酸的积累。Brsa-25 与 Mn^{2+} 的应答相关，对其基因的反义 mRNA 进行表达在 mRNA 水平弱化该基因，可以促进菌球的形成并在 Mn^{2+} 存在的条件下提高柠檬酸的产量。

草酸是黑曲霉在 pH 高于 3 时生产的有机酸，草酰乙酸乙酰基水解酶（*oah*）主导草酸的形成。缺失葡萄糖氧化酶和草酰乙酸乙酰基水解酶的重组菌可以在 pH 5 以及 Mn^{2+} 存在下生产柠檬酸。

3. 回补途径的加强

对细胞质的 TCA 还原途径（rTCA）对柠檬酸合成的影响也进行了研究。分别在黑曲霉中单独表达和共表达延胡索酸水化酶（*fum1s* 和 *fumRs*）、延胡索酸还原酶（*frds1*）和苹果酸脱氢酶（*mdh2*）。与出发菌株相比，所有的基因工程菌均有更高的柠檬酸转化率和产率。过量表达 *mdh2* 可以促使柠檬酸合成提前，支持了细胞质的苹果酸激发柠檬酸的合成这一推测。过量表达延胡索酸水化酶促使延胡索酸向苹果酸转化，给线粒体的苹果酸-柠檬酸反向转运蛋白提供了更多底物，从而增加了柠檬酸的分泌，但与此同时大量草酸被合成。*frds1* 过量表达菌株有更高的柠檬酸产率，该基因催化琥珀酸转化为延胡索酸，细胞质的琥珀酸合成与柠檬酸合成间的关系暗示了琥珀酸也可以作为线粒体的柠檬酸反向转运蛋白的底物。共表达 *fumRs* 和 *frds1* 得到最高的柠檬酸产量，在该工程菌中重构了细胞质的 rTCA 循环，使苹果酸向琥珀酸转化，以琥珀酸和线粒体的柠檬酸交换。

4. 侧呼吸链的加强

在可以合成柠檬酸的黑曲霉 WU-2223L 中检测侧呼吸链关键酶 AOX 的功能，将 AOX

基因与绿色荧光蛋白（GFP）基因融合表达，确定了 AOX 的线粒体定位，并发现其表达与培养基的葡萄糖浓度无关，且在柠檬酸发酵过程中恒定表达，但并没有介绍 AOX 表达对柠檬酸合成的改善。

5. 乙酰 CoA 的调节

真核细胞有 4 个部位可以合成乙酰 CoA：丙酮酸脱氢酶合成乙酰 CoA，主要用于 TCA 循环；过氧化物酶体中的乙酰 CoA 通过氧化脂肪酸形成，随后进入线粒体进行氧化；在细胞质，乙酰 CoA 合成酶（ACS）和 ATP-柠檬酸裂解酶（ACL）转化乙酸和柠檬酸形成乙酰 CoA；此外，ACS 和 ACL 也涉及在细胞核中合成乙酰 CoA，为组氨酸乙酰化提供乙酰基。乙酰 CoA 是细胞内重要的分子，在多个细胞器内产生，主要用于生产能量，合成多种分子以及蛋白的乙酰化。在黑曲霉中敲除 *acl1* 和 *acl2* 两个编码 ATP-柠檬酸裂解酶的亚基的基因，造成乙酰 CoA 和柠檬酸含量的下降，伴随着营养生长的减弱、色素的减少、产孢的减弱、孢子萌发减弱。外源添加乙酸可以使基因工程菌的生长和孢子萌发能力恢复，但对产色素和产孢能力没有改善。过表达这两个基因可以增加柠檬酸的产量。但另一项研究基于模型预测对 ATP-柠檬酸裂解酶进行敲除，实现了琥珀酸产量的提高，同时也增加了柠檬酸的产量。因此，还需要更多的实验来证实乙酰 CoA 的调节对柠檬酸合成的作用。

6. 碳源利用的加强

除了在黑曲霉中进行代谢改造，也有一些研究以解脂耶氏酵母为研究对象来进行改造，为加强解脂耶氏酵母利用菊粉来合成柠檬酸的能力，在一株具有一定柠檬酸生产能力的解脂耶氏酵母中表达了来自马克斯克鲁维酵母（*Kluyveromyces marxianus*）的菊粉酶基因 *INU1*，可以使菌株利用菊粉生产柠檬酸，产量达到 68.9g・L^{-1}。表达来自酿酒酵母的蔗糖酶 *SUC2* 基因以及异柠檬酸裂合酶基因 *ICL1* 可以使解脂耶氏酵母 H222-S4（p67ICL1）T5 在蔗糖培养基上合成 140g・L^{-1}的柠檬酸。

二、黑曲霉作为工业生产菌的优势及代谢改造方法

黑曲霉是半知菌亚门丝孢纲丝孢目丛梗孢科曲霉属真菌中的一个常见种，其菌丝体发达，分生孢子呈球形，黑褐色或者黑色。黑曲霉对紫外线以及臭氧具有很强的耐受性，生长范围广泛，有的菌种可能产生损害动物肝与肾脏的赭曲霉素，因此，工业菌株需要进行相关方面的检验。

以黑曲霉作为工业菌株具有诸多优势。一是其本身可以生产多种酶制剂以及有机酸，如淀粉酶、果胶酶、纤维素酶、葡萄糖氧化酶、柠檬酸和葡萄糖酸等。二是底物的广谱性，在自然界中黑曲霉一般营腐生，为了使自己更具有灵活性，它可以有效代谢环境中的各种单糖，包括葡萄糖、核糖、阿拉伯糖、木糖、鼠李糖、甘露糖、半乳糖和果糖。这一特征是黑曲霉相对于大肠杆菌（*Escherichia coli*）和酿酒酵母（*Saccharomyces cerevisiae*）的一大优势。而单糖在很多廉价碳源中以多聚体的形式存在，如纤维素（单体葡萄糖）、淀粉（单体葡萄糖）和半纤维素（单体木糖和阿拉伯糖），黑曲霉具有强大的多聚糖分解酶系来分解大部分生物质内部的连接键以获取这些单糖，其中葡聚糖酶和木聚糖酶负责对大部分糖聚合物

的降解，如纤维素、半纤维素等。

鉴于黑曲霉的上述两大优势，它可以作为今后生物炼制的理想菌种。

为了进一步改善黑曲霉的发酵性能，需要应用分子生物学工具来进行改造。尽管 *E. coli* 和 *S. cerevisiae* 作为模式宿主具有很多便捷的分子操作工具，但黑曲霉的分子操作手段则相对滞后。一些来源于其他菌种的改造策略在黑曲霉中进行了优化。菌种构建最重要的方面包括转化方法、标记基因、质粒、启动子和终止子。为把 DNA 分子转化到细胞内，可以有不同的转化方法，包括农杆菌介导法、电转化法、基因枪法以及应用最广泛的原生质体法。

转化后需要筛选标记来筛选阳性转化子。筛选标记可以分为抗性标记和营养缺陷型标记。最常用的黑曲霉抗性标记是潮霉素 B（*hph*，*E. coli*）和博来霉素（*bl sh*，*Streptoalloteichus hindustanus*）抗性基因，营养缺陷型标记如乳清酸核苷-5′磷酸脱羧酶（*pyrG*，*A. niger/oryzae*）、精氨酸酶（*agaA*，*A. niger*）和乳清酸磷酸核糖基转移酶（*pyrE*，*A. niger*），相当于 *S. cerevisiae* 中的筛选标记 *URA3*。这两个酶是嘧啶合成通路的一部分，因此，影响 UMP 的从头合成以及嘧啶碱的从头合成，使突变体表现为尿嘧啶营养缺陷型，转化子可以通过尿嘧啶缺乏的基本培养基进行筛选。另一个优点是 *pyrG* 或 *pyrE* 可以通过 5-FOA（5-氟乳清酸）进行反向筛选，因为 5-FOA 在 *pyrG* 或 *pyrE* 作用下会生成有毒的氟尿嘧啶。由于可以进行正反双向筛选，使该基因由于可以进行标记拯救而循环使用。首先，标记基因两端需要有同源臂来整合到基因组的特定位置，以确保基因组上的拷贝数为 1。然后，标记基因两端应含有 loxP 位点（34bp），这个位点在重组酶 Cre 的作用下进行重组。其他正反双向的标记包括 *niaD*（利用硝酸盐缺陷进行正向筛选，利用氯酸盐毒性进行反向筛选）以及 *sC*（利用硫酸盐缺陷进行正向筛选，利用亚硒酸盐进行反向筛选）。为便于进行分子克隆，已经开发出一些质粒，这些质粒包含整套抗性表达框。目前真菌改造的一个缺陷是同源重组概率很低，随机整合造成外源片段定位到基因组靶基因的概率低。在一些菌株中，非同源末端重组（non-homologous end joining，NHEJ）的组分被敲除，使同源重组的概率提高。另一个整合片段的缺陷是黑曲霉是多核细胞，黑曲霉孢子通常含有 2 个细胞核，多核细胞以及随机重组增加了后续研究的程序。

为过表达一个基因或整条通路，通常需要游离型质粒，然而在曲霉中通常不存在这种质粒，而且在曲霉中可能并没有相关的酶系来维持环状小质粒 DNA。当质粒上存在 AMA1 序列（反向重复序列，为一段转化增强子）时，质粒可以在霉菌菌体内稳定存在，但是不能与染色体重组。游离质粒的转化率比整合型质粒高 1000 倍，而且每个细胞核内通常含有 10 个拷贝游离质粒。但游离质粒无法长时间稳定存在，因此，在改造菌株进行工业化生产方面无法应用。

启动子控制了基因的表达量，因此，曲霉属有很多启动子强度方面的报道。一类启动子为诱导型启动子，包括 P*glaA* 和 P*alcA*。P*glaA* 被木糖抑制，但是被麦芽糖和淀粉强烈诱导。CCAAT 框可以增强启动子强度，而且随着 CCAAT 框数目的增加，表达强度增加。*alcA* 基因由很多底物诱导表达，如乙醇或苏氨酸，但是被葡萄糖强烈抑制，依赖于 AlcR 及协同诱导物的激活。同时，葡萄糖效应的 CreA 对基因的抑制作用可以通过突变启动子的抑制子结合位点而减轻。其他的诱导启动子包括 *A. nidulans* 的乙醇脱氢酶基因启动子 P*alcC*，

A. awamori 的木糖诱导的 P*exl* 启动子，*A. oryzae* 的硫胺素依赖的 P*thiaA* 启动子，来源于 *A. niger* 菊粉或蔗糖诱导的 P*sucA* 启动子等。另一类为稳定表达的组成型启动子，高强度启动子包括来源于 *A. nidulans* 的 P*gpdA*、乙醛脱氢酶启动子 P*adh*、来源于 *A. niger* 的 P*mbfA* 和 P*coxA*。中等强度启动子包括磷酸丙糖异构酶启动子 P*tpi*。此外，还有来源于 *A. niger* 的 P*pkiA*（蛋白激酶 A），以及来源于 *A. awamori* 的谷氨酸脱氢酶 A 启动子 P*gdhA*、*A. nidulans* 的线粒体 P*oliC*（ATP 合酶）启动子、*A. oryzae* 的 P*tef1*（转录延伸因子 1a）启动子。

黑曲霉是重要的工业生产菌，对黑曲霉进行代谢工程改造也越来越受到重视，并且已经取得很多成果。然而引入异源代谢通路通常利用组成型强启动子，使基因持续大量表达，基因表达水平不受代谢通路调节也不随胞外环境改变，因此属于静态代谢调控。静态调控有若干缺点，包括细胞生长和目的产物的生产难以平衡，产量难以提高，因为代谢通路会在生物量积累阶段分流代谢物，导致无法获得足够的生物量来进行目的物的生产，造成发酵周期延长和产量下降。然而，动态调控可使细胞随内部或外部环境动态地调控其代谢流，为代谢通路在合适的时间提供合适量的代谢中间物。因此，黑曲霉产柠檬酸动态调控系统的实现对工业应用有非常重要的意义。

三、利用低 pH 诱导的启动子动态调控黑曲霉的代谢通路

实现动态调控往往需要利用诱导型启动子。*E. coli* 携带 *luxI* 基因可以生成细胞密度感应器（AHL）并诱导 P*lux* 启动下游基因的表达。热激感应器在 33℃下通过 PR 启动子表达 PL 阻遏蛋白，抑制 PL 表达下游基因，42℃时 PR 启动子受抑制，从而不合成阻遏蛋白，开启 PL 下游基因的表达。此外还有代谢物浓度感应的动态调控系统，包括乙酸浓度通过乙酰磷酸依赖的 NR-I 蛋白感应并激活 P*glnAp2* 启动子、FPP 浓度感应与 PFPP ON、PFPP OFF 启动子、脂肪酸浓度及 *fadR* 表达与 P*modB/C* 的协同作用等。

在黑曲霉中已有的诱导性启动子包括糖化酶基因（*gla*）启动子、木聚糖酶基因（*xln*）启动子和乙醇脱氢酶（*alc*）启动子、hERα 系统和 Tet-on 系统等，然而这些启动子无法满足动态调控的要求。它们需要在培养基中特异添加相应的底物，需要人为地判断诱导剂的添加时间及添加量来决定基因的诱导表达时间和强度（比如木糖和多西环素），因此更适合于科学研究，对工业生产来说既不经济也不实用。hERα 系统的诱导能力和严谨性无法兼顾。此外，*xln* 启动子受到葡萄糖的抑制，*gla* 启动子的表达强度则受葡萄糖浓度的影响而变化，无法在主要碳源为葡萄糖的培养基中稳定地进行高强度表达外源基因。由于黑曲霉生产柠檬酸的发酵过程需要若干严格的营养条件，包括低 pH、高浓度的碳源、充足的溶氧，培养基的 pH 值由 5.0 降至 2.0，在随后的产酸阶段，pH 则维持在更低的水平。因此，酸诱导强表达基因的启动子对黑曲霉产有机酸进行动态调控具有重要意义。

1. 基于转录组学数据筛选低 pH 诱导基因

将 GSE11725 中 RNA 表达水平 pH 2.5/pH 4.5 由高到低进行排序［图 3-25(a)］，对前 7 个酸诱导基因分别命名为 *fnx*、*dhy*、*gas*、*patI*、*amy*、*pth* 和 *aat*（表 3-12）。黑曲霉

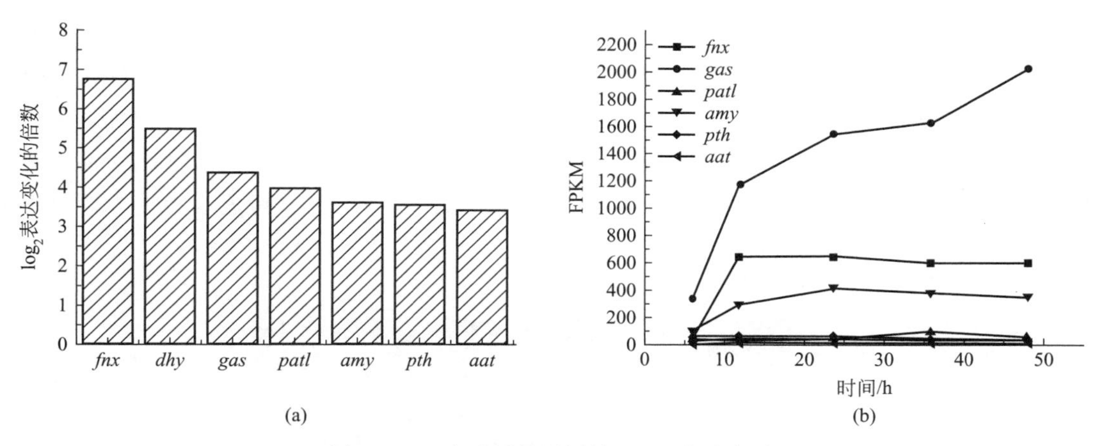

图 3-25　6 个酸诱导基因的 RNA 表达水平

(a) GSE11725 中 pH2.5/pH 4.5 的基因表达变化；(b) GSE74544 中柠檬酸发酵过程中的基因表达量变化

H915-1 在柠檬酸发酵 6h、12h、24h、36h 和 48h 的转录组数据 GSE74544 显示，*fnx*、*gas* 和 *amy* 的表达水平随发酵的进行而提高，其中 *gas* 的 FPKM 值最高［图 3-25(b)］，*gas* 编码 1,3-β-葡聚糖转移酶，用以合成细胞壁的主要成分葡聚糖，由于低 pH 会破坏葡聚糖，细胞适应性地在低 pH 下强烈表达该酶来维持细胞壁的完整性。此外，在 H915-1 基因组中缺失 *dhy* 基因。将 *gas* 起始密码子前 1.5kb 序列利用 NNPPS 软件进行启动子预测，序列的 153～203bp 被预测为转录起始位点，得分值 0.98。

表 3-12　启动子命名及注释信息

基因名称	蛋白 ID		注释
	CBS 513.88	H915-1	
fnx	An03g00680	evm. model. 1. 1208	与多药耐药蛋白 fnx1 有很强的相似性
dhy	An03g00670	—	假定的脱氢酶
gas	An09g00670	evm. model. unitig_5. 1027	与 1,3-β-葡聚糖基转移酶有很强的相似性
patI	An16g01200	evm. model. unitig_6. 853	氨基酸/多胺转运蛋白 I
amy	An12g02460	evm. model. unitig_3. 181	假定的 α-淀粉酶
pth	An14g03530	evm. model. unitig_5. 281	假定蛋白质，含有 6 个预测的跨膜结构域
aat	An01g01940	evm. model. unitig_2. 972	氨基酶转运蛋白

2. sGFP 在 *gas* 启动子下的诱导表达

将 P*gas*-*sGFP* 表达框与 *hph* 表达框共转化黑曲霉 H915-1，得到抗潮霉素的黑曲霉转化子，再筛选双片段共整合的转化子。经过 3 轮单克隆继代，得到纯合的转化子。将 Pgas-sGFP 和 PgpdA-sGFP 转化子置于 pH 2.0、3.0、4.0 和 5.0 的 LBP 培养基中处理后，在蓝光激发光下观察菌丝体荧光，可见野生型对照在 pH 2.0 和 5.0 下，几乎没有荧光；PgpdA-sGFP 转化子在 pH 5.0 下有极强荧光，在 pH 2.0 下有较强荧光；Pgas-sGFP 转化子在 pH 5.0 下荧光非常弱，而在 pH 2.0 下有较强荧光（图 3-26），说明 P*gas* 为酸诱导型启动子。收集菌体后破碎细胞，离心得到胞内总蛋白，将各样品的蛋白浓度都稀释成 $50\mu g \cdot mL^{-1}$，测定样品的荧光，将 PgpdA-sGFP 转化子的蛋白提取液在 pH 5.0 时的荧光强度设为 100%，结果见图 3-27，PgpdA-sGFP 在各个 pH 下均有较强的荧光，但随着 pH 的下降，荧光强度逐步减弱，pH 2.0 时的荧光强度比 pH 5.0 时的荧光强度减少了 40%；Pgas-sGFP 在 pH 5.0、4.0 和 3.0 下，荧光强度都很弱，仅在 pH 2.0 下有较强的荧光，荧光强度比 PgpdA-sGFP 在 pH 2.0 时的荧光强度提高 15%。鉴于 P*gas* 在 pH 5.0 下难以启动基因表达而在 pH 2.0 下强烈启动基因表达，且表达强度与 P*gpdA* 相当，使 P*gas* 可能成为更合适的用来代谢改造黑曲霉产有机酸的启动子。

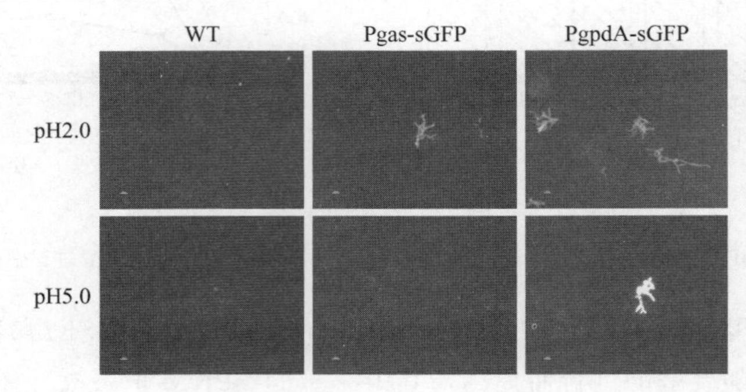

图 3-26　P*gas* 和 P*gpdA* 启动下的 *sGFP* 在不同 pH 下的荧光图
（图中左下角白线代表 20μm）

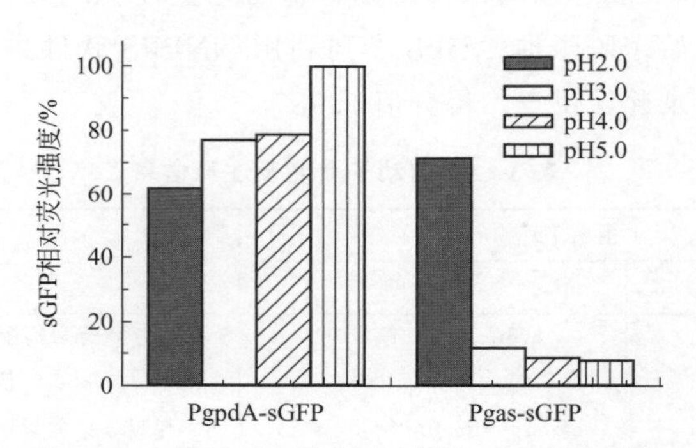

图 3-27　不同 pH 下各转化子的 sGFP 荧光强度

3. P*gas* 诱导条件的分析

检测了 5 类酸（乙酸、柠檬酸、磷酸、盐酸和硫酸）对 P*gas* 诱导表达 *sCAD* 能力的影响。尽管培养基的 pH 都调整到 2.0，s*CAD* 的表达量在不同的酸刺激下略有差别，总体来说，有机酸的诱导能力稍强于无机酸。乙酸对 *sCAD* 的诱导能力是磷酸的 1.3 倍，柠檬酸的诱导能力比磷酸提高了 19%。诱导能力最差的是盐酸，为磷酸诱导能力的 77%。然而，5 种酸的表达量的差异没有超过 2 倍，可以认为差异并不显著［图 3-28(a)］。

由于不同的酸调整到 pH 2.0 所需的酸浓度不同，为此检测了酸浓度对 P*gas* 的影响。对于柠檬酸含量为 $20g \cdot L^{-1}$、$40g \cdot L^{-1}$ 和 $80g \cdot L^{-1}$ 的溶液，如果 pH 都调整到 3.0，*sCAD* 的转录水平是完全一致的；而如果维持自然 pH，随着酸浓度的增加，pH 逐渐降低，三个浓度的 pH 分别为 2.71、2.41 和 2.10，相应的 *sCAD* 的转录呈上升趋势，意味着酸根离子的浓度对 P*gas* 的诱导能力没有影响［图 3-28(b)］。

进一步对不同 pH 下的 *sCAD* 的 mRNA 水平进行检测，将 pH 7.0 时的表达量设为 100%。

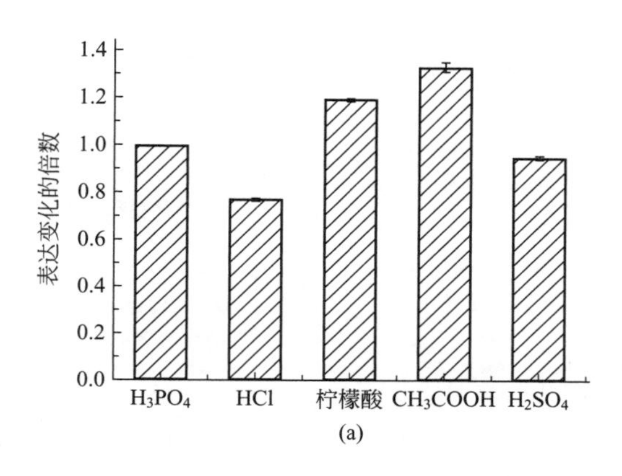

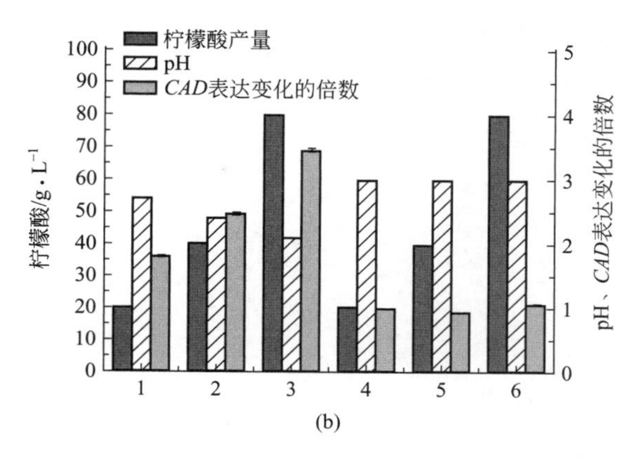

图 3-28　酸的种类和浓度对 P*gas* 的诱导能力的影响

(a) 不同的酸对 P*gas* 的诱导能力；(b) 柠檬酸浓度对 P*gas* 诱导能力的影响

1—20g·L^{-1}柠檬酸，自然 pH；2—40g·L^{-1}柠檬酸，自然 pH；3—80g·L^{-1}柠檬酸，自然 pH；

4—20g·L^{-1}柠檬酸，pH 3.0；5—40g·L^{-1}柠檬酸，pH 3.0；6—80g·L^{-1}柠檬酸，pH 3.0

随着 pH 的降低，*sCAD* 表达水平急剧增加。pH 4.0、5.0、6.0 和 7.0 的表达量增加幅度较小，pH 3.0 的表达量为 pH 7.0 的 15 倍，而 pH 2.0 时表达量增加了 122 倍（图3-29），进一步说明 P*gas* 为低 pH 诱导的启动子。这是首次发现一个基因的表达仅受低 pH 控制，暗示存在着一个新的信号转导通路。由于启动子严格受 pH 诱导，可以作为精细调控基因表达量的基因操作工具。进一步对 pH 以及表达水平的关系进行回归分析，发现两者存在线性关系：

$$\lg E=\frac{6.042}{\mathrm{pH}}-0.9059 \tag{3-1}$$

式中，E 为相对表达量（以 pH 7.0 的表达量为 100%），相关系数（R^2）为 0.9962。

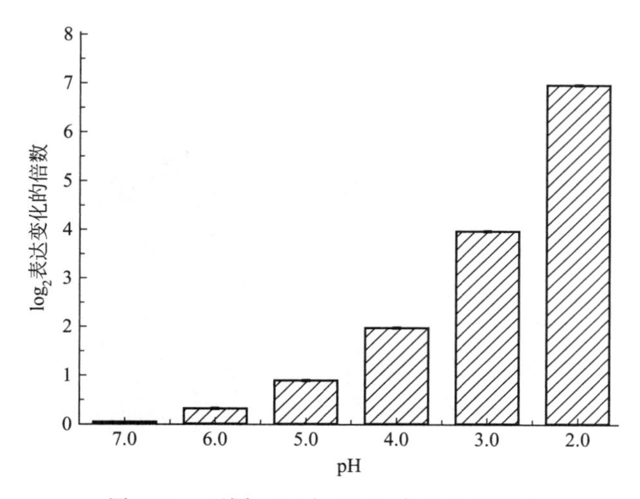

图 3-29　不同 pH 对 *sCAD* 表达量的影响

4. 调控因子的确定

将黑曲霉 Pgas-sCAD-2 转化子在 pH 2.0 和 pH 7.0 条件下处理 4h，提取黑曲霉细胞核蛋白，利用DNA pull-down技术检测P*gas*启动子的调控因子（图3-30）。DNA pull-down的蛋白电泳结果如图3-31所示，利用生物素标记的引物扩增P*gas*启动子得到DNA探针，

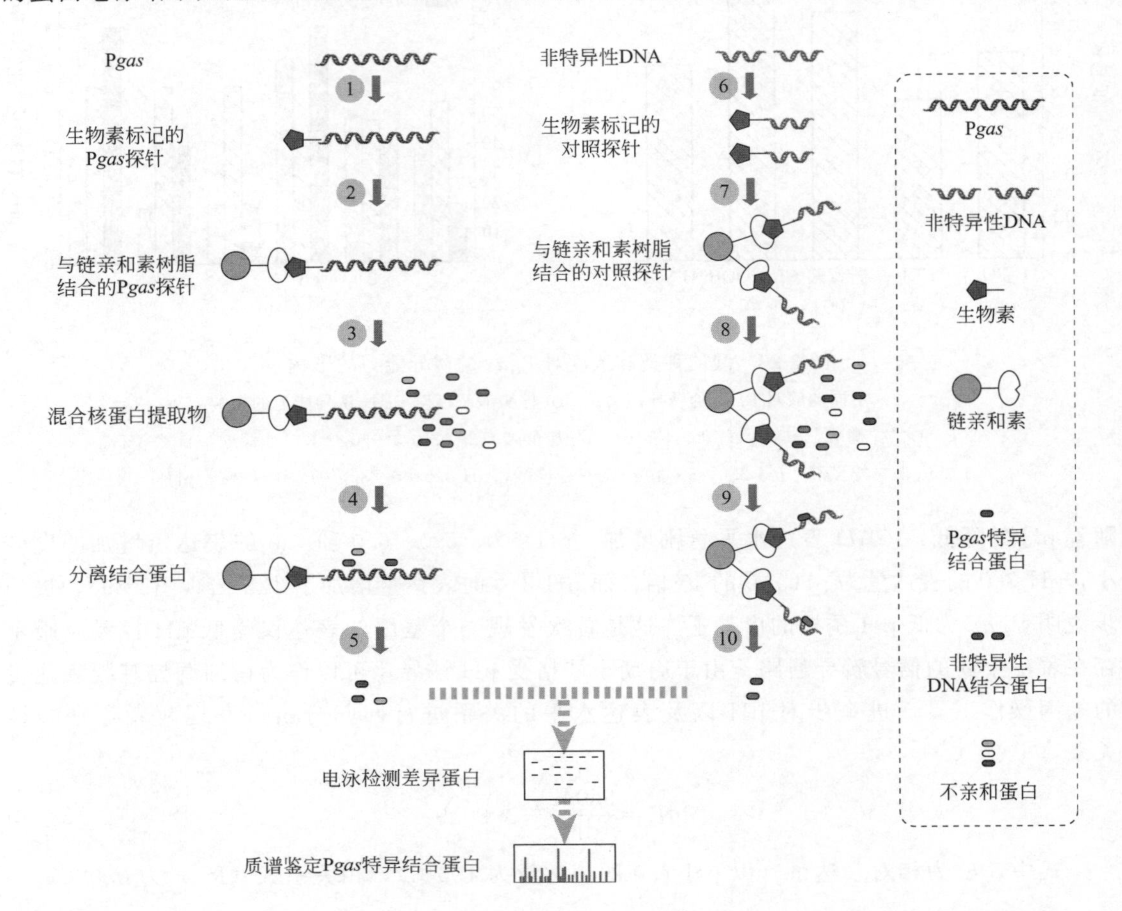

图3-30 DNA pull-down示意图

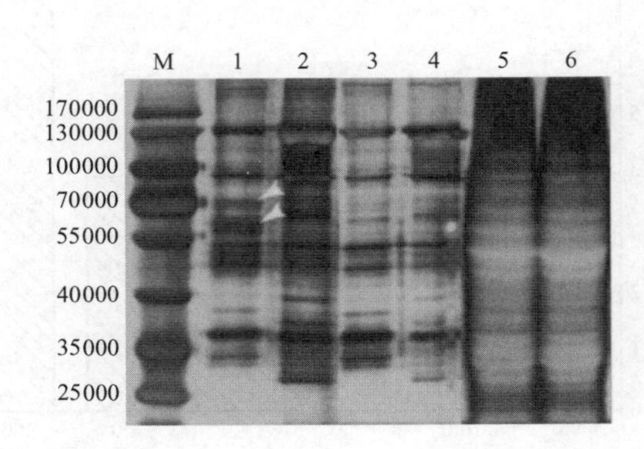

图3-31 DNA pull-down的蛋白电泳

M—蛋白marker；1—pH 2.0 P*gas*结合蛋白；2—pH 7.0 P*gas*结合蛋白；

3—pH 2.0非特异性结合蛋白；4—pH 7.0非特异性结合蛋白；

5—pH 2.0亲和色谱前样品；6—pH 7.0亲和色谱前样品

将探针通过生物素与链亲和素树脂结合，再利用亲和色谱钓取核蛋白样品中的目的蛋白，随后进行洗脱，挂在树脂上与 P*gas* 探针结合的蛋白见泳道 1 和泳道 2。同样的，合成 20bp 5′端生物素标记的随机引物及其反向互补序列，退火形成双链作为对照探针，进行相同的操作以检测非特异性吸附（泳道 3 和泳道 4）。两个核蛋白样品的浓度在亲和色谱前调整一致（泳道 5 和泳道 6），然后与结合 P*gas* 探针的树脂或对照探针树脂进行孵育。由泳道 5 和泳道 6 可知，亲和色谱前的蛋白电泳条带相似，为细胞核的全蛋白；泳道 3 和泳道 4 分别为非特异性吸附的 pH 2.0 和 pH 7.0 的样品，可见条带差异不明显，说明在细胞核中存在很多与 DNA 非特异性结合的蛋白，包含了 DNA 聚合酶、RNA 聚合酶及组蛋白等，由于亲和色谱去除了大部分蛋白条带，且具有富集蛋白的功能，因此，在亲和色谱前没有显示条带的位置可以富集到蛋白条带；泳道 1 和泳道 2 分别为 P*gas* 探针吸附的 pH 2.0 和 pH 7.0 的样品，可见泳道 2 和泳道 4 的条带差异不明显，即 pH 7.0 的样品的特异性吸附与非特异性吸附没有差别，而泳道 1 和泳道 3 有 2 条差异条带，为特异性吸附条带，同时，这两条带在 pH 7.0 的样品（泳道 2）中不存在，该蛋白是 P*gas* 的特异结合蛋白，可能为其调控因子，分子量分别大约为 70000 和 60000，经质谱鉴定，这两个蛋白可能为 2 个转录因子，分别为 72000 的 XP_001388781.2 和 60000 的 XP_001396281，可以推测这两个转录因子为 P*gas* 正向调控因子。

四、调控黑曲霉葡萄糖转运系统增强柠檬酸的合成

另外，目前对黑曲霉进行代谢改造的研究集中于中心代谢通路和呼吸链的改造，包括糖酵解途径、TCA 循环、rTCA 循环的关键酶的单基因表达和基因协同表达，以及交替氧化酶的过量表达和敲除，但这些改造对柠檬酸产量的影响甚微，仅增强 rTCA 循环促进了柠檬酸产量的提高。在柠檬酸工业生产中，发酵前期培养基中碳源已经基本以葡萄糖的形式存在，所以柠檬酸发酵对碳源的吸收实际上就是对葡萄糖的吸收。Torres 测定了黑曲霉吸收葡萄糖存在 2 个 K_m 值，分别为 $260\mu mol \cdot L^{-1}$ 和 $3.67\mu mol \cdot L^{-1}$，说明存在高亲和力和低亲和力两套转运系统，而且由低亲和力的转运系统提供柠檬酸发酵所需的代谢流，但该系统仅在葡萄糖浓度$>50g \cdot L^{-1}$时起作用。葡萄糖的转运是柠檬酸发酵的第一个步骤，对葡萄糖转运系统进行调整可增强柠檬酸的生产。

在真菌中鉴定到很多假定的葡萄糖转运蛋白，它们从属于主要协助转运蛋白超家族（major facilitator superfamily，MFS），这些蛋白通常为单向转运体或者 H^+ 协同转运蛋白。它们可以转运多种底物，但许多是糖特异转运蛋白。目前了解最清晰的是酿酒酵母的己糖转运蛋白，至少有 20 个不同的转运蛋白参与糖转运，一些转运蛋白的底物有广谱性，一些糖转运蛋白兼具感应器和信号转导功能。在构巢曲霉中鉴定到 17 个可能的己糖转运蛋白，白色念珠菌（*Candida albicans*）中鉴定到 20 个糖转运蛋白。菌体内存在一定数量的糖转运蛋白，说明转运系统是转运蛋白基因不同表达的结果。每个特定的蛋白都具有特定的底物特异性、亲和力和转运能力。控制和协调这些蛋白可以赋予菌体营养摄入的灵活性，适应各种营养条件。

1. 柠檬酸发酵糖耗速率的变化

对黑曲霉 H915-1 柠檬酸发酵的总糖和还原糖进行测定。柠檬酸发酵前，原料淀粉经淀粉酶液化后部分分解，初始还原糖浓度约为 9%，未分解多糖在发酵过程中由黑曲霉自分泌的糖化酶进一步降解，因此，发酵前期的还原糖含量增加，为避免糖化酶分泌不足造成培养基中的淀粉持续分解，发酵后期的还原糖生成影响糖耗速率检测，在一组接种种子培养基的同时添加过量糖化酶（糖化酶酶活为 2.5g・mL^{-1}・min^{-1}，添加量为 40μL），另一组则不添加糖化酶。两组均在 16h 时还原糖含量达最高值，添加糖化酶后培养基中的未分解多糖在 16h 消化完全，未添加糖化酶的培养基则在 24h 将未分解多糖完全消化（图 3-32）。还原糖的消耗速率均在发酵后期放缓，从 80h 的 2.09g・L^{-1}・h^{-1} 逐步下降到 104h 的 1.16g・L^{-1}・h^{-1}，至 116h 糖消耗速率仅为 0.35g・L^{-1}・h^{-1}，因此需解决糖耗速率放缓的问题。由于黑曲霉产酸阶段主要由低亲和力的葡萄糖转运蛋白承担吸收葡萄糖，在发酵后期，随着葡萄糖浓度的减少，将逐步过渡到高亲和力的葡萄糖转运蛋白进行葡萄糖的吸收，因此，有必要研究葡萄糖转运系统对柠檬酸合成的影响。

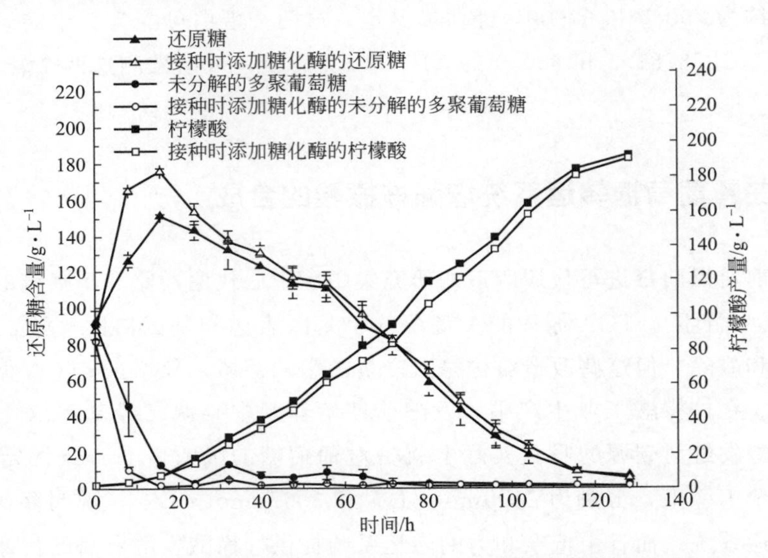

图 3-32 柠檬酸发酵过程中还原糖、未分解多糖含量及柠檬酸产量

2. 葡萄糖转运蛋白的进化树分析及跨膜预测

对黑曲霉 H915-1 柠檬酸发酵过程中在转录水平获得表达的葡萄糖转运蛋白采用进化树分析（图 3-33），参考序列为 Swiss-Prot 数据库所有高亲和力葡萄糖转运蛋白。*Sc*HXT2 为酿酒酵母的高亲和力葡萄糖转运蛋白，并没有鉴定到与之亲缘关系较近的蛋白。*Sc*Snf3 为酿酒酵母的高亲和力葡萄糖转运蛋白，同时是葡萄糖转运的负调节因子，在低葡萄糖浓度下通过抑制 RGT1 参与诱导 HXT2 的表达，evm. model. unitig _ 4.946 与之亲缘关系较近。*Kl*HGT1 为乳酸克鲁维酵母（*Kluyveromyces lactis*）的高亲和力葡萄糖转运蛋白，同时可以转运半乳糖，evm. model. 1.1149、evm. model. unitig _ 0.1770 和 evm. model. unitig _ 3.1098 与之亲缘关系较近；进一步对这四条序列进行比对，evm. model. 1.1149、evm. model. unitig _ 0.1770 和 evm. model. unitig _ 3.1098 与 *Kl*HGT1 的同源性分别为 41.7%、41.0%和 43.1%（图

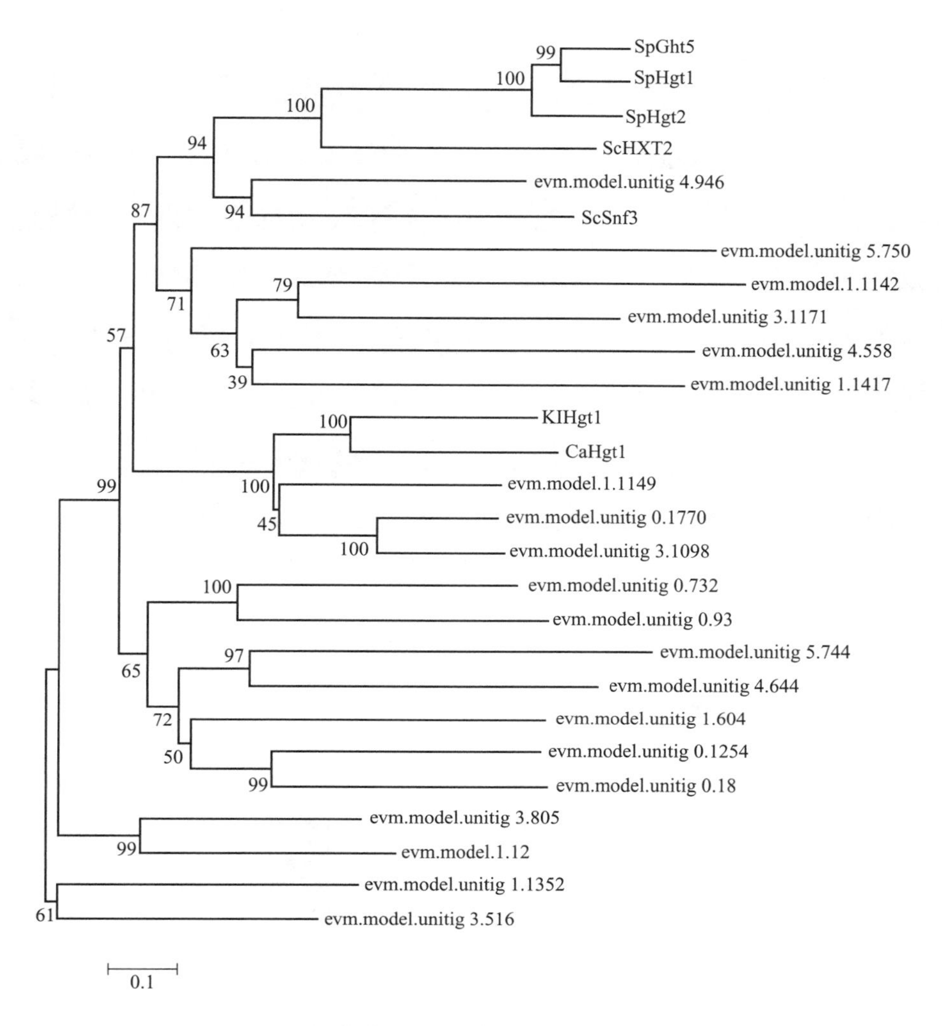

图 3-33 葡萄糖转运蛋白序列的进化树分析

3-34)。随后对 evm. model. unitig _ 0. 1770 进行跨膜预测，发现该蛋白含有 11 个跨膜区域，N 端在细胞膜内，C 端预测在胞内，对其命名为 *An*HGT1。

3. 黑曲霉 HGT1 转化子的柠檬酸发酵

克隆黑曲霉自身的 *HGT 1* 基因并构建表达框以转化黑曲霉 H915-1，得到 HGT1 转化子。对转化子进行柠檬酸发酵，利用 qPCR 检测 *HGT 1* 基因的表达（图 3-35），以 H915-1 发酵 8h 的 *HGT 1* 表达量为 1，H915-1 中的 *HGT 1* 基因始终弱表达；HGT1 转化子的基因在 8h 的相对表达量是 H915-1 的 44.5 倍，24h 的相对表达量则下降为 22.4 倍，证明 *HGT 1* 基因在转化子中的表达，同时由于 *HGT 1* 的启动子为 P*gpdA*，说明 P*gpdA* 在柠檬酸发酵中启动基因表达能力有所减弱，验证了第三章转录组的结果，同时也验证了第五章中荧光蛋白 GFP 在 P*gpdA* 启动下在 pH 2.0 时的表达量仅为 pH 5.0 时的 60%这一结果。发酵前期还原糖生成速度放缓，意味着糖化酶的合成量有所降低，由于糖化酶组成型表达，因此与菌体量相偶联，可能 *HGT 1* 的大量表达反而使菌体生长放

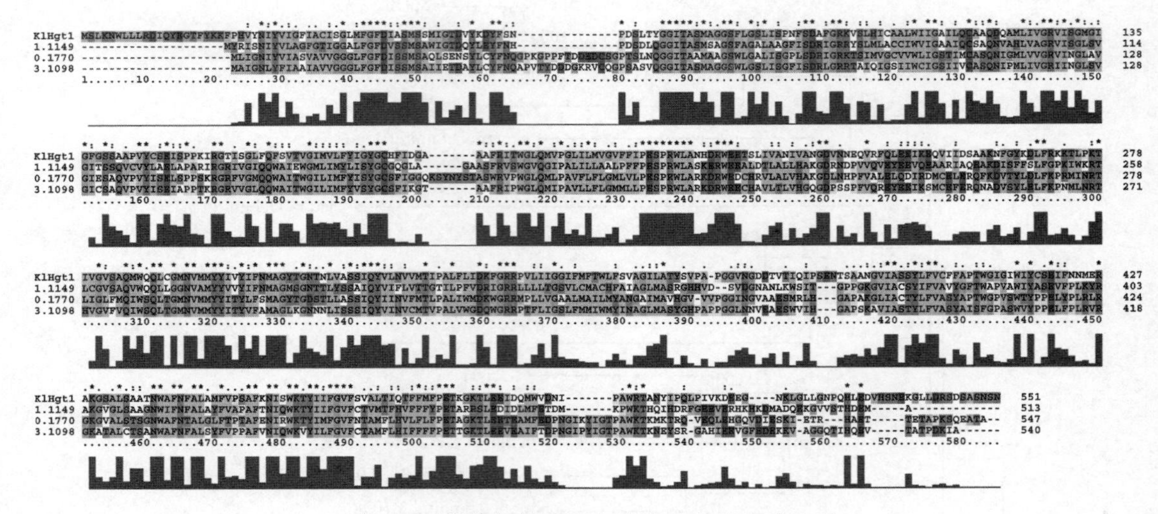

图 3-34　葡萄糖转运蛋白的多重序列比对分析

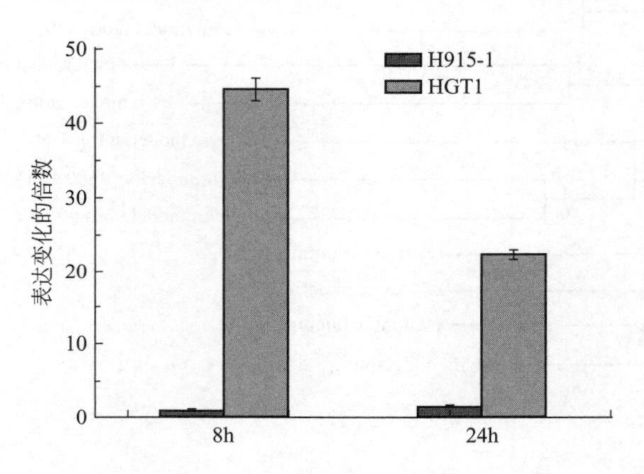

图 3-35　qPCR 检测 *HGT 1* 基因的表达

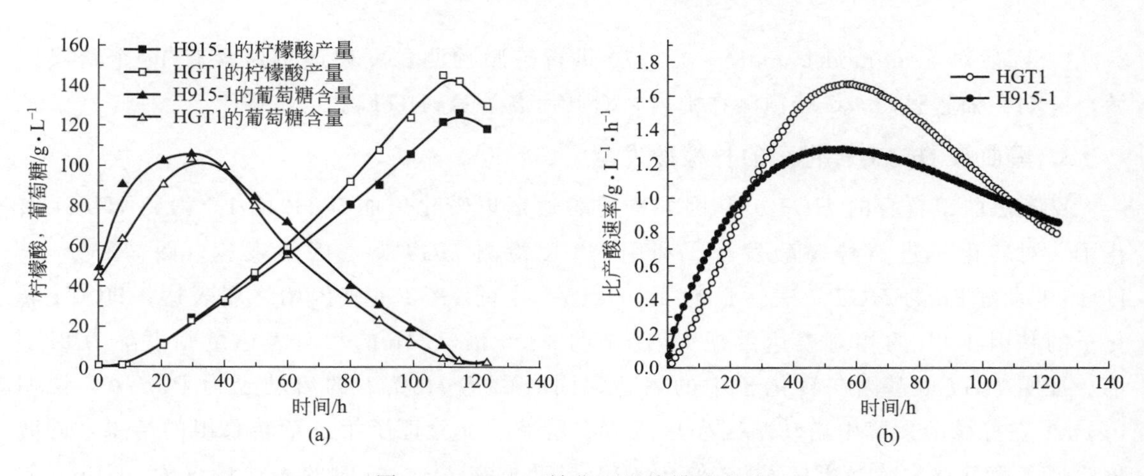

图 3-36　HGT1 转化子的柠檬酸发酵

(a) 柠檬酸产量及还原糖含量；(b) 比产酸速率

缓，从发酵40h开始，HGT1转化子的还原糖消耗快于H915-1，最终转化子的柠檬酸产量为145.2g·L^{-1}，比H915-1增加了14.7%，发酵时间缩短了6h [图3-36(a)]，最大比产酸速率提高了29.5% [图3-36(b)]。由于发酵中后期，*HGT 1*的表达量比菌体生长阶段减弱，可能*HGT 1*的表达量需要在合适的范围内才有利于菌体利用碳源。

进一步检测HGT1转化子在不同浓度碳源下的柠檬酸发酵，如图3-37(a)所示，在复合培养基中，初始葡萄糖浓度从3%逐步提高至10%，HGT1转化子的柠檬酸产量始终比H915-1提高6%左右，表面*HGT 1*的表达有利于柠檬酸的合成。利用合成培养基，在发酵120h碳源耗尽的情况下，添加30g·L^{-1}葡萄糖到培养基中，检测葡萄糖的消耗，由图3-37(b)可知，HGT1转化子对葡萄糖的吸收快于H915-1，转化子完全消耗葡萄糖花费了26h，而H915-1则在38h时依然可检测到微量的葡萄糖，证明了HGT1具有葡萄糖转运的功能，在低浓度碳源条件下促进了葡萄糖的吸收。同时，HGT1转化子的柠檬酸产量始终高于H915-1，表明促进葡萄糖的转运可进一步促进H915-1合成柠檬酸。

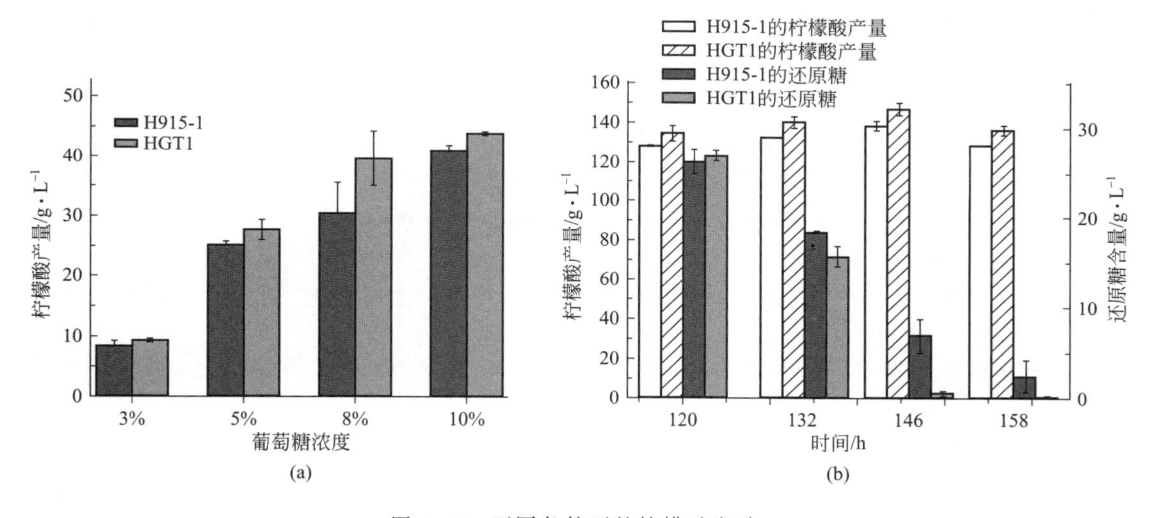

图3-37　不同条件下的柠檬酸发酵

(a) 碳源浓度对柠檬酸发酵的影响；(b) 柠檬酸发酵的葡萄糖添加实验

(在发酵120h时添加了30g·L^{-1}葡萄糖)

4. HGT1对黑曲霉在葡萄糖限制性培养基上生长的影响

在平板上涂布稀释的黑曲霉孢子，在34℃静置培养24h至长出单菌落，将单菌落接种于低浓度碳源培养基上，34℃培养4d，测量菌落直径，检测HGT1对黑曲霉生长的影响，由图3-38(a)可知，在各浓度葡萄糖限制性培养基上，HGT1转化子的菌落生长强于H915-1。转化子和H915-1的菌丝形态没有明显差异，在0.5g·L^{-1}葡萄糖浓度下形成致密菌落，菌落直径较小，显微镜下显示菌丝为短粗状，孢子囊较大；降低碳源浓度至0.1g·L^{-1}，导致菌丝成发散的细丝状，并贴在培养基表面生长以吸收贫瘠的碳源，孢子囊细小，但和菌丝一样分散生长，使菌落直径比0.5g·L^{-1}葡萄糖时更大。但进一步降低葡萄糖浓度并没有扩大菌落，因为菌体生长受碳源限制而更缓慢。由菌落直径比[图3-38(b)]可知，HGT1转化子在各浓度葡萄糖限制性培养基上生长的菌落直径比

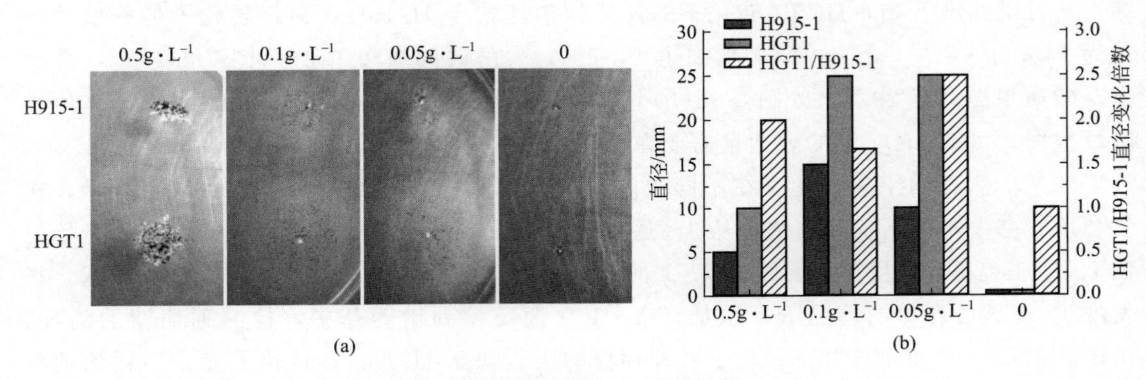

图 3-38 葡萄糖限制性培养基上菌落的生长

(a) 菌落形态；(b) 菌落直径比

H915-1 增加约 50%～150%，说明 *HGT 1* 的组成型表达有利于菌体在低浓度葡萄糖培养基上生长，意味着糖转运速度的加快，证明 HGT1 蛋白具有转运葡萄糖的功能。

参 考 文 献

[1] Pel H J, de Winde J H, Archer D B, et al. Genome sequencing and analysis of the versatile cell factory *Aspergillus niger* CBS 513. 88 [J]. Nature Biotechnol, 2007, 25 (2): 221-231.

[2] Sun J, Lu X, Rinas U, et al. Metabolic peculiarities of *Aspergillus niger* disclosed by comparative metabolic genomics [J]. Genome Biology, 2007, 8 (9): R182.

[3] Yin C, Wang B, He P, et al. Genomic analysis of the aconidial andhigh-performance producer, industrially relevant *Aspergillus niger* SH2 strain [J]. Gene, 2014, 541 (2): 107-114.

[4] Andersen M R, Salazar M P, Schaap P J, et al. Comparative genomics of citric-acid-producing*Aspergillus niger* ATCC 1015 versus enzyme-producing CBS 513. 88 [J]. Genome research, 2011, 21 (6): 885-897.

[5] Baker S E. *Aspergillus niger* genomics: past, present and into the future [J]. Medical mycology, 2006, 44 (1): S17-21.

[6] Andersen M R, Nielsen M L, Nielsen J. Metabolic model integration of the bibliome, genome, metabolome and reactome of *Aspergillus niger* [J]. Molecular Systems Biology, 2008, 4 (1): 1-13.

[7] Ilchenko A, Lysyanskaya V Y, Finogenova T, et al. Characteristic properties of metabolism of the yeast *Yarrowia lipolytica* during the synthesis of α-ketoglutaric acid from ethanol [J]. Microbiology, 2010, 79 (4): 450-455.

[8] Richard H, Foster J W. *Escherichia coli* glutamate- and arginine-dependent acid resistance systems increase internal pH and reverse transmembrane potential [J]. Journal of Bacteriology, 2004, 186 (18): 6032-6041.

[9] Papagianni M. Advances in citric acid fermentation by *Aspergillus niger*: biochemical spects, membrane transport and modeling [J]. Biotechnology Advances, 2007, 25 (3): 244-263.

[10] Szymanski M, Barciszewska M Z, Erdmann V A, et al. 5S Ribosomal RNA database [J]. Nucleic Acids Research, 2002, 30 (1): 176-178.

[11] Grimm L H, Kelly S, Hengstler J, et al. Kinetic studies on the aggregation of *Aspergillus niger* conidia [J]. Biotechnology and Bioengineering, 2004, 87 (2): 213-218.

[12] Lin P J, Grimm L H, Wulkow M, et al. Population balance modeling of the conidial aggregation of *Aspergillus niger* [J]. Biotechnology and Bioengineering, 2008, 99 (2): 341-350.

[13] Dynesen J, Nielsen J. Surfacehydrophobicity of *Aspergillus nidulans* conidiospores and its role in pellet formation [J]. Biotechnology progress, 2003, 19 (3): 1049-1052.

[14] van Veluw G J, Teertstra W R, de Bekker C, et al. Heterogeneity in liquid shaken cultures of*Aspergillus niger* inoculated with melanised conidia or conidia of pigmentation mutants [J]. Study in Mycology, 2013, 74 (1): 47-57.

[15] Anesiadis N, Cluett W R, Mahadevan R. Dynamic metabolic engineering for increasing bioprocess productivity [J]. Metabolic Engineering, 2008, 10 (5): 255-266.

[16] Zhou L, Niu D D, Tian K M, et al. Genetically switched D-lactate production in *Escherichia coli* [J]. Metabolic Engineering, 2012, 14 (5): 560-568.

[17] Farmer W R, Liao J C. Improving lycopene production in *Escherichia coli* by engineering metabolic control [J]. Nature Biotechnology, 2000, 18 (5): 533-537.

[18] Dahl R H, Zhang F, Alonso-Gutierrez J, et al. Engineering dynamic pathway regulation using stress-response promoters [J]. Nature Biotechnology, 2013, 31 (11): 1039-1046.

[19] Zhang F, Carothers J M, Keasling J D. Design of a dynamic sensor-regulator system for production of chemicals and fuels derived from fatty acids [J]. Nature Biotechnology, 2012, 30 (4): 354-359.

[20] Meyer V, Wanka F, van Gent J, et al. Fungal gene expression on demand: an inducible, tunable, and metabolism-independent expression system for *Aspergillus niger* [J]. Applied and Environmental Microbiology, 2011, 77 (9): 2975-2983.

[21] Kanamasa S, Dwiarti L, Okabe M, et al. Cloning and functional characterization of the cis-aconitic acid decarboxylase (CAD) gene from *Aspergillus terreus* [J]. Applied Microbiology and Biotechnology, 2008, 80 (2): 223-229.

[22] Torres N V, RiolCimas J M, Wolschek M, et al. Glucose transport by *Aspergillus niger*: The low affinitycarrier is only formed during growth onhigh glucose concentrations [J]. Applied Microbiology and Biotechnology, 1996, 44 (6): 790-794.

[23] Johnston M. Feasting, fasting and fermenting. Glucose sensing in yeast and other cells [J]. Trends in Genetics, 1999, 15 (1): 29-33.

[24] Wei H, Vienken K, Weber R, et al. A putativehigh affinityhexose transporter, *hxtA*, of *Aspergillus nidulans* is induced in vegetativehyphae upon starvation and in ascogenoushyphae during cleistothecium formation [J]. Fungal Genetics and Biology, 2004, 41 (2): 148-156.

[25] Fan J, Chaturvedi V, Shen S H. Identification and phylogenetic analysis of a glucose transporter gene family from thehuman pathogenic yeast Candida albicans [J]. Journal of Molecular Evolution, 2002, 55 (3): 336-346.

第四章 柠檬酸发酵原料

微生物发酵法是生产柠檬酸最主要的方式，其中超过80%的产品是黑曲霉菌种在含有葡萄糖或制糖加工副产物以及农产品加工废料，通过深层发酵方式获得的。伴随着全球柠檬酸需求量增加，市场竞争压力增大，廉价原料应用逐渐成为柠檬酸研究的热点，工农业加工废料用于生产柠檬酸。低廉及废弃原料的应用拓宽了柠檬酸的原料范围，降低了生产成本，缓解了环境压力，但此类原料成分往往比较复杂，需要较复杂的前期预处理才能充分释放营养成分，造成后期产品提取难度增加，纵观柠檬酸整个生产过程，生产成本不减反增；此外，需要改变原料流变学特性（降低黏度和颗粒大小）以提高传氧和传质能力。因此，农产品加工副产物原料应用于规模化生产有待进一步研究，淀粉质原料仍然是柠檬酸工业化生产的重要选择。

第一节　原料种类及特点

从广义上讲，凡是能通过微生物代谢而产生柠檬酸的物质，都可作为发酵柠檬酸的原料。目前已知的这些物质有糖类和正烷烃类，其中，黑曲霉主要作为糖质原料，而正烷烃类主要作为酵母类的发酵原料。

糖类物质在自然界的分布十分广泛，属于可再生资源。因此，柠檬酸发酵的原料品种多、资源广。但工业上选择原料要从多方面综合考虑，例如：经济合理、技术可行、货源广、易购、易运、易贮、易管、不易霉变、可利用物质含量高、综合利用价值高、无毒、无害、无抑制微生物生长的物质、对产品卫生安全可靠、“三废”负荷少等。因此，柠檬酸发酵原料既有广泛性，又有局限性，目前可使用的原料虽然广泛（如表4-1所示），但是能被工业化应用的原料主要有木薯、玉米、小麦和糖蜜，其中糖蜜主要在国外使用。

我国柠檬酸发酵生产一直主要以薯干为原料，东北部分地区则以精制玉米淀粉为原

表 4-1 柠檬酸发酵可使用的原料

类别	原料名称
1. 糖类	
薯类	甘薯、木薯、马铃薯、甘薯干、木薯干、马铃薯干、薯渣
谷类	玉米、小麦或小麦面粉、大米
淀粉	各种谷类、薯类等加工成的淀粉
砂糖	白砂糖、赤砂糖、糖蜜
淀粉糖	由淀粉水解而得到的各种单糖、二糖、糊精、饴糖、葡萄糖母液
2. 正烷烃	
液化石蜡	10～20 碳链的石油馏出物
3. 其他	
果实下脚料	葡萄、菠萝、柑橘、苹果等果实加工的残渣、残汁
粮食加工下脚料	各种粮食加工的下脚料

料。薯干存在种植地区窄、收购季节短、储藏损失大、流动资金占用多等缺点，而精制玉米淀粉也存在着原料成本高、供应偏紧张的问题。目前较普遍的是用木薯干、玉米粉来代替薯干和精制玉米淀粉。薯干粉粗原料直接深层发酵生产柠檬酸的工艺是于 1968 年创立并发展起来的。该工艺具有边糖化边发酵、无需预处理原料、不用添加促进剂、发酵周期短、产率高、设备利用率低等技术特点，薯干原料的加工利用形成了我国独特的柠檬酸生产工艺。但是，由于薯干粗原料的缺点也是很明显的，不能够加大原料浓度，产酸不能进一步提升，残糖含量也较高，因此，变革生产原料结构成为必然。

20 世纪 90 年代初期，有研究者探讨了用玉米淀粉经黑曲霉发酵生产柠檬酸的最佳条件，开拓了柠檬酸发酵的新途径。发酵试验的最适条件如下：18%左右的玉米淀粉浓度，加入 2%的麸皮、0.4%的淀粉酶，初始 pH 5.5，添加适量花生油作为促进剂，接种量 12%～20%均适宜。在以上优化发酵条件下，于 $230r \cdot min^{-1}$ 旋转式摇床上，32℃振荡培养 5d，总酸高达 15.87%，转化率高达 100.52%～102.52%。试验研究证明用玉米淀粉生产柠檬酸在技术上是可行的，在经济上也是合理的，为我国柠檬酸发酵生产开拓了新途径。用淀粉原料直接发酵生产柠檬酸，进行大型生产试验。选择资源充足、价格低廉的玉米粉比继续用薯干粉可以降低成本，并且新工艺的回收率可以高出几个百分点，成品、废水和废渣均无毒，无污染。利用玉米淀粉为主原料，原料经淀粉酶液化后，接入液体种子直接发酵生产柠檬酸，发酵产酸 18%以上，转化率超过 90%。石忆湘等用紫外线和亚硝基胍诱变结合的方法，从野生黑曲霉菌株出发，筛选得到一株能很好地利用玉米淀粉生产柠檬酸的黑曲霉菌株。其摇瓶适宜培养基配方及发酵条件为：玉米淀粉 20%、$(NH_4)SO_4$ 0.2%、KH_2PO_4 0.2%、$MgSO_4 \cdot 7H_2O$ 0.05%、甲醇 3%、起始 pH 3.0，接种量 5%，于 30% $200r \cdot min^{-1}$ 发酵 7d，产酸为 10.8%。在 6.6L 发酵罐上 30℃、$500 \sim 600r \cdot min^{-1}$、pH 4.0、$1.2 \sim 2.5L \cdot min^{-1}$ 的通气量、发酵 132h，柠檬酸产量为 9.3%。结果表明，可以用价格低廉、来源丰富的玉米淀粉代替传统的薯干，作为柠檬酸发酵的生产原料。周剑平等研究了固定化黑曲霉发酵玉米生产柠檬酸。在玉米糖浓度 10°Bx、温度 35℃、转速 $250r \cdot min^{-1}$ 的最适条件下发酵培养 64h，产酸率最高为 9.6%，稳定在 9%左右。同时对固定化黑曲霉连续使用 8 批次以上，产酸稳定在8.6%～9.2%之间，为柠檬酸连续发酵提供了依据。对以玉米粉为原料进行柠檬酸发酵生产做了初步研究，其结果如下：玉米粉液化60min，起始pH调整在6.0～6.4之间，蛋白质含量为0.4%～0.6%，初总糖为18%时，发酵4d，产酸可达17%。玉米粉液化滤液在冰箱中存储22h，产酸情况良好，放置于37℃则出现酸败；55℃条件存放，其酸度和产酸均比37℃要好。液化滤渣可以添加防腐剂来防止pH的明显下降，同时对产酸没有影响。常春等利用紫外线和DES诱变处理，筛选出了一株能利用玉米粉原料的黑曲霉菌株，此菌可以较好地利用玉米粉，产酸达8.6%，原料转化率达66.2%，相比土壤中分离出的原始菌大大提高。有学者研究了不同发酵条件对黑曲霉产柠檬酸的影响，经高温淀粉酶液化后的玉米液为原料，在初始糖浓度为15%条件下，34℃发酵72h左右，可以得到较理想的发酵结果。以玉米清液为原料，黑曲霉发酵生产柠檬酸的试验中，50L发酵罐的优化工艺条件是：接种量12%，初始pH5.6，玉米浆添加量1.1%，总糖含量16%左右。在此条件下发酵72h，产酸可达15.5%，残总糖小于1.1%（质量分数），糖酸转化率达97.1%。直接用玉米粉或淀粉作原料生产柠檬酸，存在着液化时间缺乏、酶用量大、滤渣难处理等问题，对玉米粉和淀粉混合原料发酵生产柠檬酸进行研究，结果发现：把玉米和淀粉原料各自配成16%的浆液，分别液化之后，按照1∶9的体积比混合进行发酵，产酸可达14.6%，转化率为96%。与单纯用玉米粉发酵相比，酶用量减少38%，液化时间缩短50%，同时不存在玉米粉液化后过滤及滤渣防腐等问题。以木薯粉和玉米粉混合作为发酵培养基，通过紫外线诱变可筛选出一株高产黑曲霉菌株。有学者通过^{60}Co-紫外线诱变的方法，成功筛选出一株利用马铃薯渣和黑淀粉的黑曲霉高产菌株。当其发酵培养中马铃薯渣13%、黑淀粉10%时，摇瓶产酸可达13.2%～14.9%，淀粉转化率为83.5%～94.3%；当发酵培养基中马铃薯渣10%、黑淀粉6%时，30L发酵罐产酸达2%～8.4%，对淀粉的转化率为31.4%～94.32%。有学者研究了利用木薯粉进行柠檬酸发酵的条件，在优化条件下配比10%的糖蜜，结果可以提高至产总酸10.89%，转化率达到88.1%。将麦草经碱—氧—蒽醌蒸煮脱去木质素后得到纤维素，再用纤维素酶把该纤维素酶解，可制得纤维素酶解液。以此酶解液为原料，利用黑曲霉进行发酵生产柠檬酸，采用纤维素酶水解纤维素后得到的纤维素糖化液为发酵原料，在黑曲霉的作用下，可发酵制取柠檬酸，最适培养基组成为NH_4NO_3 0.3%、KH_2PO_4 0.1%。有学者对黄姜提取皂素后的废液进行柠檬酸发酵的发酵条件进行了研究，其发酵最适温度为35℃，最适初始pH为6.8，初始总糖为14%，发酵周期为87h，产酸转化率为90.8%。利用柑橘加工中的废料进行柠檬酸发酵生产，每千克柑橘废料能够生产215g柠檬酸，成功地变废为宝。

第二节　原料的预处理

原料在正式进入生产过程前，必须进行预先处理，以保证生产的正常进行和提高生产效益。淀粉质原料的预处理主要包括输送、除杂和粉碎。

一、固体物料输送

固体物料输送的方式包括机械输送和气流输送。

1. 机械输送

通常包括三种类型的设备，根据物料状态、输送距离和方向选择合适的设备。

(1) 带式输送机 一般适用于水平方向或倾斜一定角度的输送；适合于各种形状的物料。如：在玉米的进出仓的水平输送中，大量使用刮板机；在淀粉渣的水平输送中使用传送带。

(2) 斗式输送机 一般广泛应用于垂直方向的物料输送；适合颗粒或粉状的物料。如：在玉米进仓和进粉碎机的垂直输送中，使用斗式提升机。

(3) 螺旋输送机 一般只适用于短距离、水平方向或倾斜角度小于20°的输送；适合于小颗粒或粉状的物料。如：在玉米粉和淀粉渣的水平输送中使用绞龙。

2. 气流输送

利用强烈的空气气流在密闭管内流动，把物料悬浮送到目的地的运输方式，一般适用于粉状物料的输送。气流输送系统包括风机、管道、加料装置、分离卸料装置、物料回收装置(除尘器)，其中旋转加料器在气流输送系统中广泛使用，在压力输送系统中用作加料器，在真空输送系统中用作闭风器。

气流输送主要包括三种：吸引式、压送式和混合式。

(1) 吸引式 在输送管道末端采用风机产生真空，粉状物料在真空的抽吸作用下进行运动；输送流程可实现由多点到一点，便于将物料收集到相同的容器中。

(2) 压送式 在输送管道起始端采用风机产生气流，粉尘在气流压力作用下沿管道向前运动；输送流程可实现由一点到多点。

(3) 混合式 在输送中既有真空作用，也有压力作用。风机通常在中间前段为吸送式，后段为压送式。

原料预处理中，气流输送运用广泛，如：玉米除尘装置采用末端吸引的方式抽吸玉米籽粒中的灰尘；粉碎后的玉米粉也是靠末端吸引的方式收集玉米粉；淀粉渣烘干后的输送也是采用气流输送的方式。

二、除杂

为了保障玉米的质量和减少设备的磨损，玉米在进仓前和粉碎前均需要进行除杂。玉米籽粒中的主要杂质包括大块杂质、小块石子、铁块和灰尘等。原料除杂的方法包括磁选、风选和筛选。在玉米进仓前的除杂设备包括栅筛下料斗、脉冲除尘器、初清筛和永磁筒。

栅筛下料斗：运输车倾倒玉米并初步清除大块杂质的设备。

脉冲除尘器：去除玉米中的灰尘。

初清筛：在玉米进仓之前去除石子等杂质，进一步减少玉米中的杂质含量。

永磁筒：在玉米进仓之前去除玉米中的铁器。

玉米在出仓进入粉碎机前再次经过永磁筒除铁，防止铁块进入粉碎机对设备造成损坏。

三、粉碎

1. 粉碎的目的

玉米经过粉碎，增加了表面积，使淀粉酶与淀粉有更多的接触机会，粉碎颗粒小，受热后酶分子极易渗透到淀粉中去，只有淀粉与酶充分接触，才有可能发生酶解作用。如果淀粉颗粒过大，酶与物料的接触面小，将影响液化效果。

粉碎后细胞组织部分破坏、淀粉颗粒部分外泄，在进行水热处理时，能使包含在原料细胞中的淀粉颗粒从细胞中游离出来，充分吸水膨胀、糊化乃至溶解，为随后的糖化作用，并为淀粉转化成可发酵性糖创造必要和良好的条件。

粉状原料所需的蒸煮压力和温度都比较低，时间也比较短，从而减少蒸汽用量，提高原料的蒸煮质量和减少可发酵物质的损失。

2. 粉碎的方法

粉碎的方法按其作用力的不同可分为：

挤压，适用于坚硬物料；

撞击，适用于坚硬物料；

研磨，适用于韧性物料；

劈裂，适用于韧性物料。

柠檬酸工厂常采用的粉碎设备为锤式粉碎机，主要涉及撞击和劈裂的作用。

锤式粉碎机主要是靠冲击作用来破碎物料的。破碎过程物料进入粉碎机中，遭受到高速回转的锤头的冲击而破碎，破碎了的物料，从锤头处获得动能，从高速冲向架体内挡板、筛条，与此同时物料相互撞击，遭到多次破碎，小于筛条间隙的物料从间隙中排出，个别较大的物料，在筛条上再次经锤头的冲击、研磨、挤压而破碎，物料被锤头从间隙中挤出，从而获得所需粒度的产品。

锤式粉碎机的主要工作部件为带有锤子（又称锤头）的转子。转子由主轴、圆盘、销轴和锤子组成。电动机带动转子在破碎腔内高速旋转。物料自上部给料口给入机内，受高速运动的锤片的打击、冲击、剪切和研磨作用而粉碎。在转子下部设有筛板，粉碎物料中小于筛孔尺寸的颗粒通过筛板排出，大于筛孔的粗颗粒被截留在筛板上继续受到锤子的打击和研磨，最后通过筛板排出粉碎机外。

锤式粉碎机由箱体、转子、锤片、反击衬板和筛板等组成。

3. 原料粉碎的要求

粉碎比（粉碎前最大物料直径与粉碎后最大物料直径之比）用于衡量粉碎机的粉碎能力，主要取决于粉碎机所用的筛网目数。筛网目数越多，粉碎比越大，粉碎能力越小，相对来说，对液化的促进效果也越好，同时，粉碎机的电耗也越高。因此，生产通常会权衡电量消耗和液化效果来控制最适宜的粉碎颗粒大小，一般控制在 60 目较为合适。

第三节 原料的水热处理

淀粉质原料不能被直接利用，需要先水解成小分子单糖才能被用于柠檬酸的合成。淀粉质原料需经 α-淀粉酶水解液化，切割大分子链形成短链糊精与寡糖，降低原料黏度，为糖化过程创造条件。基于发酵菌种黑曲霉自身的糖化能力，将液化处理的淀粉质原料进行同步糖化发酵（simultaneous saccharification and fermentation，SSF）；基于 SSF 的工艺特点，葡萄糖供给速率往往成为制约发酵效率的关键；而葡萄糖生成速率则受到液化效果与自身糖化酶活力的影响，往往成为发酵产酸的瓶颈。因此，淀粉质原料的液化糖化阶段会显著影响整个柠檬酸发酵过程。

一、淀粉原料的糊化（蒸煮）、液化与糖化概述

一般来说，含在原料细胞中的淀粉颗粒，由于植物细胞壁的保护作用，不易受到淀粉酶系统的作用。另外，不溶解状态的淀粉被常规糖化酶糖化的速度非常缓慢，水解程度也不高。所以，淀粉原料在进行液化、糖化之前通常要经过蒸煮，使淀粉从细胞中游离出来，并转化为溶解状态（即糊化），以便淀粉酶系统进行液化糖化作用，这就是原料蒸煮处理的主要目的。当然，蒸煮处理同时可以达到部分杀菌的目的。为将薯类、谷类、野生植物等淀粉质原料中的淀粉水解为可发酵糖类，一般需要经过糊化（水热处理）、液化与糖化三个步骤。

1. 糊化原理

糊化（蒸煮）、液化和糖化的目的是将淀粉水解成可发酵糖类，即先通过 α-淀粉酶将淀粉水解为糊精和低聚糖；然后利用糖化酶（淀粉葡萄糖苷酶）水解糊精或低聚糖释放葡萄糖。然而，为了使 α-淀粉酶能够顺利地和淀粉分子作用，首先必须打破淀粉的颗粒状结构，这一过程称为糊化。当谷物浆与水一起加热时，淀粉颗粒开始吸水膨胀，从而使淀粉逐渐失去其晶体结构，变大，形成的凝胶囊往往填补所有可用空间，胶凝作用最高点也是糊状物的最大黏稠点。

淀粉颗粒呈白色，不溶于冷水和有机溶剂，淀粉颗粒内呈复杂的结晶组织，不同原料的淀粉颗粒具有不同的形状和大小，大体上分为圆形、椭圆形和多角形。

淀粉颗粒具有抵抗外力作用较强的外膜，其化学组成与内层淀粉相同。但由于水分较少，密度较大，故强度较大。淀粉颗粒是由许多针状小晶体聚合而成的，而小晶体则是淀粉分子链之间靠氢键的作用连接而成的。

淀粉属亲水胶体，遇水后，水分子在渗透压作用下，渗入淀粉颗粒内部，使淀粉分子的体积和质量增加，这种现象称作膨胀。淀粉在水中加热，即发生膨胀。这时淀粉颗粒好像是一个渗透系统，其中支链淀粉起着半渗透膜的作用，而渗透压的大小及膨胀程度则随温度

的升高而增加。从40℃开始，膨胀的速度明显加快。当温度升高到60～80℃时，淀粉颗粒的体积可膨胀到原体积的50～100倍，淀粉分子间的结合削弱，引起淀粉颗粒的部分解体，形成均一的黏稠液体，这种无限膨胀的现象称为淀粉的糊化，对应的温度称为糊化温度。

2. 液化原理

液化是通过α-淀粉酶对淀粉分子的作用完成的。

α-淀粉酶可随机地与直链淀粉和支链淀粉分子中的α-1,4糖苷作用，并切断α-1,4糖苷键，但不会切断α-1,6糖苷键。由此产生的短直链（低聚糖）淀粉称为糊精，而短支链淀粉被称为α-极限糊精。混合糊精的黏度很小。

3. 糖化原理

糖化是从液化的混合糊精中释放单个的葡萄糖分子，糊精具有不同的链长，而且链长越短，胞外糖化酶就越容易发挥作用，这是因为糖化酶先从链状糊精分子的非还原端开始，连续水解α-1,4糖苷键，从而释放单葡萄糖分子，链长越短，该过程进行得越快。糖化酶也水解α-1,6糖苷键，但速度比较慢。因此，糖化酶发挥作用的程度和糊精链的长度直接相关，但目前尚不知道如何妥善地使α-淀粉酶生产出更多的小分子低聚糖。

二、蒸煮工艺流程

蒸煮工艺根据操作方式的连续性分为间歇蒸煮和连续蒸煮；根据蒸煮的温度分为高温蒸煮和低温蒸煮。

1. 间歇蒸煮工艺

此法虽有不少缺点，但是所用的设备比较简单，操作容易掌握，在一些小型工厂中容易推广。这种形式的蒸煮比较适于对整粒原料的蒸煮，例如甘薯干、甘薯丝、粉碎后的野生植物等。

间歇蒸煮虽然有使用钢材少、设备和操作较简单的优点，但与连续蒸煮的优点相比，存在着较大的缺点，如下所述：

① 高压蒸煮时间长，蒸汽与原料接触不均匀，糊化质量不够好。

② 蒸汽消耗大，而且需要量不均衡。

③ 辅助操作时间长，设备利用率低。

④ 劳动强度大。

⑤ 设备占地面积大。

2. 连续蒸煮工艺

为了提高蒸煮醪质量和减轻劳动强度，目前我国各柠檬酸厂广泛采用连续蒸煮的方法，这是我国柠檬酸生产中的一项重大技术革新，常用的有罐式连续蒸煮、管式连续蒸煮、柱式连续蒸煮等三种方法，各有特点。

(1) 罐式连续蒸煮 所需要的主要设备是利用工厂原有的间歇蒸煮锅改造的，改装时只需要原有蒸煮锅串联起来，再增加预热器和后熟器即可。由于它可以充分利用原有的蒸煮锅，具有能提高生产效率、节约蒸汽等连续蒸煮的优点，适合于老厂改造，所以为我国很多工厂所采用。其流程为：

原料→斗式升运机→料斗→锤式粉碎机→螺旋拌料器（即绞龙）→混合桶→泥浆泵→蒸煮锅→后熟器→气液分离器→真空冷却→糖化锅

罐式连续蒸煮是应用温度渐减曲线来进行蒸煮的，因此蒸煮质量好，糖分损失少。同时，整个操作过程是在体积比较大的连续罐内进行的，对于带有皮壳的原料或纤维等固形物较多的醪液，甚至对黏度稍大些的醪液，也不易产生堵塞现象。

但是，此流程也存在采用的设备较大，相应的厂房也要增大，以及蒸煮过程时间较长等缺点。

(2) 管式连续蒸煮 管式连续蒸煮是将淀粉质原料在高温高压下进行蒸煮，并在管道转弯处产生压力间歇上升和下降，醪液发生收缩和膨胀，使原料的植物组织和细胞壁、淀粉颗粒等彻底破裂，产生淀粉糊化和溶解状态，从而利于酶的作用。

此流程的特点是流速较快，故醪液和蒸汽在管道连续蒸煮器内应该是混合得较好，因而蒸煮醪的质量也应该是较均匀的，但实际上并非如此理想。除流速较快之外，设备占地面积相应的较少，也就是设备费用和建筑费用都较节省。

(3) 柱式连续蒸煮 柱式连续蒸煮比管式连续蒸煮的压力较低，流速较慢，蒸煮时间可以长些，操作较稳定，耗汽量减少 28%，原料中糖分的损失也减少，淀粉利用率较高，不少厂都采用了柱式连续蒸煮。

(4) 连续蒸煮工艺流程的比较 综合上述介绍的三种连续蒸煮方法，它们的优缺点如下所述：

① 罐式连续蒸煮 其优点是可利用原有设备，不需要较高的压力蒸汽，并节约蒸汽，降低煤耗可达 10%～15%，而且操作简单，整个生产过程基本上没有堵塞现象，淀粉利用率可提高 1%～2%。其缺点是：设备占地面积较大，蒸煮时间较长，蒸汽与物料接触不够均匀。

② 管式连续蒸煮 其优点是粉浆扩散面积大，与蒸汽充分接触，蒸煮迅速均匀。另外，设备占地面积小，生产能力大，生产操作容易实现机械化、自动化，生产管理方便。其缺点是：需要较高的压力蒸汽（0.98×10^{4} Pa）和高压泵，并要求原料处理较细，否则管道会出现阻塞现象。同时，醪液流速快，蒸煮时间短，使醪液质量难以保证。另外，生产不大容易控制，淀粉利用率提高不多。

③ 柱式连续蒸煮 其优点是由于蒸煮柱直径较大，物料停留时间比管道连续蒸煮的时间长，因而掌握起来比较稳定，容易操作，不易堵塞。还由于蒸煮柱的阻力较小，所以蒸煮时用的压力较低，柠檬酸工厂不需要压力较高的锅炉。其缺点是：要求掌握的操作技术较高，否则加热器容易发生堵塞现象。

3. 连续蒸煮与间歇蒸煮的比较

近年来，我国大多数柠檬酸厂都采用了连续蒸煮的方法来代替间歇蒸煮，通过生产实践，可以看出连续蒸煮较间歇蒸煮具有如下的优点：

(1) 淀粉利用率高 蒸煮醪的质量可以从外观色度、味道和淀粉颗粒来判断半成品的质量指标，但最终还是以柠檬酸产量来比较。连续蒸煮的柠檬酸转化率比间歇蒸煮高。原因主要为：间歇蒸煮在高温下的停留时间较长，引起糖分的分解，尤其是在锅壁上不易与水接触的地方易形成焦糖或氨基糖。其次，间歇蒸煮的设备容积大，加热不均匀，有时尚出现未蒸透的颗粒，从而降低淀粉的利用率。

(2) 设备利用率高 连续蒸煮与间歇蒸煮相比，减少了加水加料、升温和吹醪等非蒸煮时间，因此，设备利用率可提高50%以上，但是连续蒸煮也要另外增加一些辅助设备，例如预煮锅、后熟器等。

(3) 热能利用率高 间歇蒸煮每次都需要加热锅壁，并且无法利用二次蒸汽，所以连续蒸煮每吨原料可节省蒸汽25～30kg，此外，连续蒸煮用汽均匀，大大减少高峰用汽幅度，使供汽均衡。

(4) 劳动生产率高 由于连续蒸煮是在较稳定条件下连续进行的，所以劳动条件可以改善，并为连续生产自动化创造了条件。

虽然间歇蒸煮还存在一些缺点，但是由于设备简单，所以还为国内许多小型生产的柠檬酸厂广泛使用。

4. 低温蒸煮

谷类原料制造柠檬酸，原料不必经过高压蒸煮。由谷类制造柠檬酸时，必须经过高压蒸煮（140～150℃），以达到淀粉糊化并杀灭杂菌两个目的，此法耗费大量热能。采用低温蒸煮法，就是一种改进较为有效的方法。日本研究资料显示，将各种谷类粉末100g和麦芽粉末3g，悬浮于430mL中，在80℃维持30min，麦芽则在68℃维持30min后，冷却至28℃，添加麦芽粉17g和糖化酶0.1g及种子25mL，在28℃发酵72h实验结果良好。

此法可以节省蒸汽及冷却水的用量，只有高温蒸煮法的一半，而发酵率则与旧法相似，甚至超过之。

三、液化工艺流程

1. 传统液化工艺

液化的传统做法是将糊化后的淀粉浆送入液化罐，在保持一定温度、一定pH值的条件下流加耐高温α-淀粉酶，使淀粉浆分解为糊精，为下一步糖化做好准备。

2. 喷射液化工艺及特点

喷射液化法是利用液化喷射器将蒸汽直接喷射入淀粉浆薄层，瞬间达到淀粉液化所要求的温度（完成淀粉的糊化、液化）。此法已发展成为最优秀的液化方法。

喷射液化工艺是国内淀粉制糖行业比较先进的工艺，具有以下三种工艺：

(1) 高压喷射液化

① 工艺流程

调浆→配料→高压喷射器→保温→冷却→液化

② 工艺特点　高压喷射液化所用的设备是高压蒸汽喷射液化器，喷射器用高压蒸汽（0.4～0.6MPa）来操作，以蒸汽吸料的方式进行液化喷射，喷射器的推动力为蒸汽，它需要较平稳的高压蒸汽，并且要求蒸汽的抽吸力较强，此工艺对蒸汽的质量要求较高。

（2）低压喷射液化

① 工艺流程

调浆→配料→低压喷射液化→液化保温→冷却→液化

② 工艺特点　低压喷射液化采用以料带汽的方式进行，喷射液化催动力为料液，低压喷射采用的设备为 HYW 型喷射液化器，它适用于低压蒸汽，也适合过热蒸汽喷射液化，对蒸汽的要求较低，在 105℃下喷射液化蒸汽压力仅需要 0.2～0.4MPa 即可。

（3）二次喷射液化

① 工艺流程

调浆→配料→一次喷射液化→液化保温→二次喷射→高温维持→二次液化→冷却→液化

② 工艺特点　在第一次喷射液化后，第二液化喷射器直接抽取料液回收罐内的料液进行二次循环喷射液化，且第二液化喷射器喷射出的料液与第一液化喷射器喷射出的料液同时送入闪蒸罐内闪蒸混合降稠，而后送入料液回收罐内进行二次加酶搅拌作业，直到料液回收罐内的液位达到设定值时，才将料液回收罐内的料液泵入层流罐内保温，这时料液回收罐中料液的液体部分清澈透明，而蛋白质分离凝聚完好的上浮于液化液体表面，大大提高了淀粉的液化效率。

（4）连续喷射液化　此法是利用喷射器将蒸汽直接喷射入淀粉乳薄层，在短时间内达到要求的温度，完成淀粉糊化液化。

3. 层压罐层流罐的应用

淀粉液化的目的是为了给糖化酶作用创造条件，糖化酶水解糊精及低聚糖时需要先与底物分子结合生成络合结构然后才发生水解作用。为了保证底物分子的大小在一定范围内，客观上要求液化要均匀，三套管蒸煮柱先进入的料液不能保证先出去，造成先进料液液化过头，后进料液液化不完全。由于前后液化不均匀，为此设计了层压罐及层流罐，料液从层压罐上部进入，下部排出，然后，切线方向进入层流罐上部，从层流罐下部排出，这样防止料液走短路，从而保证了料液先进先出最后液化均匀一致。

4. 液化喷射设备

在现代发酵柠檬酸生产工艺中进步最大、变化最快的技术应该说是液化技术，其基础是液化喷射器的出现和耐高温 α-淀粉酶的应用。液化喷射器自从 1960 年俄罗斯学者《喷射器》专著问世以来，便在石油化工、制冷、轻工、纺织等行业得到广泛应用。美国、日本学者研究的蒸汽喷射技术在发酵工业中同耐高温 α-淀粉酶一样发展迅速。

我国液化喷射器研究较早的单位有华南理工大学、原无锡轻工学院、江苏石油化工学院、淮海工学院等，很多大专院校都已研究成功并在味精、酿酒、葡萄糖等行业广泛使用。现在我国广泛使用的是低压液化喷射器。

（1）液化喷射器结构　液化喷射器是喷射液化的关键设备，其结构主要由料液进口、蒸汽进口、扩散管、气液混合室和缓冲管构成。早期的液化喷射器由于喷射室大，喷射效果较差；其后的液化喷射器解决了蒸汽与料液充分混合的问题，但液化程度有限；当前普遍使用的液化喷射器又弥补了上述两种液化喷射器的不足。由于增加了厚壁、具有强剪切力的缓冲管，使液化淀粉液在喷射器中的停留时间适当延长，提高了淀粉液化程度；同时可精确调整喷射孔大小，缓冲管距离长短。喷射器在工作状态下，是由两股不同压力的蒸汽和料浆流体在喷射器内呈射流状相互混合，并进行快速能量交换，形成一股居中压力的混合液体。

新型液化喷射器的设计思想是，加强在喷射过程中的机械剪切作用，适当延长淀粉浆在液化喷射器中的停留时间，进一步提高淀粉浆的液化速度，使淀粉浆通过液化喷射器即完成液化过程。

(2) 工作原理 蒸汽（工作介质流体）以很高的速度从喷射器喷嘴喷出，进入喷射器的接受室，并把喷射器前的压力介质流（称为引射流体）料浆吸走。通常在喷射器里最初发生的是工作流体的势能或热能转变为动能，一部分传给引射流体料浆；混合流体在沿喷射器流动的过程中速度渐渐均衡，于是混合流体的动能相反地转变成势能或热能。

工作介质流体和引射介质流体进入混合室中，通常伴有压力的升高。流体从混合室出来进入扩散器，压力将继续升高。在扩散器出口处，混合流体的压力高于进入接受室引射流体的压力。提高引射流体的压力，而不直接消耗机械能，这是喷射器最主要的根本的性质。

(3) 优点 供淀粉质粉状原料使用的液化喷射器是一种传热效率很高的直接接触式传热设备。在加热器中，蒸汽以高度紊流的方式直接同浆料混合，蒸汽的热量在瞬间传给料浆，本身立即冷凝并快速向液相分散，消除了一般蒸汽加热器较容易发生的“气锤”和“振动”现象。蒸汽的潜热和湿热都得以利用，传热效率可达100%。因此，对于相同的加热要求，这种专用加热器的蒸汽用量较少，是一种高效节能的加热设备。同时它还具备结构轻巧、控制精度高、操作运行平稳等优点。

第四节　原料处理用酶制剂

现代生物工业中，酶制剂具有独特的特性，被广泛应用，特别是在原料处理中具有无法替代的作用。

一、淀粉酶在原料处理中的应用

淀粉酶是水解淀粉和糖原酶类的总称，广泛存在于动物、植物和微生物中，是最重要的一类酶，也是最早实现工业生产、产量最大、用途最广的酶制剂品种之一。淀粉酶作为工业酶制剂的重要组成部分，约占酶制剂市场30%左右的份额。它被广泛应用于多种工业中，如食品、发酵、纺织、造纸业、制药业和化学药品工业等，还被扩展到其他领域，如临床医学和分析化学等。

淀粉酶的分类方式有很多种。根据淀粉酶作用淀粉长链时的作用方式不同，可以简单分为外切淀粉水解酶和内切淀粉水解酶；根据淀粉酶水解淀粉时作用糖苷键的方式不同，将淀粉酶分为水解α-1,4糖苷键和水解α-1,6糖苷键或同时能够水解这两个键的三类淀粉酶。目前淀粉酶的分类主要是根据其作用糖苷键的方式及生成产物不同，将淀粉酶分为α-淀粉酶、β-淀粉酶、葡萄糖淀粉酶、脱支酶、环糊精转移酶等。

α-淀粉酶（EC 3.2.1.1）以随机作用方式水解淀粉、糖原、寡聚或多聚糖分子内的α-1,4糖苷键，主要产生糊精和少量麦芽糖和葡萄糖等。

β-淀粉酶（EC 3.2.1.2）以还原糖末端2个糖单位方式切断淀粉、糖原、寡聚或多聚糖分子内的α-1,4糖苷键，主要产生麦芽糖和β-极限糊精等。

糖化酶（EC 3.2.1.3）以1个糖单位方式切断淀粉、糖原、寡聚糖或以缓慢方式水解的α-1,6糖苷键，主要产生葡萄糖。

脱支酶主要特异性切断淀粉、糖原、寡聚或多聚糖分子内的α-1,6糖苷键，主要产生线性寡糖。主要包括异淀粉酶（EC 3.2.1.68）和普鲁兰酶（EC 3.2.1.41）两种类型。

环糊精转移酶（EC 2.4.1.19）主要将切断淀粉、糖原、寡聚或多聚糖分子供体内部的α-1,4糖苷键，并将其转移到受体糖链上重新形成α-1,4糖苷键。环糊精转移酶具有很低的水解活性，使6～8个寡糖分子环化，并形成具有高度分支和分子量的糊精、环状极限糊精。

在柠檬酸生产原料处理中主要使用的淀粉酶有α-淀粉酶、糖化酶和普鲁兰酶。

1. α-淀粉酶

α-淀粉酶是工业生产中应用最为广泛的酶制剂之一，目前已广泛应用于变性淀粉、淀粉糖、焙烤、啤酒酿造、酒精、发酵以及纺织等许多行业中。工业中主要应用的是真菌和细菌来源的α-淀粉酶。不同来源的α-淀粉酶的性质有一定的差别。

根据α-淀粉酶的热稳定性和最适反应温度，α-淀粉酶被分成高温型α-淀粉酶、中温耐热型α-淀粉酶、非耐热性α-淀粉酶和低温α-淀粉酶。高温α-淀粉酶作用的最适温度为90～95℃，对95～107℃耐热性好；中温耐热型α-淀粉酶作用的最适温度为50～70℃，90℃以上处理一般会失活；非耐热性α-淀粉酶作用的最适温度为50℃左右；低温α-淀粉酶则一般在10～20℃还能表现出活性。

根据α-淀粉酶的耐受pH范围和最适反应pH，α-淀粉酶被分成耐酸型α-淀粉酶和中性α-淀粉酶。耐酸型α-淀粉酶作用的最适pH为4.0～6.5，能适应酸性环境下的催化反应；中性α-淀粉酶作用的最适pH为5.8～6.5，最适条件接近中性环境。

α-淀粉酶（α-1,4-D-葡萄糖-葡萄糖苷水解酶），编号为EC 3.2.2.1，分子量为50000左右。一般为黄褐色固体粉末或黄褐色至深褐色液体，含水量5%～8%。溶于水，不溶于乙醇或乙醚。α-淀粉酶能水解淀粉分子中的α-1,4葡萄糖苷键，任意切断成长短不一的短链糊精及少量的低分子糖类，直链淀粉和支链淀粉均以无规则的形式进行分解，从而使淀粉糊的黏度迅速下降，即“液化”作用，故又称液化酶。

α-淀粉酶以淀粉为底物时，反应一般按两阶段进行。首先，淀粉快速地降解，产生低聚糖，此阶段淀粉的黏度及与碘发生呈色反应的能力迅速下降。第二阶段的反应比第一阶段慢很多，包括低聚糖缓慢水解生成最终产物葡萄糖和麦芽糖。α-淀粉酶作用于淀粉时产生葡萄糖、麦芽糖和一系列极限糊精（由 4 个或更多个葡萄糖基构成低聚糖），后者都含有 α-1,6 糖苷键。α-淀粉酶分子中含有一个结合得相当牢固的钙离子，这个钙离子不直接参与酶-底物络合物的形成，其功能是保持酶的结构，使酶具有最大的稳定性和最高的活性。

（1）中温 α-淀粉酶的应用　中温 α-淀粉酶的最适作用温度在 50～70℃左右，通常在 60℃以下较为稳定，90℃以上时失活很快；最适作用 pH 6.0，在 pH 6.0～7.0 较为稳定，pH 5.0 以下失活很严重。其来源比较广泛，一些丝状真菌可以产生中温 α-淀粉酶，如黑曲霉（*Aspergillus niger*）、米曲菌（*Aspergillus oryzae*）。个别酵母和一些放线菌也可以产生中温 α-淀粉酶，但大部分中温 α-淀粉酶来源于细菌中的芽孢杆菌属，如枯草芽孢杆菌（*Bacillus subtilis*）、解淀粉芽孢杆菌（*Bacillus amyloliquefaciens*）、短小芽孢杆菌（*Bacillus brevis*）、嗜热脂肪芽孢杆菌（*Geobacillus stearothermophilus*）等。

中温 α-淀粉酶主要用于淀粉糖生产、味精生产、啤酒和酒精生产中辅料的加工、织物退浆以及其他酿造、有机酸和医药行业。在淀粉深加工工业中，特别是在淀粉糖制造工业及以淀粉为原料的发酵工业中，应用已十分普遍。在淀粉液化工程中，通常会使用高温 α-淀粉酶或中温 α-淀粉酶进行液化。采用中温 α-淀粉酶液化时，液化液的 DE 值上升速度比采用高温 α-淀粉酶时快。在实际生产中，使用中温 α-淀粉酶液化时，液化时间一般为 40～60min。中温 α-淀粉酶还可以用于变性淀粉生产。淀粉在高温条件下易发生糊化，因此，生产多孔淀粉多采用中温 α-淀粉酶。由于 α-淀粉酶在适宜条件下对淀粉具有较强的水解能力，控制反应的条件，可以控制淀粉的水解率，从而将淀粉水解成多孔状的多孔淀粉。

相比高温淀粉酶，中温淀粉酶由于其相对温和的反应条件和快速的催化效率，在原料处理阶段的应用能大量减少蒸汽消耗。

（2）耐酸型 α-淀粉酶的应用　耐酸型 α-淀粉酶与中性 α-淀粉酶对淀粉的作用机理基本一致，即随机切割淀粉分子内的 α-1,4 糖苷键，而对 α-1,6 糖苷键没有水解作用，其水解的低聚糖至少含有 3 个 α-1,4 糖苷键。水解最终产物为葡萄糖、麦芽糖、低聚糖以及含 α-1,6 糖苷键的糊精等。

耐酸型 α-淀粉酶对 pH 条件的适应范围更宽泛，能在较低的 pH 条件下完成酶促反应过程。耐酸型 α-淀粉酶最大的优势就是对酸的稳定性明显高于中性 α-淀粉酶。一般中性 α-淀粉酶活的最适 pH 为 6～7，而耐酸型 α-淀粉酶活的最适 pH 为 4～5。

将诺维信公司生产的耐酸型 α-淀粉酶和中性 α-淀粉酶在不同 pH 条件下的酶活力进行比较发现：中性 α-淀粉酶在 pH 4.5 以下完全失活，在 pH 5.0 时，酶活仅有 50%；而耐酸型 α-淀粉酶在 pH 4.5 时，酶活高于 70%，在 pH 5.0 时，酶活几乎没有损失。pH 4.2 时，酶活还有 45%。由此可见，耐酸型 α-淀粉酶的酸稳定性明显高于中性 α-淀粉酶。而且，与中性 α-淀粉酶相比，耐酸型 α-淀粉酶对 pH 环境条件的适应性更强，其在 pH 4.8～6.0 都有较高的酶活力。

目前对于 α-淀粉酶的这种耐酸性机理还没有明确的结论。有研究者发现，耐酸型 α-淀粉酶所含酸性和碱性氨基酸的含量比中性 α-淀粉酶少 30%，因而推测其耐酸性与酶蛋白所带电荷有关。当 pH 低于酶蛋白等电点时，碱性氨基酸残基带有正电荷，大量正电荷相互排斥，导致酶蛋白结构展开，从而影响催化中心的活性。如果酶蛋白中的酸性和碱性氨基酸的含量较低，则带电量较小，pH 的变化对酶活性的影响不大。所以带电氨基酸的含量较低可能是耐酸型 α-淀粉酶在低 pH 条件下具有较强稳定性的原因。

近年来，一些淀粉质原料深加工工艺需要在比现有条件更低的 pH 条件下进行酶反应，于是耐酸型 α-淀粉酶便得到广泛应用，如淀粉糖工业、青贮饲料、白酒生产、酒精生产、药物的生产以及工业副产品的加工、废料废水的处理等，具有极大的应用潜力和开发前景。随着耐酸型 α-淀粉酶的分子组成、酶学性质和特性等日益被研究清楚，其利用价值逐渐被人们所认识，因此，耐酸型 α-淀粉酶越来越受到广泛关注，被广泛地应用于食品、酿造、医药等领域。

传统淀粉原料的加工一般要经过液化和糖化两个阶段。液化使用的是 α-淀粉酶，其作用的最适 pH 在 5.6～6.0 左右，在 pH 5.0 以下容易失活；糖化使用的是糖化酶，其作用的最适 pH 在 4.3 左右。因此，两者衔接过程中需要加入大量的酸调节 pH 值，不仅增加生产成本，影响液化糖化效果，而且调整不当，会增加副产物麦芽糖的总量，使得产品提纯、离子交换脱盐变得困难，并降低得率。

在此情况下，耐酸型 α-淀粉酶的应用能使液化和糖化在相同的较低 pH 值下进行，避免了两者衔接过程中调节 pH 的操作，简化了淀粉的加工工艺。如：高麦芽糖浆的生产制备。另外，液化黏度低，过滤性好，不易老化，收率高，副产品麦芽糖和异构麦芽糖少，有利于糖得率提高与发酵产物的有效转化，对淀粉加工业降低劳动强度、增加淀粉原料的利用率、提高生产效益等方面都无疑会起到促进作用。

2. 糖化酶

糖化酶是葡萄糖淀粉酶的简称（GA 或 G）。它是由一系列微生物分泌的，具有外切酶活性的胞外酶。其主要作用是从淀粉、糊精、糖原等碳链上的非还原性末端依次水解 α-1,4 糖苷键，切下一个个葡萄糖单元，并像 β-淀粉酶一样，使水解下来的葡萄糖发生构型变化，形成 β-D-葡萄糖。对于支链淀粉，当遇到分支点时，它也可以水解 α-1,6 糖苷键，由此将支链淀粉全部水解成葡萄糖。糖化酶也能微弱水解 α-1,3 连接的碳链，但水解 α-1,4 糖苷键的速度最快，它一般都能将淀粉百分之百地水解生成葡萄糖。

糖化酶在微生物中的分布很广，在工业中应用的糖化酶主要是从黑曲霉、米曲霉、根霉等丝状真菌和酵母中获得的，从细菌中也分离到热稳定的糖化酶，人的唾液、动物的胰腺中也含有糖化酶。不同来源的淀粉糖化酶其结构和功能有一定的差异，对生淀粉的水解作用的活力也不同，真菌产生的葡萄糖淀粉酶对生淀粉具有较好的分解作用。

糖化酶是一种含有甘露糖、葡萄糖、半乳糖和糖醛酸的糖蛋白，分子量在 60000～1000000 间，通常碳水化合物占 4%～18%。但糖化酵母产生的糖化酶碳水化合物高达 80%，这些碳水化合物主要是半乳糖、葡萄糖、葡萄糖胺和甘露糖。

一般糖化酶都具有较窄的 pH 值适应范围，但最适 pH 一般为 4.5～6.5。糖化酶最适反应温度为 60～65℃，不同菌株生产的糖化酶热稳定性有较大差异。糖化酶对底物的水解速率不仅取决于酶的分子结构，同时也受到底物结构及大小的影响。许多研究表明，碳链越长，亲和性越大。

因此，柠檬酸生产中，在液化阶段获得合适链长分布的糊精对于糖化酶的催化效率至关重要。另外，由于黑曲霉菌种自身能分泌大量糖化酶，因此，在以往的低浓度柠檬酸发酵中，原料不需要经过前期的糖化处理，而是在发酵的同时利用黑曲霉菌种自身分泌的糖化酶进行糖化，即同步糖化发酵。但是随着高浓度发酵的需求，发酵初始总糖浓度逐渐提高，黑曲霉自身分泌糖化酶无法满足发酵过程中的糖化需求，导致残糖升高。行业内，根据柠檬酸发酵特性，在发酵前外加部分商业糖化酶，开发出预糖化的发酵技术，减轻菌种的糖化负担，改善了发酵结果。

3. 普鲁兰酶

普鲁兰酶（pullulanase）是一类淀粉脱支酶，因其能专一性水解普鲁兰糖（pullulan，麦芽三糖以α-1,6 糖苷键连接起来的聚合物）而得名，属淀粉酶类，能够专一性切开支链淀粉分支点中的α-1,6 糖苷键，切下整个分支结构，形成直链淀粉。与异淀粉酶不同的是，普鲁兰酶可以将最小单位的支链分解，最大限度地利用淀粉原料，而异淀粉酶虽然也能水解分支点的α-1,6 糖苷键，但是不能水解由 2～3 个葡萄糖残基构成的侧支。

普鲁兰酶是一种在低 pH 值下应用的热稳定脱支酶，与糖化酶一起使用，该酶在 55～65℃范围内活性较强，其中 60℃为其降解普鲁兰糖的最适温度。普鲁兰酶在低于 70℃时稳定性较好，残余活力在 90%以上，温度高于 70℃后，酶活力开始迅速下降。最适 pH 值为 5.0～6.0。在 pH 值 4.0～7.5 范围内，普鲁兰酶的稳定性较高，活力损失较少，酶的残余活力在 90%以上。

Fe^{3+}对普鲁兰酶活性有激活作用；Cu^{2+}、Ag^{+}、Hg^{2+}、Pb^{2+}对酶活性有强烈的抑制作用；Zn^{2+}、Mg^{2+}、Ni^{2+}也有一定的抑制作用，其他金属离子对该酶活性的影响不明显。

普鲁兰酶与其他淀粉酶协同作用或单独作用，使食品质量提高，降低粮耗，节约成本，减少污染。普鲁兰酶能分解支链的特性决定了它在食品工业中的广泛应用，已成为淀粉酶制剂中一个很有前途的新品种，具有广阔的开发和应用前景，其在食品工业中的应用研究也将日趋广泛和深入。

有研究显示，原料处理中，糖化酶与普鲁兰酶结合使用将得到更高的糖转化率。另外，研究显示，将柠檬酸发酵残糖利用普鲁兰酶进一步水解可以得到部分葡萄糖，在原料处理中添加普鲁兰酶将提高发酵转化率和降低发酵残糖。

二、其他酶制剂在原料处理中的应用

在柠檬酸生产中，除了淀粉酶在原料处理中大量使用外，蛋白酶、纤维素酶和复合型酶制剂的使用也逐渐得到关注，并开展相应的研究。

1. 蛋白酶

玉米的淀粉颗粒基本被玉米中的蛋白包裹住，如图 4-1 所示。这也就是为什么传统玉米湿磨过程中要加入大量的 SO_2 来打开蛋白质的结构，使淀粉可以从包裹中释放出来。蛋白酶的作用与 SO_2 的作用相似，可以打断蛋白质的长链，使淀粉释放出来，成为液化或糖化酶的底物，从而转化成可发酵糖被酵母利用。除了玉米，其他含蛋白的谷物的淀粉与蛋白的相互缠绕的情况也相似。

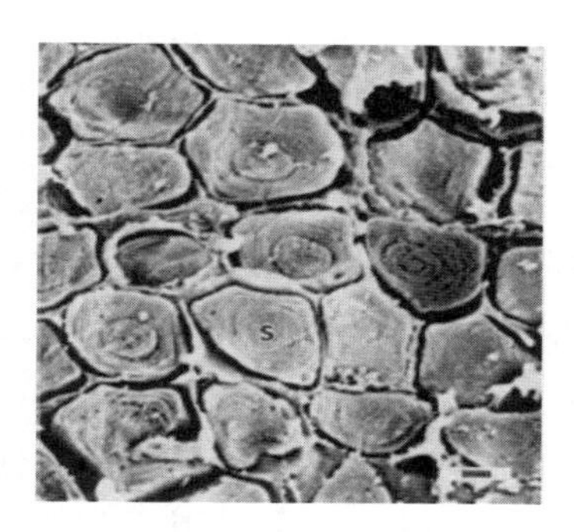

图 4-1　扫描电子显微镜中显示胚乳淀粉颗粒周围蛋白质

蛋白酶在柠檬酸生产中的作用来源于两个方面：除了释放包裹的淀粉外还会产生游离氨基酸（FAN），为酵母带来丰富氮源。

对于淀粉的释放作用，蛋白酶可在过程前期使用，如调浆槽、预处理、拌料，在这种情况下，通常要求使用热稳定性的蛋白酶，如 PROTEINASE T；若在发酵中使用，可与糖化酶同时添加。或者有商业化的复合糖化酶，其中包含真菌蛋白酶，如 FERMENZYME、DISTILLASE ASP（GC147）。

FERMGEN 是一种能在低 pH 条件下水解蛋白质的酸性蛋白酶，FERMGEN 酸性蛋白酶对底物广泛的有效性使其能容易且有效地以随机方式水解绝大多数蛋白质。该真菌蛋白酶是由经基因改造的里氏木霉（*Trichoderma reesei*）经控制发酵而制得的。该酶作用的 pH 值为 3.0～4.5，该 pH 范围与当今柠檬酸生产的发酵 pH 范围一致，在柠檬酸发酵中添加 FERMGEN 蛋白酶可加快发酵速度，提高柠檬酸产率。

酸性蛋白酶的作用产物是氨基酸，是菌体生长的最好营养物质和发酵的促进剂。在玉米原料中除含有大量的淀粉，还含有一定量的粗蛋白与淀粉紧密结合，影响淀粉的水解速度。添加酸性蛋白酶，通过水解蛋白质，使一些难水解的淀粉释放出来，为淀粉酶的糖化作用创造条件，也为发酵酵母提供更丰富的营养。具体来讲，酸性蛋白酶的作用主要有以下几点：

(1) 促进原料颗粒溶解　酸性蛋白酶对原料的颗粒物质的溶解性很强，这就给糖化发酵创造了有利条件。酸性蛋白酶除其自身对颗粒物质有溶解作用外，还对被吸附的 α-淀粉酶有解脱作用，使糖化发酵得以顺利进行。

(2) 有利于微生物增殖　酸性蛋白酶对微生物增殖有重要的作用。因为它分解生产的是 L-氨基酸，能被微生物直接提取与利用。外加酸性蛋白酶，使原料中的蛋白质得以更好地分解，为菌体生长提供更多的游离氨基酸，缩短发酵时间。

(3) 促进发酵　酸性蛋白酶促进发酵的原因是增加醪液中的氨基酸水平，促进菌体的生长繁殖，并减少菌体用于合成氨基酸等造成的底物流失和能耗。

(4) 对发酵醪液黏度的影响　酸性蛋白酶对发酵醪液的黏度有一定的影响，研究表明，酸性蛋白酶的增加量加大，发酵醪液的黏度明显降低。由于发酵醪液的黏度降低，可提高泵效率和板块换热降温的效果，并提高发酵强度。

(5) 降解菌体碎片　酸性蛋白酶能有效地分解菌体碎片蛋白，并对死亡的菌体有分解能力，对活菌体不起作用。大量死菌体被酸性蛋白酶分解后，重新成为微生物的营养物质。

2. 纤维素酶

纤维素酶是一组能够降解纤维素生成葡萄糖的酶的总称，从酶的作用特性出发可分成两大类：碱性纤维素酶和酸性纤维素酶。纤维素酶的组成比较复杂，通常所说的碱性纤维素酶具有3～10种或更多组分构成的多组分酶。根据其作用方式一般可将纤维素酶分成3类：外切β-1,4-葡聚糖苷酶（CBH），内切β-1,4-葡聚糖苷酶（EG）和β-1,4-葡萄糖苷酶（BG）。在这3种酶的协同作用下，纤维素最终被分解成葡萄糖。

纤维素酶在玉米原料处理中的作用机理为：纤维素酶在促进纤维素、半纤维素分解成葡萄糖的同时，可促进玉米皮细胞壁的溶解，使粘连其上的淀粉颗粒和蛋白质分离开来，提高淀粉的利用率。

3. 非淀粉类多糖水解酶

降黏酶：此类酶多为半纤维素酶和纤维素酶的混合物。主要的应用是对于麦类的底物，由于其含有较多的非淀粉类多糖，如β-葡聚糖、木聚糖等，给体系带来了很大的黏度问题。水溶性β-葡聚糖和阿拉伯木聚糖在谷物中的含量见表4-2。

表4-2 水溶性β-葡聚糖和阿拉伯木聚糖在谷物中的含量（干物） 单位：%

谷物	β-葡聚糖	阿拉伯木聚糖	总计
大麦	3.3	1.1	4.4
小麦	0.5	1.6	2.1
黑麦	0.7	3.0	3.7
燕麦	2.4	0.6	3.0
玉米	0.1	0.7	0.8

这些非淀粉类多糖对以麦类为原料生产柠檬酸的影响很大，小麦、大麦和黑麦皆含有大量的纤维素/半纤维素（β-葡聚糖、戊聚糖和木聚糖等），这些半纤维素具有很强的吸水能力，除了对系统造成黏度问题外，还会对系统的清液蒸发和脱水造成很大的困难。具体造成以下单元操作的效率下降：

- 换热器的操作；
- 离心机的固液分离；
- 发酵中的传质。

因此，这些非淀粉类多糖不仅限制了醪液的浓度、系统的产量，而且影响了系统的能量平衡。

4. 植酸酶

不同的谷物都含有少量的植酸，植酸含有肌醇环和6个对称分布的磷，如图4-2所示。植酸是植物自然储存磷的方式，各种谷物都含有少量的植酸。

植酸由于其很强的螯合能力，可以与蛋白质及金属离子结合，而这两者都影响α-淀粉酶的活力和性能，表现为液化酶的添加量要增加，液化体系的黏度大。但有些谷物本身，如麦类，自身含有相当量的自然植酸酶，如表4-3所示，这些酶在料液混合的时候可以起一些作用。

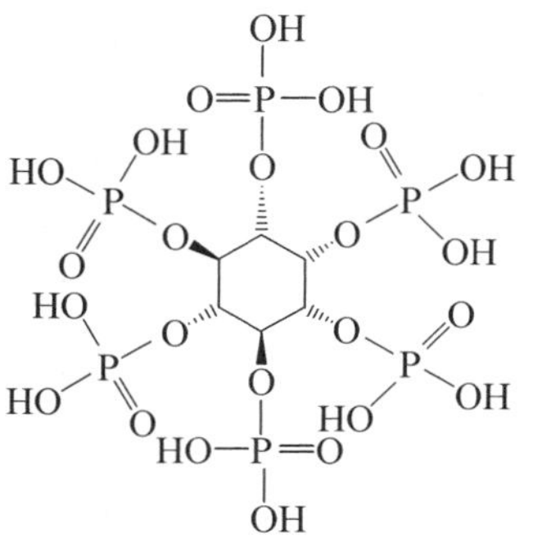

图 4-2　植酸结构式

表 4-3　各种谷物中所含的天然植酸酶

来源	植酸酶/U · kg^{-1}
黑麦	5130
小麦壳	2957
小麦	1193
大麦	582
玉米	约 20
高粱	约 20

从表 4-3 中可以看出：玉米和高粱本身基本不含植酸酶，因此，对于此类底物，使用带有外加植酸酶的液化酶，可大大提高液化效率。此外，植酸水解产生的少量肌醇也对酵母的发酵有一定的益处。植酸酶用于柠檬酸生产的主要益处为：使液化（减少对钙和淀粉酶的结合）的效率更高，液化更容易；减少黏度的影响，可回配更多的清液；减少磷的环境污染。植酸酶在柠檬酸生产过程中的应用并不广泛，只有少数专利和研究报告提及在液化和糖化中的应用，或因效果不明显，或因酶的性质不够稳定，都没有工业化。新出现的基因工程改造的植酸酶的热稳定性大大提高，但植酸酶一般不单独使用。商业化的产品都是混合在淀粉酶中。

5. 复合型酶制剂

当前，复合型酶制剂越来越广泛地应用于生产。玉米原料组分复杂，多种酶组合使用，将更有利于原料利用率的提高，提高发酵指标，优于单一酶制剂的使用。

在柠檬酸生产中，纤维素酶、半纤维素酶、蛋白酶和果胶酶等复合型酶制剂的使用降低了原料消耗，提高了发酵转化率，降低了发酵残糖。

第五节　基于分子量特征的淀粉原料精细化处理技术

柠檬酸发酵过程中，基于发酵菌种黑曲霉自身的糖化能力，将液化处理的淀粉质原料进行同步糖化发酵（simultaneous saccharification and fermentation，SSF），葡萄糖生成速率则受到液化效果与自身糖化酶活力的影响，往往成为发酵产酸的瓶颈。黑曲霉自身分泌的液化型淀粉酶系效率有限，水解效率无法满足柠檬酸合成代谢的需求；在现有柠檬酸原料液化工艺中主要使用商品 α-淀粉酶，依据制造商提供的通用化条件处理原料，未考虑对特定底物的催化效率与稳定性。此外，黑曲霉糖化酶属外切型淀粉酶，对不同结构的底物效率不同，对于长链糊精的催化效率更高；Hiromi 研究发现对低聚糖的 K_m 值为 0.02～0.14mmol·L^{-1}，对麦芽糖的 K_m 值为 0.18～1.4mmol·L^{-1}；Meagher、Converti 也发现黑曲霉糖化酶对不同分子量的麦芽低聚糖的亲和力与水解效率不同。因此，建立一种与柠檬酸发酵菌种自身糖化相关联的原料液化评价标准，有利于改善液化效果，进而改善后续发酵过程中葡萄糖的供给速率。

为了提高黑曲霉柠檬酸 SSF 发酵过程中的糖化效率，需要对液化过程实施理性控制，全面科学的表征液化程度就显得十分必要。当前淀粉质原料发酵采用传统的碘试法检测液化终点又存在精确度低和波动性大的局限，以 DE 值（dextrose equivalent value）作为液化评价指标，无法真实反映糊精混合物的糖分组成和分子量分布，不足以作为判断液化效果的依据。对于液化程度的精细化控制是柠檬酸发酵行业乃至整个淀粉深加工行业亟待解决的关键技术问题。

近年来有学者从液化淀粉中分级制备分子量均一的糊精组分，分别测定以它们为底物时黑曲霉糖化酶催化反应的 K_m 等动力学参数；基于以上初步阐明的酶催化活力-底物结构的关系，研究液化过程中糊精分子量分布的变化；进而建立以糊精分子量分布表征液化程度的评价体系；基于糊精分子量特征优化的液化液用于柠檬酸发酵，契合柠檬酸同步糖化发酵的特点，显著提高发酵效率，其过程原理如图 4-3 所示。

图 4-3　基于糊精分子量特征精细化调控原料液化过程原理图

一、高效体积排阻色谱法分析分级糊精样品分子量分布

体积排阻色谱是基于分子筛原理，即不同分子量标准样品经过色谱柱时，溶液内各物质按照尺寸大小顺序流出，分子量较大的物质先出峰，分子量较小的物质后出峰，标准样品分子量与保留时间标准曲线如图 4-4 所示。

用体积排阻色谱法对样品进行分子量分布的测定，记录重均分子量（M_w）、峰值分子量（M_p）等信息，样品的聚合度 $DP_w = M_w/162$。分级糊精样品分子量分布信息如图 4-4 与表 4-4 所示，重均分子量 M_w 分别为 21100、12200、5600、1900、1400；重均聚合度 DP_w 分别为 130、75、35、12、9。分级糊精样品分子量随着乙醇浓度的增加而降低，小分子糊精水溶解性高，需要高浓度乙醇将其沉淀，而大分子糊精水溶解性低，低浓度乙醇可以将其

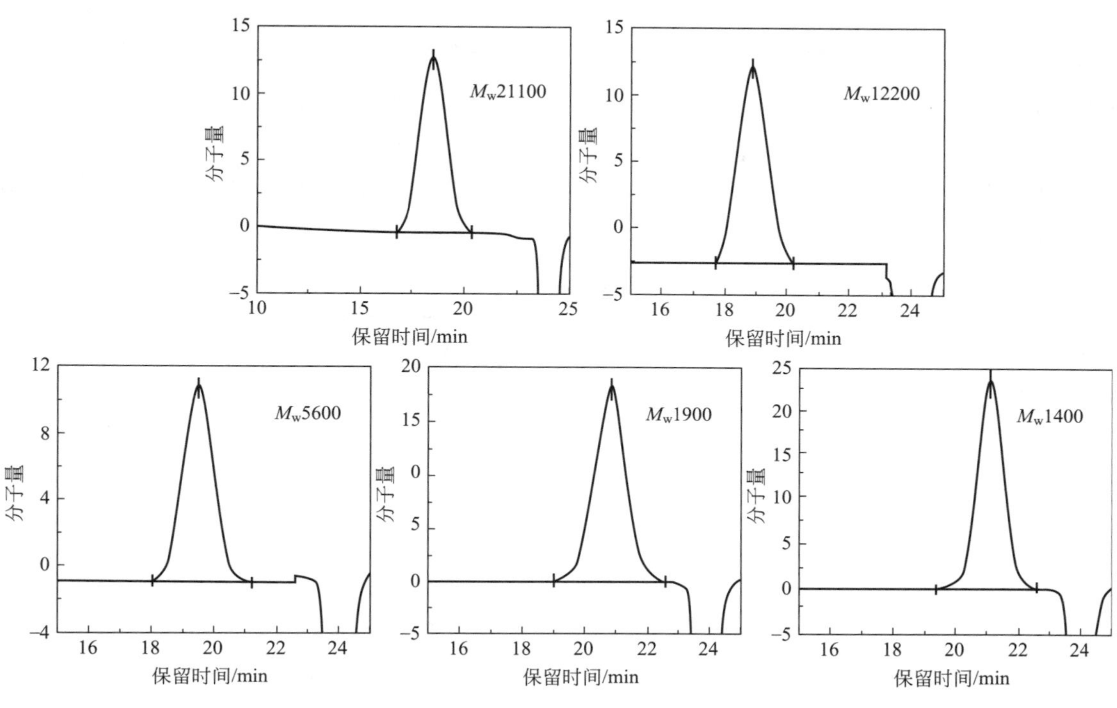

图 4-4　分级糊精样品分子量分布图谱

沉淀；分级糊精样品分别获得单一色谱峰，说明制备的糊精样品分子量比较集中，可以用于考察黑曲霉糖化酶催化特性与糊精分子量的关系。

表 4-4　分级糊精样品分子量及聚合度

样品	乙醇浓度(体积分数)	重均分子量 M_w	重均聚合度 DP_w
1 号	40%	21100	130
2 号	50%	12200	75
3 号	60%	5600	35
4 号	70%	1900	12
5 号	80%	1400	9

注：$DP_w = M_w/162$。

二、黑曲霉糖化酶的分离纯化

1. DEAE FF 阴离子交换色谱

透析样品用 0.45μm 的微滤膜过滤除去杂质后，上样至 DEAE 阴离子交换色谱柱，用 $50mmol \cdot L^{-1}$ pH 6.0 的磷酸盐缓冲液平衡 7 个柱体积（流速 $5mL \cdot min^{-1}$），接着用 0.1～$5mol \cdot L^{-1}$ NaCl 磷酸缓冲液分别进行梯度洗脱 3 个柱体积，最后用 $1mol \cdot L^{-1}$ NaCl 磷酸缓冲液洗脱 5 个柱体积。结果如图 4-5 所示，获得一个穿透峰（Peak Ⅰ）和 4 个洗脱峰（Peak Ⅱ、Peak Ⅲ、Peak Ⅳ、Peak Ⅴ），分别检测糖化酶酶活及其蛋白浓度。结果在穿透峰——Peak Ⅰ、Peak Ⅴ均未检测到酶活，而在洗脱峰——Peak Ⅱ、Peak Ⅲ、Peak Ⅳ均检测到有酶活。收集活性组分并超滤管离心脱盐浓缩。将 Peak Ⅱ、Peak Ⅲ、Peak Ⅳ样品超滤脱盐浓缩，进行 SDS-PAGE 电泳分析如图 4-6 所示，泳道 2（Peak Ⅱ）为单一条带，分子量大约为 30000；泳道 3（Peak Ⅲ）为单一条带，分子量大约为 50000，获得电泳纯的样品；而泳道 4（Peak Ⅳ）有两条带，需要进一步分离纯化。由此说明黑曲霉糖化酶为多组分组成的同工酶，根据国际上关于多组分酶的命名规则即按组分电泳迁移率的大小顺序，分别称之为黑曲霉糖化酶 Ⅰ、Ⅱ、Ⅲ（GM Ⅰ、GM Ⅱ、GM Ⅲ）。

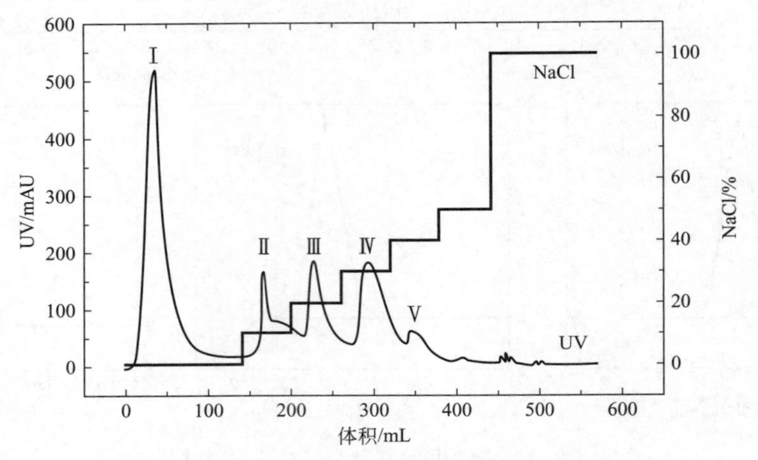

图 4-5　DEAE FF 阴离子交换色谱

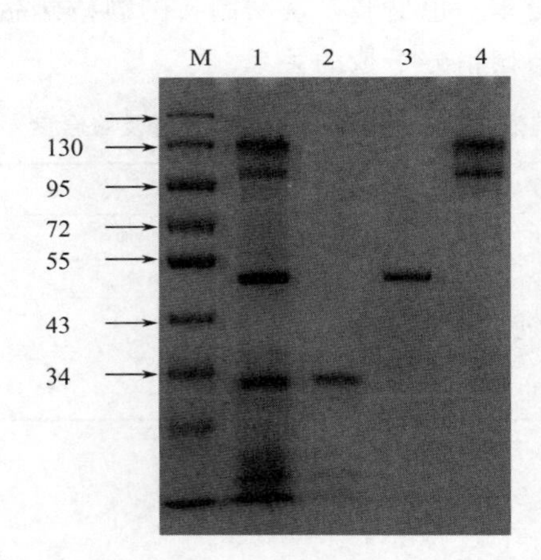

图 4-6　DEAE FF 阴离子交换色谱后 SDS-PAGE 图谱

M—marker；1—粗酶液；2—DEAE Peak Ⅱ；3—DEAE Peak Ⅲ；4—DEAE Peak Ⅳ

2. Sephacryl S100 HR 凝胶过滤色谱

将 DEAE 获得的 Peak Ⅳ通过超滤浓缩后上样至 Sephacryl S100 HR 凝胶柱，用 $50mmol \cdot L^{-1}$ pH 6.0 磷酸盐缓冲液洗脱，流速 $0.25mL \cdot min^{-1}$。结果如图 4-7 所示，共收集到 2 个色谱峰（Peak Ⅰ与 Peak Ⅱ），分别检测糖化酶酶活及蛋白浓度，结果在 Peak Ⅰ检测到主要酶活，而 Peak Ⅱ未检测到酶活。将 Peak Ⅰ进行超滤脱盐浓缩，然后进行 SDS-PAGE 分析，如图 4-8 所示，Peak Ⅰ为单一条带，分子量大约为 100000，获得电泳纯的酶，并命名为 GM Ⅲ。

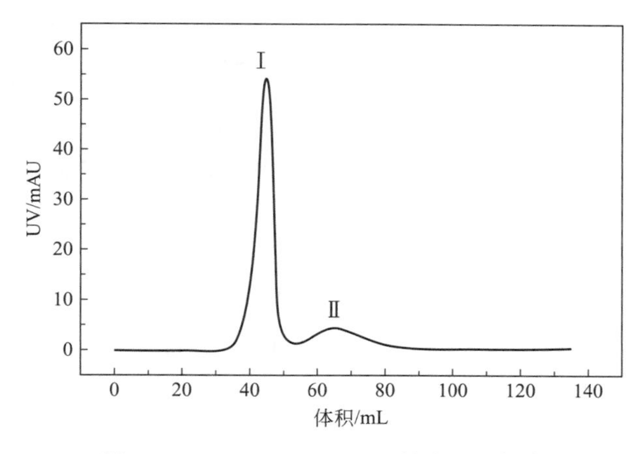

图 4-7　Sephacryl S100 HR 凝胶过滤色谱

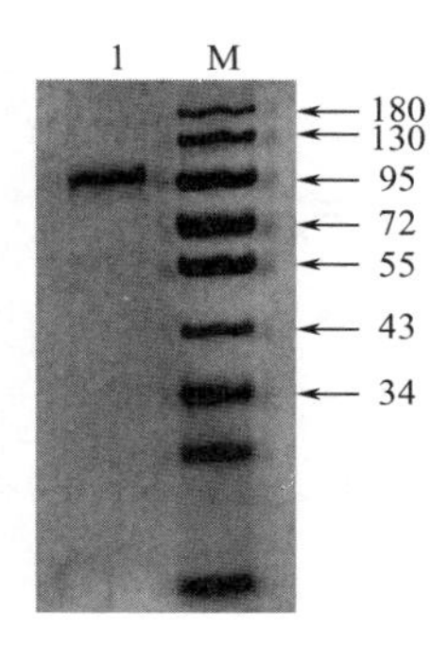

图 4-8　凝胶过滤后 SDS-PAGE 图谱

M—marker；1—Sephacryl S100 Peak Ⅰ

三、表征淀粉质原料液化效果方法的建立

液化组分糊精分子量特征会影响同步糖化发酵过程中葡萄糖的供给速率，表征淀粉质原料液化效果的方法是基于柠檬酸发酵生产的全局视角，建立液化糊精分子量特征与发酵菌种相关联的评价方法。

制备的不同分子量糊精为底物，分别考察黑曲霉糖化酶 GM 及其组分 GM Ⅰ、GM Ⅱ、GM Ⅲ催化反应的 K_m 等动力学参数，考察黑曲霉糖化酶对不同分子量糊精的催化特性，结果如表 4-5 所示，进而建立表征淀粉质原料液化效果的方法。

表 4-5　黑曲霉糖化酶同工酶及其组分的酶促反应动力学参数

糊精样品(M_w)	K_m/g·L^{-1}			
	GM Ⅰ	GM Ⅱ	GM Ⅲ	GM
21100	68.9	70.6	179.4	22.0
12200	21.3	25.6	25.4	17.4
5600	24.3	10.6	10.8	10.6
1900	8.6	1.9	3.5	5.3
1400	16.6	6.9	58.1	7.6

黑曲霉糖化酶组分 GM Ⅰ、GM Ⅱ、GM Ⅲ 对不同分子量糊精催化特性呈现相似的规律，随着底物分子量增加，K_m值逐渐降低；当糊精分子量 M_w 为 1900 时，K_m值最小，即同工酶 GM 与底物的亲和力最高；当分子量 M_w 为 1400 时，K_m值略有增加。因此，淀粉液化过程中，液化组分的 M_w 更多集中在 1400～1900 范围内，降低液化组分的黏度，改善液化效果。同工酶 GM 对不同分子量糊精催化特性是不同的，随着底物糊精分子量增加（在 1900～21100 范围内），K_m值逐渐下降（由 22.0g・L^{-1}降至 5.3g・L^{-1}），即亲和力增加；糊精分子量 M_w 为 1900 时，K_m值最小，即同工酶 GM 与底物的亲和力最高，为 5.3g・L^{-1}；当底物分子量 M_w 降低为 1400 时，K_m值略有增加，为 7.6g・L^{-1}，与 Converti 的研究报道相一致。

在淀粉质原料液化过程中，液化组分含量 M_w 更多集中在 1400～1900 范围内，有利于改善液化效果，保障葡萄糖的生产速率，进而提高同步糖化发酵效率，可以以此为指导优化原料液化过程。

四、基于控制分子量特征的液化工艺

1. 原料浸泡过程中溶胀系数的考察

淀粉水解过程包括淀粉糊化与液化两个过程；淀粉充分糊化是淀粉液化彻底的前提，而淀粉充分吸水膨胀是淀粉充分糊化的基础。基于葡聚糖-2000（$M_w=2.0\times10^6$）能够溶解淀粉颗粒间隙与淀粉溶液的自由水，而不能溶解淀粉颗粒内部水分的原理，考察了玉米粉膨胀系数随着浸泡时间的变化，结果如图 4-9 所示。随着浸泡时间的延长，溶胀系数不断增加，当浸泡 40min 时，溶胀系数基本稳定，表明淀粉已充分吸水溶胀，为淀粉充分水解奠定基础。后续实验采用浸泡温度 60℃，浸泡 40min。

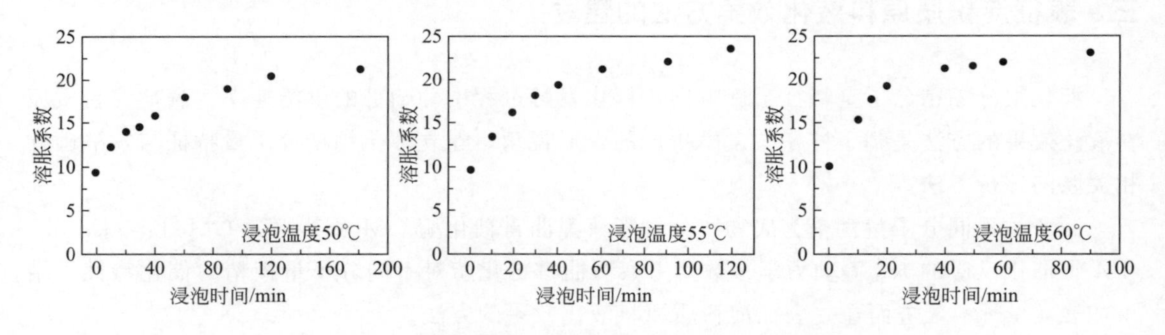

图 4-9 不同浸泡条件对玉米粉溶胀系数的影响

2. 不同液化条件下的液化组分分子量特征考察

（1）粉浆浓度对淀粉液化组分分子量特征的影响 考察粉浆浓度对液化效果的影响，分别设定为 15%、20%、25%、30%、35%，浸泡温度 60℃，浸泡 40min；然后在液化温度 90℃、酶添加量 20U・g^{-1}条件下，水解 60min。从液化组分 DE 值考察，结果如图 4-10 所示，底物浓度从 15%增大至 30%时，液化 DE 值逐渐增大；当底物浓度超过 30%时，DE 值开始下降，这是由于高浓度底物糊化时膨胀能力增强，淀粉糊过于黏稠，流动性变差，不利

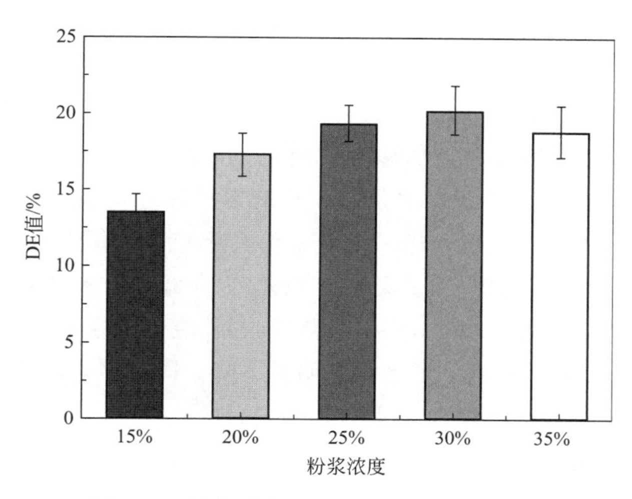

图 4-10 粉浆浓度对液化醪液 DE 值的影响

于酶与底物的结合。从液化组分分子量特征考察，结果如表 4-6 所示，不同粉浆浓度液化条件下，液化组分均含有两个色谱峰：高分子量组分分布聚集区 Peak Ⅰ与低分子量组分分布聚集区 Peak Ⅱ。随着粉浆浓度在 15%～25%范围内变化时，高分子量分布聚集区 Peak Ⅰ的 M_w 及其面积比变化较小，表明液化组分中长链糊精全部被切断，仅剩余带有支链的糊精；而低分子量分布聚集区 Peak Ⅱ的 M_w 逐渐增加，多分散性系数（polydispersity index，PI）降低，这是因为低浓度粉浆条件下，已经被切割的长链糊精进一步被分割成短链，但短链糊精切割速度较慢，分子量降低，分子量分布均匀性下降。当粉浆浓度由 25%增加至 35%时，高分子量分布聚集区 Peak Ⅰ的 M_w 由 33620 增加至 46120，面积也从 35.21%增加至 55.17%，多分散性系数（PI）增加，分子量分布均匀性下降；同样地，低分子量聚集区 Peak Ⅱ呈现类似的规律；这是由于粉浆浓度过大，使得淀粉糊过于黏稠，影响酶与底物分子充分接触，影响液化效果，导致水解不均匀，从而导致液化组分分子量呈现不同的规律。粉浆浓度为 25%时，液化组分 Peak Ⅱ的 M_w 为 1610，位于黑曲霉糖化高亲和催化区段，组分含量最高，为 64.79%；且 PI 最低为 1.19，分子量分布更加均匀，有利于后期同步糖化发酵生产柠檬酸。

表 4-6 不同粉浆浓度的液化组分分子量特征

粉浆浓度	Peak Ⅰ			Peak Ⅱ		
	M_w	面积/%	PI	M_w	面积/%	PI
15%	31430±3240	46.91±5.49	2.69±0.06	1360±120	53.09±4.39	1.32±0.08
20%	32760±2600	51.76±1.32	2.41±0.14	1840±210	48.24±4.11	1.26±0.11
25%	33620±4010	35.21±1.92	2.43±0.08	1610±170	64.79±5.01	1.19±0.09
30%	44580±6310	54.23±4.21	2.46±0.13	1600±260	45.77±3.22	1.41±0.13
35%	46120±5160	55.17±3.51	2.53±0.12	1620±150	44.83±5.21	1.43±0.15

注：多分散性系数（PI）$=M_w/M_n$，反映组分分子量均一性。

(2) 酶添加量对淀粉液化组分分子量特征的影响 配制粉浆浓度25%，浸泡温度60℃，浸泡40min；然后在液化温度90℃，酶添加量设定为$10U \cdot g^{-1}$、$20U \cdot g^{-1}$、$30U \cdot g^{-1}$、$40U \cdot g^{-1}$分别进行液化60min，考察酶添加量对液化效果的影响。从液化组分DE值考察，结果如图4-11所示，随着酶添加量的增加，液化DE值呈直线上升的趋势；当添加量为$30U \cdot g^{-1}$时，DE值增加速度减缓，这是由于在酶促反应过程中，酶首先与底物形成中间复合物，当酶添加量超过一定程度，进一步提高酶用量对提高酶解效率不明显。在不同酶添加量条件下，液化组分均含有高分子量聚集区Peak Ⅰ与低分子量聚集区Peak Ⅱ，如表4-7所示。随着酶添加量增加（在$10 \sim 20U \cdot g^{-1}$范围内），液化组分在高分子量聚集区Peak Ⅰ与低分子量聚集区Peak Ⅱ的平均分子量M_w明显下降；同时多分散性系数（PI）下降，液化组分分子量均匀性增加。继续增加酶用量（$20 \sim 40U \cdot g^{-1}$），高分子量分布聚集区Peak Ⅰ的M_w及其面积比变化较小，表明液化组分中长链糊精全部被切断，多分散性系数（PI）趋于稳定；液化组分低分子量区域Peak Ⅱ的M_w逐渐下降，由1790降至780，表明低聚糊精逐渐被水解成小分子糖，但多分散性系数（PI）明显增加，由1.23增加至1.37，分子量分布均匀性下降，显然不利于后期糖化过程。因此，在酶用量为$20U \cdot g^{-1}$时，低分子量区域M_w为1690，位于黑曲霉糖化酶高效催化区段，含量最高为67.68%；且PI最低为1.28，分子量分布更均匀，液化效果最好。

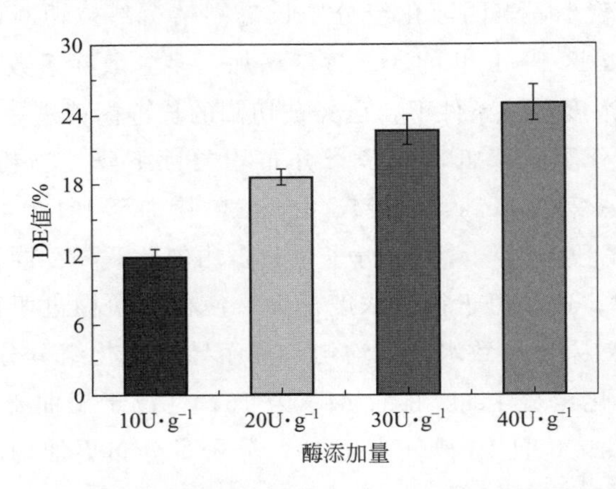

图4-11 酶添加量对液化醪液DE值的影响

表4-7 酶添加量的液化组分分子量特征

添加量	Peak Ⅰ			Peak Ⅱ		
	M_w	面积/%	PI	M_w	面积/%	PI
$10U \cdot g^{-1}$	87780±6170	54.66±4.73	2.78±0.14	3530±210	45.34±4.19	1.93±0.12
$20U \cdot g^{-1}$	34250±3210	34.79±3.42	2.42±0.11	1690±110	65.21±2.43	1.23±0.08
$30U \cdot g^{-1}$	33790±4170	32.32±2.42	2.47±0.06	1180±120	67.68±7.73	1.34±0.16
$40U \cdot g^{-1}$	32330±3120	32.61±3.95	2.51±0.17	780±320	67.39±6.11	1.37±0.12

(3) 酶解时间对淀粉液化组分分子量特征的影响 酶解时间对淀粉水解过程产生重要影响，配制粉浆浓度25%，浸泡温度60℃，浸泡40min；在酶解温度90℃、酶添加量$20U \cdot g^{-1}$条件下，酶解时间分别设定为15min、30min、45min、60min、75min、90min。

DE 值变化与酶解时间的关系如图 4-12 所示，在10～60min 内，水解速度较快，DE 值迅速增加；60min 后，水解速度减慢，DE 值增加放缓；酶促反应速率先快后慢的原因是 α-淀粉酶为内切酶，从内部开始只能水解 α-1,4 糖苷键，不能水解分支处或越过 α-1,6 糖苷键，此键的存在影响了酶的水解速率。液化组分分子量特征关系如表 4-8 所示，液化组分均含有高分子量聚集区 Peak Ⅰ与低分子量聚集区 Peak Ⅱ。液化时间在 15～45min 内，水解速度较快，Peak Ⅰ与 Peak Ⅱ聚集区的 M_w 显著下降，高分子量区段 Peak Ⅰ比例下降，低分子量区段 Peak Ⅱ比例增加；而 45min 后，水解速度明显放缓，M_w 分子量降低缓慢，多聚性分散系数（PI）增加，即液化组分均匀性下降，主要原因是淀粉酶对长链淀粉或糊精的水解速度快，随着水解的进行，液化组分中短链淀粉数量增加，因而水解速度放缓。当继续延长液化时间（60～90min），高分子量聚集区 Peak Ⅰ的 M_w 及其面积变化较小；而低分子量聚集区 Peak Ⅱ的 M_w 继续降低，由 1650 降至 1230，低分子量糖含量增加，其比例也相应增加，其 PI 由 1.24 增加至 1.35，表明液化组分均匀性下降，显然不利于后期糖化过程。当水解时间为 60min 时，高分子量区段 Peak Ⅰ的 M_w 基本稳定，低分子量区段 Peak Ⅱ的 M_w 为 1650，含量为 67.98%，且 PI 最低为 1.24，分子量分布更均匀，有利于黑曲霉糖化酶的高效催化，同步发酵过程，提高发酵效率。

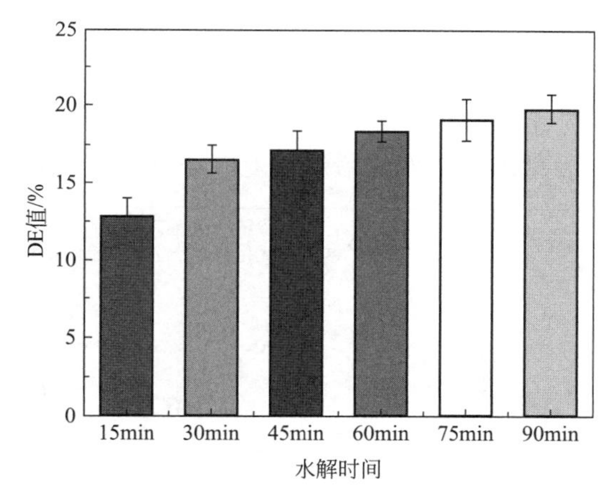

图 4-12　酶解时间对液化醪液 DE 值的影响

表 4-8　不同液化时间的液化组分分子量特征

液化时间	Peak Ⅰ			Peak Ⅱ		
	M_w	面积/%	PI	M_w	面积/%	PI
15min	59520±7210	42.10±4.33	3.22±0.13	2520±170	57.90±5.56	1.35±0.09
30min	38860±2710	33.35±3.42	2.78±0.17	2210±120	66.65±6.61	1.59±0.12
45min	35330±2230	34.11±2.72	2.62±0.21	1910±210	65.89±6.32	1.35±0.11
60min	33950±3190	32.02±3.81	2.51±0.12	1650±190	67.98±2.73	1.24±0.16
75min	33560±4210	31.11±2.45	2.53±0.16	1420±280	68.89±6.96	1.27±0.12
90min	32660±2230	32.80±1.65	2.61±0.22	1230±140	67.80±7.31	1.35±0.14

五、基于液化组分控制分子量特征的柠檬酸发酵

在分子量特征优化的液化条件（液化温度90℃，底物浓度25%，液化时间60min，酶添加量$20U \cdot g^{-1}$），进行液化实验；以传统液化方式为对照，分子量分布特征如表4-9所示，两组液化组分均含有两个色谱峰：高分子量分布聚集区Peak Ⅰ与低分子量分布聚集区Peak Ⅱ。在高分子量聚集区Peak Ⅰ，两组重均分子量M_w比较接近，但实验组的多聚分散系数（PI）为2.42，明显低于对照组（PI为2.57），表明分子量分布更加均匀；在低分子量聚集区Peak Ⅱ，M_w存在明显区别，对照为传统液化方式，基于碘试效果，液化组分的M_w较低（1290），短链糊精被进一步水解成小分子物质，液化过程波动性较大，多分散性系数（PI）为1.30，分子量分布较广，均匀性更差；而实验组M_w为1590，位于黑曲霉糖化酶高效催化区段，并且多分散性系数较低，仅为1.23，即分子量分布更均匀。

表4-9　不同工艺条件下液化组分分子量分布特征

液化时间	Peak Ⅰ			Peak Ⅱ		
	M_w	面积/%	PI	M_w	面积/%	PI
对照组	34310±4120	32.61±4.67	2.57±0.12	1290±260	67.39±5.63	1.30±0.09
实验组	32610±3640	33.23±2.51	2.42±0.09	1590±210	66.77±4.23	1.23±0.06

为考察不同液化方式对黑曲霉发酵生产柠檬酸的影响，将两种液化工艺获得的液化组分分别配制培养基，在24L发酵罐进行发酵培养，发酵结果如图4-13与表4-10所示。与传统

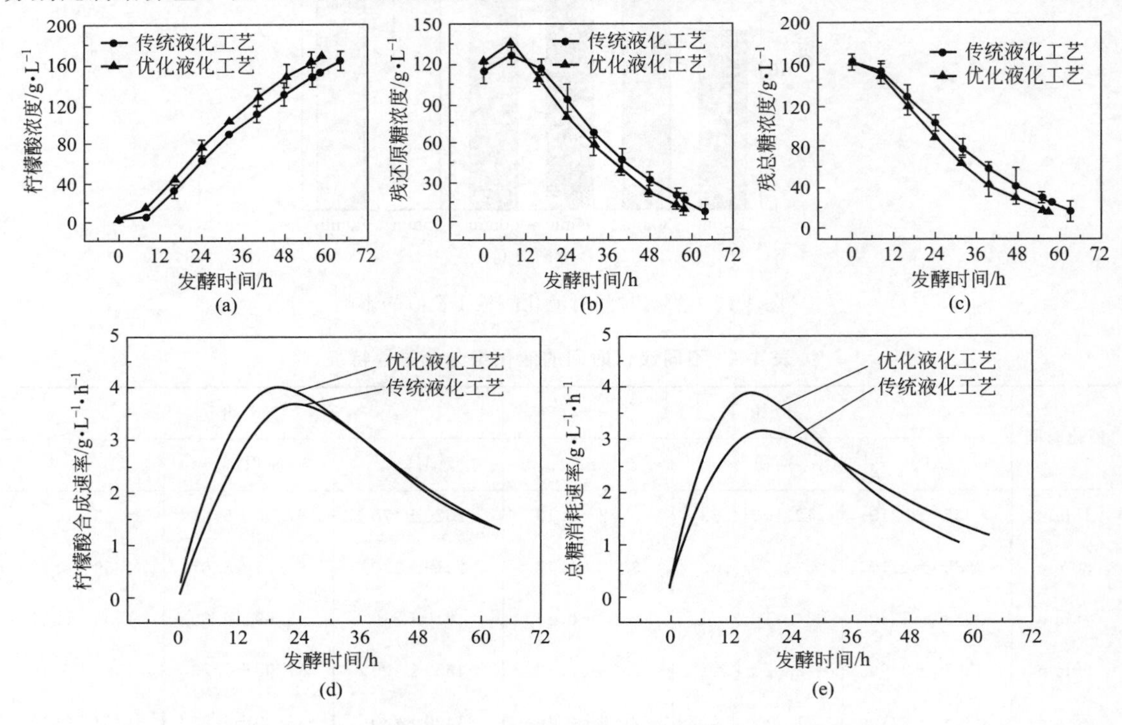

图4-13　不同液化工艺的发酵结果

(a) 柠檬酸产量；(b) 残还原糖；(c) 残总糖浓度；(d) 柠檬酸合成速率；(e) 总糖消耗速率

液化方式的发酵相比，分子量特征优化调控液化方式的总糖消耗速率［图 4-13(e)］，柠檬酸合成速率明显改善［图 4-13(d)］；发酵结束残总糖较低，降低了 10.8%（降低 2.2g·L^{-1}）；发酵周期缩短 9h，发酵产率由 2.32g·L^{-1}·h^{-1} 提高至 2.81g·L^{-1}·h^{-1}（表 4-10），提高了 21.1%；表明基于分子量特征调控原料液化工艺，有利于精细化控制液化过程，同时提高了发酵效率。

表 4-10 不同液化工艺的发酵动力学参数

项目	柠檬酸量/g·L^{-1}	残总糖/g·L^{-1}	发酵周期/h	产率/g·L^{-1}·h^{-1}
实验组	163.2±3.1	18.2±3.3	58±2	2.81±0.23
对照组	160.7±2.9	20.4±6.3	69±3	2.32±0.36

参考文献

[1] Carlos R, Soccol L P S V, Cristine Rodrigues, Pandey A. New perspectives for citric acid production and application [J]. Food Technol Biotechnol, 2006, 44 (2): 141-149.

[2] Hossain M, Brooks J D, Maddox I S. The effect of the sugar source on citric acid production [J]. Appl Microbiol Biotechnol, 1984 (19): 393-397.

[3] Anastassiadis S, Morgunov I G, Kamzolova S V, et al. Citric acid production patent review [J]. Recent Patents on Biotechnology, 2008, 2 (2): 107-123.

[4] Dawson M W, Maddox I S, Boag I F, et al. Application of fed-batch culture to citric acid production by *Aspergillus niger*: The effects of dilution rate and dissolved oxygen tension [J]. Biotechnology & Bioengineering, 2010, 32 (2): 220-226.

[5] John R P, Anisha G S, Nampoothiri K M, et al. Direct lactic acid fermentation: Focus on simultaneous saccharification and lactic acid production [J]. Biotechnology Advances, 2009, 27 (2): 145-152.

[6] Huang X, Chen M, Lu X, et al. Direct production of itaconic acid from liquefied corn starch by genetically engineered *Aspergillus terreus* [J]. Microbial Cell Factories, 2014, 13: 108.

[7] Wang L, Cao Z, Hou L, et al. The opposite roles of *agdA* and *glaA* on citric acid production in *Aspergillus niger* [J]. Applied Microbiology and Biotechnology, 2016, 100 (13): 5791-5803.

[8] Lv X, Yu B, Tian X, et al. Effect of pH, glucoamylase, pullulanase and invertase addition on the degradation of residual sugar in L-lactic acid fermentation by *Bacillus coagulans* HL-5 with corn flourhydrolysate [J]. Journal of the Taiwan Institute of Chemical Engineers, 2016, 61: 124-131.

[9] Kubicek C P, Zehentgruber O, El-Kalak H, et al. Regulation of citric acid production by oxygen: Effect of dissolved oxygen tension on adenylate levels and respiration in *Aspergillus niger* [J]. European Journal of Applied Microbiology and Biotechnology, 1980, 9 (2): 101-115.

[10] Hiromi K, Ohnishi M, Tanaka A. Subsite structure and ligand binding mechanism of glucoamylase [J]. Molecular and Cellular Biochemistry, 1983, 51 (1): 79-95.

[11] Meagher M M, Nikolov Z L, Reilly P J. Subsite mapping of *Aspergillus niger* glucoamylases Ⅰ and Ⅱ with malto- and isomaltooligosaccharides [J]. Biotechnology and Bioengineering, 1989, 34 (5): 681-688.

[12] Converti A, Fiorito G, Del Borghi M, et al. Simultaneoushydrolysis of tri- and tetrasaccharides by industrial mixtures of glucoamylase and α-amylase: kinetics and thermodynamics [J]. Bioprocess Engineering, 1991, 7 (4): 165-170.

[13] Li Z, Liu W, Gu Z, et al. The effect of starch concentration on the gelatinization and liquefaction of corn starch [J]. Food Hydrocolloids, 2015, 48: 189-196.

[14] Tester R F, Morrison W R. Swelling and gelatinization of cereal starches. I. effects of amylopectin, amylose, and

lipids [J] . Cereal Chemistry, 1990, 67 (6): 551-557.

[15] Baks T, Kappen F H J, Janssen A E M, et al. Towards an optimal process for gelatinisation and hydrolysis of highly concentrated starch-water mixtures with *alpha*-amylase from *B. licheniformis* [J] . Journal of Cereal Science, 2008, 47 (2): 214-225.

[16] 彭丹丹，顾正彪，李兆丰．复合酶对高浓度淀粉乳液化的影响 [J]．食品与发酵工业，2015 (01): 23-28.

[17] Li J H, Vasanthan T, Hoover R, et al. Starch fromhull-less barley: V. In-vitro susceptibility of waxy, normal, andhigh-amylose starches towardshydrolysis by *alpha*-amylases and amyloglucosidase [J] . Food Chemistry, 2004, 84 (4): 621-632.

[18] Cong L, Kaul R, Dissing U, et al. A model study on eudragit and polyethyleneimine as soluble carriers of α-amylase for repeatedhydrolysis of starch [J] . Journal of Biotechnology, 1995, 42 (1): 75-84.

[19] 高群亚，黄立新．豌豆淀粉糊粘度性质的研究 [J]．粮食与饲料工业，2000 (3): 38-40.

[20] Gorinstein S, Oates C G, Chang S M, et al. Enzymatichydrolysis of sago starch [J] . Food Chemistry, 1994, 49 (4): 411-417.

[21] Ramesh M V, Lonsane B K. Characteristics and novel features of thermostable α-amylase produced by *Bacillus licheniformis* M27 under solid state fermentation [J] . Starch-Stärke, 1990, 42 (6): 233-238.

[22] 黄祖强．淀粉的机械活化及其性能研究 [D]．南宁：广西大学，2006.

第五章 柠檬酸发酵过程

分批发酵方式一直是柠檬酸发酵的主流方式，为了进一步提高产酸效率，缩短发酵周期，增加设备利用率，国内外柠檬酸研究人员开始对现行成熟的发酵工艺进行改进。连续发酵工艺无疑是解决此问题的良好途径。然而，柠檬酸连续发酵生产过程比较困难，由于柠檬酸合成是部分生长偶联型，且黑曲霉特殊的菌丝结构不利于连续过程的形成。国内外关于柠檬酸连续发酵或半连续发酵的文献集中在酵母菌。Arzumanov 等开发了一种 *Yarrowia lipolytica* VKM Y-2373 发酵柠檬酸工艺，分离出发酵液中的酵母细胞，添加新鲜培养基，发酵一定时间仍然能够保持稳定；同样地，Rywińska 等采用 *Yarrowia lipolytica* Wratislavia AWG7 发酵生产柠檬酸，开发了新颖的发酵方式，发酵培养至一定阶段，排出一定量的发酵液并添加新鲜培养基继续发酵，重复上述操作方式，当 40%新鲜培养基被替代时，酵母细胞能够较长时间维持细胞活力。但是发酵过程产生的大量异柠檬酸（5%～10%），给柠檬酸分离纯化造成困难，限制了其规模化应用。近年来，伴随着基因工程在菌种改造中的应用，这在一定程度上减少了副产物的积累，但当应用于食品添加剂与医药等领域时，重组工程菌的稳定性与柠檬酸的安全性有待于进一步考察。

第一节　超声波诱导孢子快速萌发技术

黑曲霉由于酶系丰富，发酵效率高、副产物少等优势，是柠檬酸生产最重要的发酵菌种。发酵法生产柠檬酸的研究方向主要集中在廉价原料开发、发酵过程菌丝体形态控制、新型发酵模式探索等方面，而关于发酵罐中黑曲霉整个生命周期中生长规律及高活力种子培养方法却鲜有报道。黑曲霉属产孢微生物，孢子萌发是丝状真菌整个生命周期的关键步骤，是启动发酵过程的重要元件，它会显著影响种子的生长与活力；孢子萌发过程包括孢子活化与肿胀发芽两个阶段，它是对变换环境条件的生理性应答。在种子培养过程的前期，孢子萌发需要较长的延滞期，从而延长了种子培养时间，尤其是在工业化生产中，增加了发酵设备运行时间，提高了运行成本。成熟种子转接时机也是影响发酵的重要因素，而在现有发酵过程中，移种时机选择多带有经验性，往往依据摇瓶培养优化的参数，仍然以种龄作为移种时机的关键指标；种子培养过程的动态性与复杂性引起的发酵菌种活力波动大而难以满足实际生产需求，往往会引起发酵过程波动，进而影响发酵效率。如何缩短孢子萌发时间，培养高活力的种子，选择合适的移种时机，对于提高柠檬酸发酵效率至关重要。

超声波预处理孢子缩短了种子培养周期，糖化酶活力表征移种方式，能有效避免传统移种方式引起的发酵菌种活力波动。依据黑曲霉孢子萌发的生理特性，通过超声波预处理孢子，促进孢子水分渗透，诱导孢子快速萌发，缩短种子培养时间，能提高发酵产率。

一、超声波预处理孢子对种子生长与柠檬酸产量的影响

丝状真菌黑曲霉种子生长起始于休眠孢子，在种子生长初期阶段，孢子萌发需要经过较长的延滞期；在工业化生产中，此生长方式明显延长了设备运行时间，提高了运行成本。同时，前期孢子的生长会显著影响种子的生长与活力，决定菌丝体形态学的形成以及形态学特征与代谢产物的关系，进而影响发酵效率。基于丝状真菌孢子萌发的生理性特点，提出超声波预处理孢子。黑曲霉孢子悬液以浓度 4×10^5 个 · mL^{-1}（接种策略 A：孢子直接接种；接种策略 B：孢子经超声波预处理 120s）接种至 24L 发酵罐中培养种子。结果如表 5-1 所示，策略 A 溶氧（DO）开始下降时间为（9±0.3)h，急剧下降时间为（12±0.6)h；策略 B 溶氧开始下降时间为（7.5±0.3)h，急剧下降时间为（10.5±0.5)h。孢子经超声波处理后，DO 开始下降与急剧下降时间分别缩短 16.7%、12.5%，缩短了种子前期较长的延滞期，从而缩短了种子培养时间，这可能是由于孢子经超声波处理后，促进孢子水分渗透，同时激活孢子受体，启动孢子系列反应。为了评估超声波预处理培养的种子对柠檬酸产量的影响，将培养的种子液以相同接种量分别接种到 24L 发酵罐进行发酵实验，结果如表 5-1 所示。从表中可以看出，孢子经预处理后，柠檬酸产量增加 2g · L^{-1}，残总糖降低 4g · L^{-1}；发酵周期缩短 4h，柠檬酸产率提高了 8.13%。同时，总发酵周期（包括种子培养时间与发酵时间）缩短了 5.5h。

表 5-1　黑曲霉孢子超声波预处理对种子生长和柠檬酸发酵的影响

培养模式	种子培养			柠檬酸发酵				总发酵周期/h
	DO 开始下降/h	DO 急剧下降/h	接种时间/h	发酵周期/h	残总糖/g · L^{-1}	发酵产酸/g · L^{-1}	体积产率/g · L^{-1} · h^{-1}	
A	9.0 ±0.3	12.0±0.6	26±1.2	65±2.1	20±1.6	160±6.6	2.46±0.18	91±3.1
B	7.5± 0.3	10.5±0.5	24.5±0.5	61±1.5	16±2.0	162±5.3	2.66±0.11	85.5±1.7

注：模式 A，直接接种孢子，为对照组；模式 B，孢子超声波预处理 120s，为实验组。

二、基于孢子超声波预处理与糖化酶活力移种的柠檬酸发酵

在微生物发酵过程中，发酵菌种质量是决定发酵成败的关键，选择合适的移种时机有助

于提高发酵效率。超声波预处理孢子，可以激活孢子受体，启动孢子系列反应，缩短孢子萌发时间，提高种子活力。黑曲霉种子生长过程中，自身能够分泌糖化酶，选择高活力的糖化酶种子转接发酵，能够协同柠檬酸同步糖化发酵，提高发酵效率。超声波预处理孢子120s培养种子，以糖化酶活力最高时移种方式为实验组，用孢子直接接种培养种子，与传统种龄移种方式为对照组，结果如图5-1与表5-2所示。由图5-1可以看出，实验组比对照组需要更短的调整期，柠檬酸产量呈直线上升的趋势［图5-1(a)］，实验组的柠檬酸合成速率明显高于对照组［图5-1(d)］；发酵残总糖浓度呈直线下降的趋势，实验组消耗速率高于对照组［图5-1(b)］；发酵还原糖浓度呈现先增加后下降的趋势，实验组下降趋势明显快于对照组［图5-1(c)］。研究结果表明，孢子经过超声波预处理后，缩短种子培养周期，培养的种子活力更高；糖化酶活力最高时转接发酵，缩短产酸调整期，保障葡萄糖供给速率，协同柠檬酸发酵过程，提高发酵效率。发酵过程参数如表5-2所示，发酵周期缩短6h，柠檬酸体积产率由$(2.55\pm0.09)g\cdot L^{-1}$提高到$(2.85\pm0.17)g\cdot L^{-1}$，提高了11.76%，总发酵周期（移种时机与发酵周期）缩短7.9h。以上研究结果表明，组合孢子预处理培养种子与糖化酶活力表征的移种策略，能够协同柠檬酸同步糖化发酵过程，显著提高发酵效率。

微生物发酵过程中，高质量种子是决定发酵成败的关键因素。基于黑曲霉孢子萌发的生理特性，提出超声波预处理孢子120s，诱导孢子快速萌发，缩短种子培养时间，提高种子活

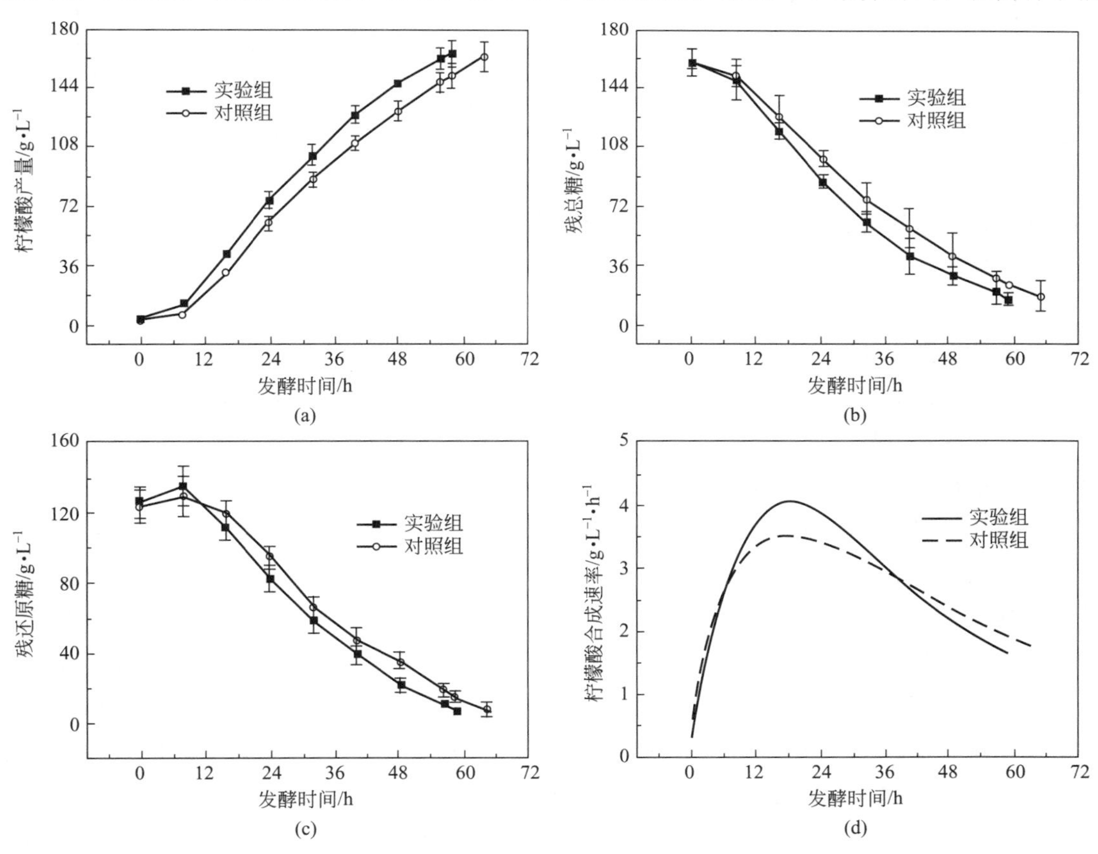

图5-1　两种模式下的柠檬酸发酵中柠檬酸产量（a）、残总糖（b）、残还原糖（c）与柠檬酸合成速率（d）

表 5-2 两种模式下的发酵过程参数

项目	种子移种时机/h	发酵周期/h	柠檬酸产量/$g \cdot L^{-1}$	残总糖/$g \cdot L^{-1}$	体积产率/$g \cdot L^{-1} \cdot h^{-1}$	总发酵时间/h
对照组	25.4±0.2	64±1.8	163±1.8	18±1.2	2.55±0.09	89.4±0.1
实验组	23.5±0.8	58±2.3	165±3.6	17±1.3	2.85±0.17	81.5±0.1

注：对照组为孢子直接接种培养与传统种龄移种方式；实验组为孢子超声波预处理120s培养与糖化酶活力移种方式。

力，发酵产率提高8.13%。在发酵罐水平培养种子，系统研究其整个生命过程中生理学特性及生长动力学参数，发现自身分泌糖化酶并能直观反映细胞活力，契合柠檬酸同步糖化发酵的特点，可以作为移种的特征指标。基于超声波诱导孢子萌发与糖化酶活力表征的移种策略，移种后的菌种活力显著提高，产酸调整期缩短，发酵产率提高11.76%，总发酵时间缩短7.9h，显著提高了发酵效率。

第二节　种子糖化酶水平表征的移种策略

柠檬酸发酵过程属于淀粉质原料粗料发酵，淀粉质原料经液化后形成低分子量糊精与寡糖，利用黑曲霉自身分泌的糖化能力进行同步糖化发酵。基于同步糖化发酵的工艺特点，发酵过程中葡萄糖生成速率会显著影响发酵效率的提高，黑曲霉糖化酶活力会直接影响葡萄糖供给速率；因此，转接发酵时，种子糖化酶活力会显著影响发酵过程。

一、发酵罐培养的黑曲霉种子生理特性及生长动力学

在工业化生产中，种子质量高低是决定发酵成败的关键，只有将活力高、代谢旺盛的种子及时转接发酵，才能实现抗染菌能力、缩短发酵时间、提高发酵效率等目标。传统发酵过程移种时机的选择多带有经验性，基于摇瓶优化参数，以种龄作为移种时机的关键指标。种子培养过程的动态性与复杂性引起的发酵菌种活力波动大而难以满足实际生产需求，往往会引起发酵过程波动，进而影响发酵效率。

为系统考察黑曲霉种子整个生命周期中生理参数的变化规律，黑曲霉孢子悬液以浓度4×10^5个$\cdot mL^{-1}$接种至24L发酵罐。0～8h，总糖与还原糖含量基本不变，此阶段孢子处于休眠调整期，逐渐吸水膨胀，为孢子萌发做充分准备；8h开始孢子逐渐萌发，此阶段因自身未分泌糖化酶不能生成还原糖，还原糖含量开始明显下降；12h开始，孢子已完全萌发并逐渐生长形成菌丝，总糖含量开始急剧下降，伴随自身分泌的糖化酶活力增加，还原糖含量开始上升。糖化酶活力呈现先升高后下降的趋势，在24h时，糖化酶活力达到最高；还原糖含量也呈现类似的变化趋势，24h开始，还原糖生成速率远低于消耗速率，还原糖含量直线下降。从柠檬酸产物变化曲线可以看出，16h开始，柠檬酸产量明显增加，呈直线上升趋势，28h柠檬酸合成速率放缓；从pH变化曲线可以看出，培养8h开始，培养液pH急剧下降，16h开始，培养液pH下降变化平稳。

柠檬酸发酵过程属于淀粉质原料粗料发酵，淀粉质原料经液化后形成低分子量糊精与寡糖，利用黑曲霉自身分泌的糖化能力进行同步糖化发酵。基于同步糖化发酵的工艺特点，发酵过程中葡萄糖生成速率会显著影响发酵效率的提高，黑曲霉糖化酶活力会直接影响葡萄糖供给速率；因此，转接发酵时，种子糖化酶活力会显著影响发酵过程。总糖消耗速率与柠檬酸合成速率均呈现先升高后下降的趋势，糖化酶活力呈现类似的趋势；柠檬酸合成速率达到最高时，糖化酶活力达到最高，因此，糖化酶活力可以直观反映种子活力，可以选择糖化酶活力作为移种的特征指标。

二、基于黑曲霉种子糖化酶活力移种的柠檬酸发酵

通过对发酵罐培养的黑曲霉种子的生理特性与生长动力学参数考察，黑曲霉自身分泌的糖化酶活力能够直观反映种子活力，契合柠檬酸同步糖化发酵的特征，为考察以糖化酶活力为移种标准的发酵过程，将发酵罐培养过程中不同糖化酶活力的种子转接摇瓶发酵培养（$320r\cdot min^{-1}$，35℃），发酵培养72h，结果如图5-2所示。随着接入种子糖化酶活力的增加，柠檬酸产量明显增加，发酵残总糖明显降低；在酶活力最高时转接发酵（酶活力$270U\cdot mL^{-1}$），柠檬酸产量最高，发酵残糖最低。以上研究结果表明，种子较高的糖化酶活力能够较好地协同柠檬酸同步糖化发酵过程，提高发酵效率，因而可以选择糖化酶活力作为移种的特征指标。

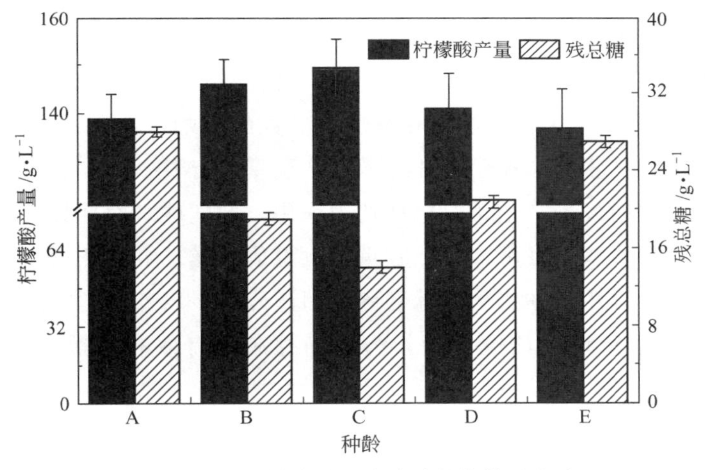

图5-2 不同糖化酶活力移种的柠檬酸发酵

A—种龄20h，酶活$210U\cdot mL^{-1}$；B—种龄22h，酶活$240U\cdot mL^{-1}$；C—种龄24h，酶活$270U\cdot mL^{-1}$；D—种龄26h，酶活$229U\cdot mL^{-1}$；E—种龄28h，酶活$196U\cdot mL^{-1}$

第三节 菌丝球适度分散技术

柠檬酸发酵采用黑曲霉二级发酵方式，首先培养成熟的种子，然后再转接发酵培养；黑

曲霉种子培养过程首先需要培养成熟的孢子，然后再将孢子接种培养。工业化生产中需要制备大量成熟的孢子，培养方式采用固态培养，需经平板筛选、斜面培养、茄子瓶培养、麸曲桶培养等逐级扩大培养的过程（如图 5-7 所示），制备过程烦琐且周期长（一批成熟孢子制备周期需要 30d 以上），消耗大量辅助时间与生产成本。事实上，种子制备过程的成本在整个柠檬酸生产过程中占据比较大的比例。此外，孢子制备方式是固态培养方法固有的缺陷，由于缺乏精确评价孢子活力的方法，使得实时监控培养过程中的孢子活力比较困难。在传统培养模式下，制备的孢子活力通常呈现多样性，从而导致后续发酵过程波动。因此，现有孢子制备模式与接种方式已经不能满足工业化生产的实际需求。如果黑曲霉种子可以采用连续培养方式，那么由种子活力造成的发酵波动性以及柠檬酸工业生产成本引起的压力会减小。然而，在连续培养过程中，黑曲霉特殊的菌丝体结构会造成溶氧运输受到限制，进一步导致细胞代谢与柠檬酸合成异常。基于以上问题，开发一种安全、可靠的方法连续培养黑曲霉具有较大的挑战。尽管如此，一些研究专家提出了采用固定化方式，固定化黑曲霉细胞，从而控制了菌丝球大小。然而，在固定化反应体系中存在副反应，更重要的是，产物合成的限速性步骤（传质速率）受到固定化系统的限制；在细胞逐渐老化及细胞未能更新的条件下，很难维持培养液菌丝球高的细胞活性，因而限制了此方法的进一步应用。

丝状真菌在液态培养过程中形态一直是研究的热点，在整个生命周期中呈现复杂的形态学特征，如高度游离的菌丝、疏松的菌丝团以及菌丝缠绕紧密的菌丝球，它会显著影响发酵产率。由于丝状真菌菌丝体形态学的重要性，定量描述真菌形态的技术与手段取得的进展为我们提供了精细的形态学参数，为深入理解形态学特征与产物合成速率提供了依据。对于一种给定的丝状真菌，它的形态主要受到液态过程参数的影响，特别是机械搅拌引起的剪切力；剧烈搅拌会改变菌体主体形态学特征并诱导产生菌丝碎片。Paul、Papagianni 等在液态培养黑曲霉生产柠檬酸时发现，由于机械剪切力作用，菌丝球表面部分菌丝被打散形成菌丝碎片，它从菌丝球表面滑落至发酵液中，并重新发育成菌丝球，用于合成柠檬酸。Xin 等开发了一种采用菌丝碎片（用研钵将菌丝球磨碎成菌丝碎片）培养菌丝球的方法。上述丝状真菌整个生命周期形态学特性的研究进展，为精确控制与有效利用黑曲霉菌丝结构提供了启示。

针对种子（孢子）传统制备过程烦琐且周期长，以及种子连续培养过程中，特殊的菌丝球形态的限制，笔者提出了基于菌丝球分割技术的简化种子连续培养工艺，如图 5-7 所示，即模拟工业化培养过程中，孢子制备方式经平板筛选、斜面培养、茄子瓶培养、麸曲桶培养等逐步扩大培养模式（孢子制备周期超过 30d），然后制备成熟的黑曲霉孢子悬液，接种种子培养基，培养一定时间（孢子萌发 12h），获得成熟种子（种子传统培养模式）；将成熟的菌丝球经分散器处理，获得分散菌丝，分散菌丝接种种子培养基，培养一段时间，获得成熟的菌丝球，菌丝球再经分割器处理获得分散菌丝，重复上述操作，获得菌丝球分散循环培养工艺，同时考察了循环培养的种子活力，分别转接于发酵培养基进行发酵培养。笔者提出的菌丝球分散循环培养工艺，明显简化了传统种子培养模式，同时提高了柠檬酸产量，便于工业化应用，同时，此方法为丝状微生物为主体的发酵过程提供了借鉴。

一、基于菌丝球循环接种培养种子用于生产柠檬酸

众所周知，柠檬酸合成过程是部分生长偶联型的模式，黑曲霉连续培养过程很难实现；而且作为丝状微生物，它在液态培养条件下整个生命周期呈现复杂的形态学特性，进一步限制了连续培养工艺的形成。因此，柠檬酸工业化生产工艺仍然保持着初始的分批发酵模式，在此发酵模式下，每发酵批次都需要制备大量孢子。孢子制备过程复杂且周期长，一批成熟孢子的制备周期至少为30d。此外，长周期培养模式下制备的孢子活力不稳定，造成后期发酵过程波动，进一步降低发酵效率。为实现柠檬酸的高效合成，采用菌丝球替代传统孢子接种，并构建了黑曲霉菌丝球循环培养工艺，从而避免了黑曲霉孢子传统长周期与复杂的制备工艺。值得注意的是，循环六批次种子柠檬酸产量随着批次增加显著下降（由初始 4.8g·L^{-1} 降至0.8g·L^{-1}），下降 83.3% [图 5-3(a)]；生物量呈现相似的变化趋势，由 28.2g·L^{-1} 降至 9.2g·L^{-1}，下降 67.4% [图 5-3(b)]。同时，笔者考察了循环培养过程中种子菌丝球的形态学特征，特别指出，菌丝球平均直径明显增加，由第一批次 82μm（对照）增加至第六批次 613μm，增加约 6.5 倍 [图 5-3(c)]。此外，菌丝球内部结构发生明显改变，菌丝球内部菌丝缠绕稠密，菌丝压缩程度明显增加 [图 5-3(d)]。

为考察此循环培养模式下的种子活力，将培养的种子同时接种在 5L 五联发酵罐培养，结果如图 5-3(e)、(f)、(g) 所示。结果可以看出，随着种子循环批次增加，柠檬酸产量与生物量均明显降低；发酵液中柠檬酸产量由 126.7g·L^{-1}降至 38.5g·L^{-1}，下降 69.6% [图 5-3(e)]。与种子培养液中柠檬酸含量的变化规律一致，发酵液中生物量也显著降低，由 19.8g·L^{-1}降至 12.3g·L^{-1}，下降 37.9% [图 5-3(f)]。相对应地，第六批次发酵液中残总糖含量（94.0g·L^{-1}）比第一批次种子发酵液中残总糖含量高（8.6g·L^{-1}）近 10 倍 [图 5-3(g)]。以上研究结果表明，随着菌丝球大小的增加，细胞生长与柠檬酸积累明显受到抑制。根据文献报道，直径较大以及菌丝缠绕较紧密的菌丝球会限制溶氧以及营养与细胞之间的传输速率，直径较小的菌丝球反而具有较高的活力。因此，有效控制循环培养工艺中的种子形态是实现柠檬酸高效合成的关键步骤。

二、基于菌丝球分散循环培养种子以菌丝球形态接种的柠檬酸发酵

为改善传统种子培养工艺，采用菌丝球替代传统孢子接种，并构建了菌丝球循环培养工艺。然而，随着循环培养批次增加而引起的种子形态学特性，导致柠檬酸产量与生物量下降。众所周知，液态培养中丝状真菌形态更容易受到通气、机械搅拌等产生的剪切力影响；Belmar-Beiny、Paul 等在液态培养黑曲霉时发现了一个有趣的现象，由于机械剪切力作用，菌丝球表面部分菌丝被打散形成菌丝碎片，它从菌丝球表面滑落至发酵液中，并重新发育成菌丝球。基于黑曲霉在液态培养暴露于机械环境时的形态学特性，笔者引入分散技术处理菌丝球，控制逐渐增长的菌丝球大小；将菌丝球分散处理后（分散菌丝）用于接种培养，并构建了一种新颖的种子循环培养工艺（图 5-7)。基于这种菌丝球分割策略，种子培养连续循环八批次。值得注意的是，分散菌丝会重新发育成菌丝球 [如图 5-4(d) 所示]；种子液中

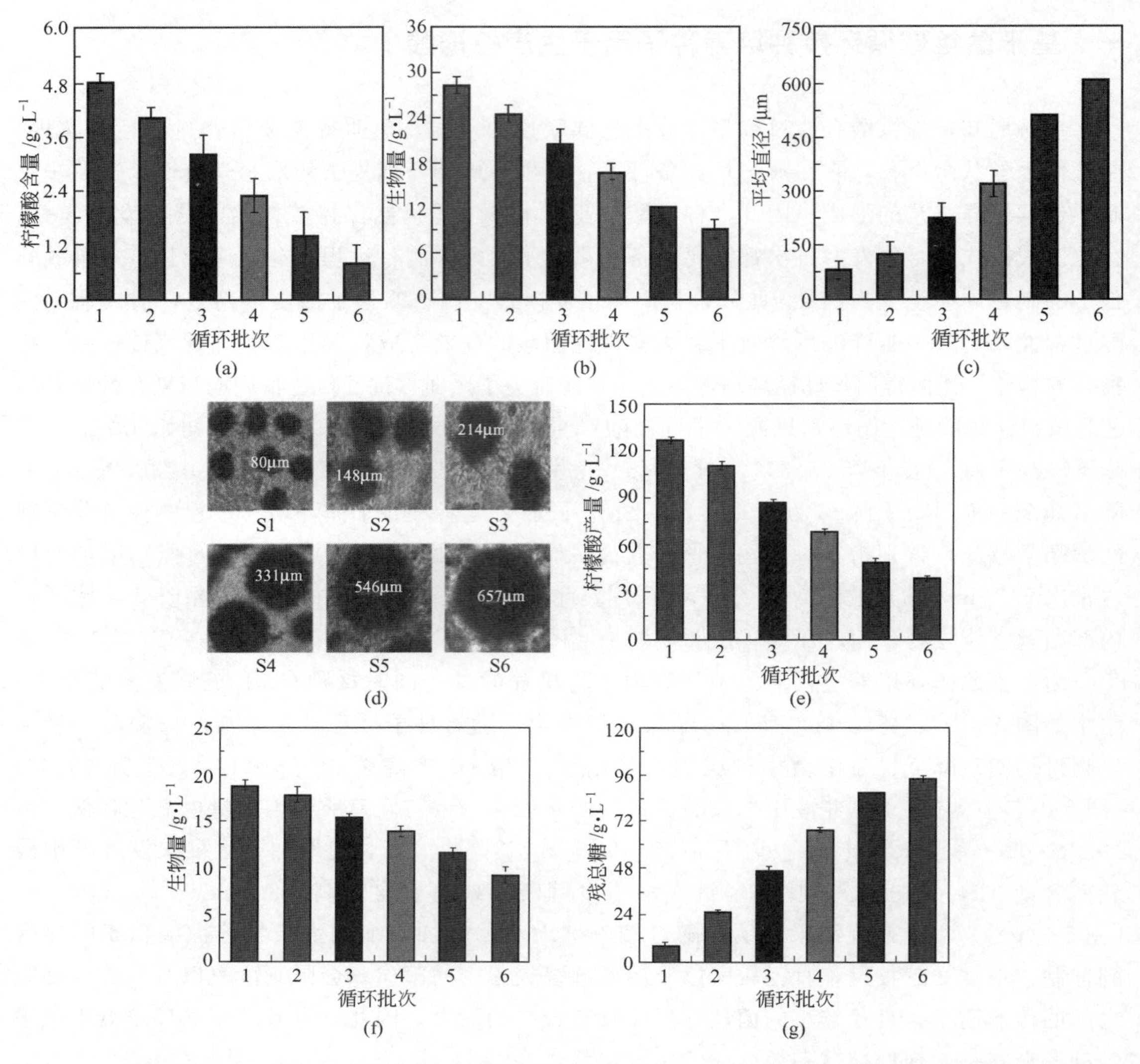

图 5-3 菌丝球循环培养六批次种子的柠檬酸含量（a）、生物量（b）、平均直径（c）、菌丝球镜检形态（d）及相应发酵参数柠檬酸产量（e）、生物量（f）及残总糖（g）随培养批次变化

S1～S6 分别代表循环六批次种子

的柠檬酸产量与生物量也明显提高。柠檬酸产量由初始批次的 4.6g · L^{-1} 提高至第八批次的 11.0g · L^{-1}，提高 139% [如图 5-4(a) 所示]；循环培养批次种子（第 2～8 批）的生物量平均为 32.1g · L^{-1}，与初始对照（27.0g · L^{-1}）相比，提高 19% [如图 5-4(b) 所示]。特别指出的是，与菌丝球循环培养相比，采用分散菌丝循环培养方式制备的八批次种子菌丝球大小稳定，菌丝球直径明显改善 [图 5-4(c)、(d)]。以上结果表明，应用开发新颖的方法——菌丝球分割策略，能够成功控制菌丝球大小，并能保持种子活力。

为了评估此培养模式下的种子活力，八批次种子分别接种至 5L 发酵罐进行发酵培养。笔者发现了一个有趣的现象，八批次发酵液中的生物量比较稳定，有利于生物量积累 [图 5-4(f)]。柠檬酸产量在八批次中维持较高的水平（平均 103.2g · L^{-1}），是菌丝球循环培养

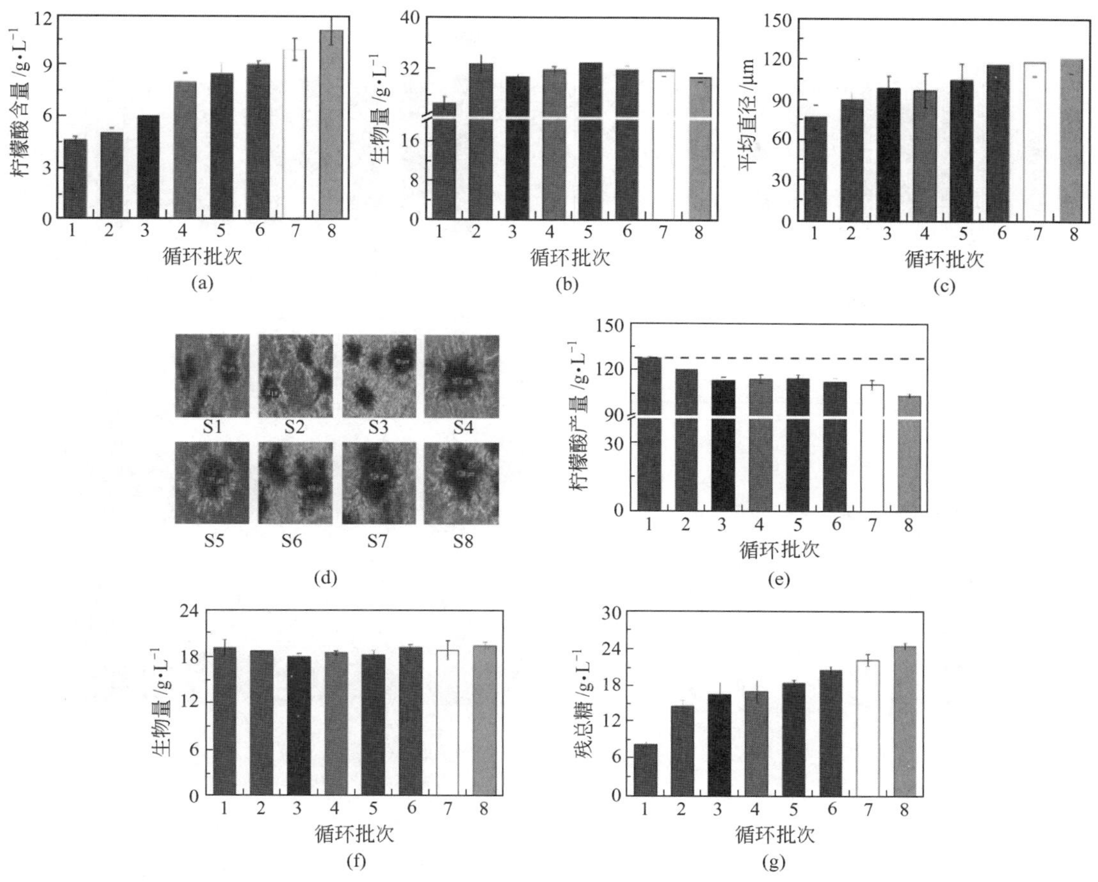

图 5-4 基于菌丝球分散循环培养八批次种子的柠檬酸含量 (a)、生物量 (b)、平均直径 (c) 与菌丝球镜检形态 (d) 以及相应发酵参数柠檬酸产量 (e)、生物量 (f) 及残总糖 (g) 随培养批次变化

S1～S8 分别代表循环八批次种子

工艺（循环培养六批次平均产量，38.5g·L^{-1}）的 2.7 倍。然而，循环批次的柠檬酸平均产量（112.2g·L^{-1}）仍然比初始对照低 11.9% [图 5-4(e)]；相对应地，第八批次发酵液中的残总糖是初始对照的 3 倍多。尽管如此，以上结果表明，在种子培养过程中，采用菌丝球分割策略控制种子菌丝球大小，为改善柠檬酸产量奠定了基础。

三、基于菌丝球分散循环培养种子以分散菌丝形态接种的柠檬酸发酵

基于菌丝球分割策略，笔者构建了新颖的种子循环培养工艺，如图 5-5 所示，未发现种子生长明显抑制现象。在此培养工艺下，尽管第八批次的种子仍然保持较高的活力，采用菌丝球形态接种的柠檬酸产量（103.2g·L^{-1}）仍然明显低于对照组（127.4g·L^{-1}）。基于循环培养的种子形态学（菌丝球直径 76～120μm）对发酵的影响，笔者将菌丝球分割处理后，分散菌丝直接接种发酵培养 [图 5-5(d)]。正如预料的一样，以分散菌丝形态接种的八批次发酵中，生物量均比较稳定，与以菌丝球形态接种的发酵相当 [图 5-5(b)]。研究发现，柠檬酸产量在循环八批次发酵中比较稳定，平均产量达到 130.5g·L^{-1}，甚至比对照提

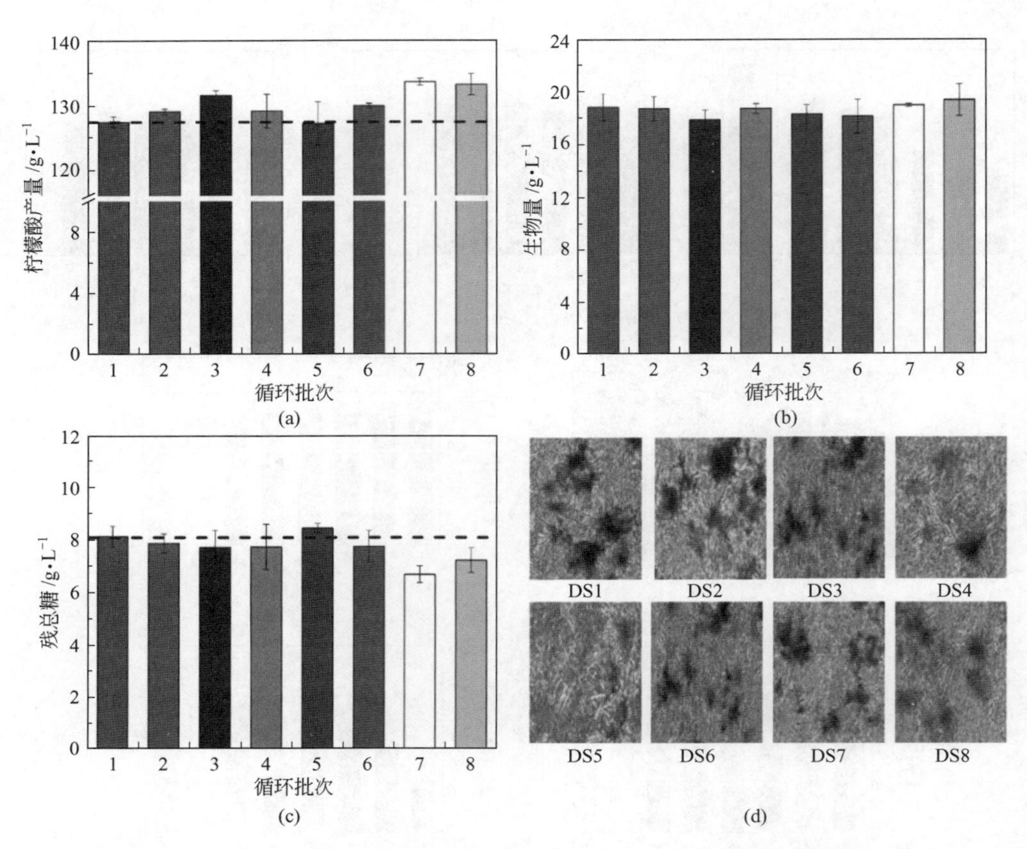

图 5-5　基于菌丝球分散循环培养八批次种子以分散菌丝形态接种发酵的柠檬酸产量（a）、生物量（b）、残总糖（c）与分散菌丝镜检图像（d）随培养批次变化

DS1～DS8 分别代表八批次种子分散菌丝

高了 3.1g·L^{-1}，提高 2.5%；发酵液中残总糖降低，由初始批次的 8.1g·L^{-1}到第八批次降至 7.2g·L^{-1}，下降 11.1%。上述结果进一步验证了黑曲霉种子以分散菌丝形态接种比菌丝球形态更有利于高效合成柠檬酸。这一研究结果与先前文献报道的研究一致，在黑曲霉合成葡萄糖酸发酵过程中，采用分散菌丝形态发酵的产物合成速率明显高于菌丝球形态方式接种。因此，控制种子接种形态是改善柠檬酸合成的有效方法。

四、不同接种形态方式的发酵菌丝球形态学分析

丝状真菌形态在目标产物的合成中起着关键作用，本研究中同批次种子采用不同的接种形态呈现明显不同的发酵结果。为进一步考察这些发酵过程，笔者分析了发酵液中的形态学特征，包括平均直径、菌丝球数量与菌丝球结构（图5-6）。正如预料的一样，菌丝球形态接种的发酵，菌丝球平均直径迅速增加，由初始的 148.6μm 增加至第八批次的 394.9μm，而菌丝球数量由 4.6×10^4个·mL^{-1}降至 1.2×10^4个·mL^{-1}［图 5-6(a)］。这些研究结果与不同循环批次菌丝球逐渐增加的趋势相一致，如图 5-6(c) 所示。笔者发现了一个有趣的现象，分散菌丝接种的发酵过程，菌丝球数量由初始的 5.8×10^4个·mL^{-1}增加至第八批次的

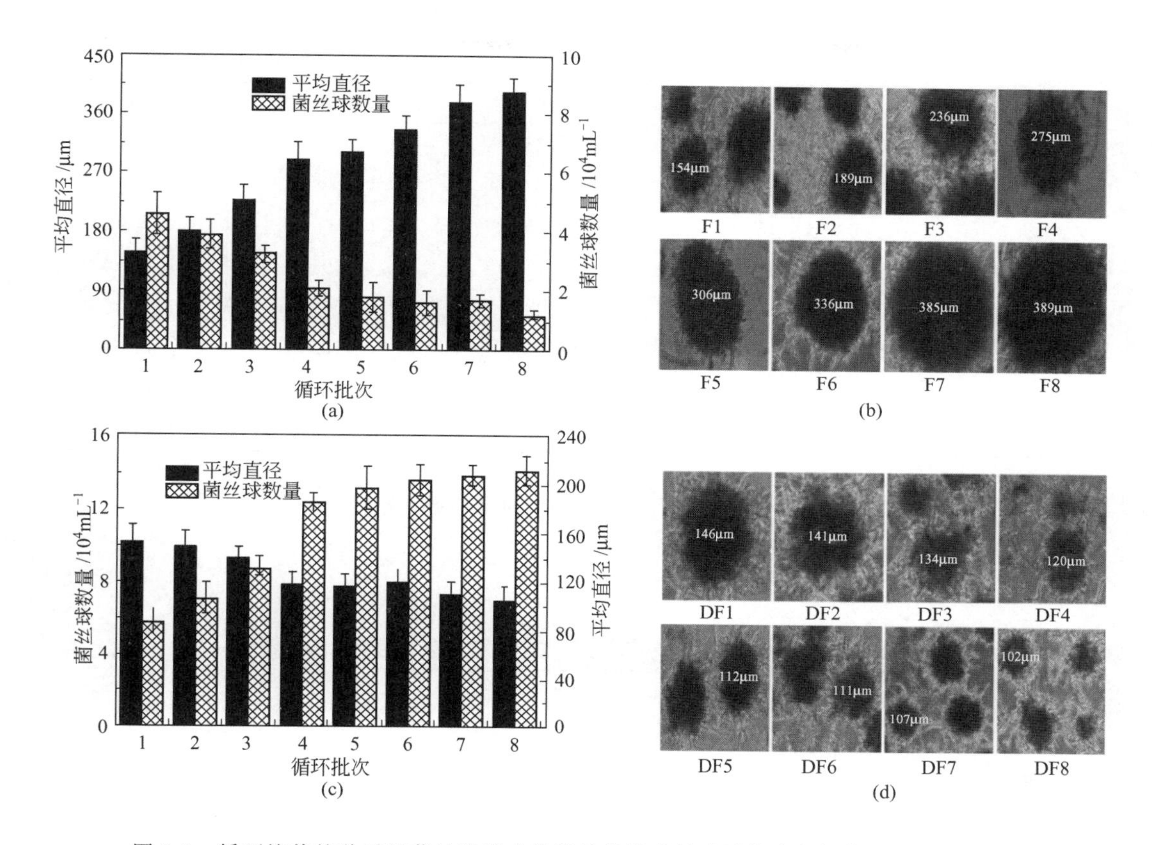

图 5-6　循环培养的种子以菌丝球形式接种的发酵菌丝球平均直径与菌丝球数量（a）、菌丝球形态（b）与以分散菌丝形式接种的发酵菌丝球平均直径与菌丝球数量（c）、菌丝球形态（d）随培养批次变化

F1～F8 代表菌丝球形式接种的八批次发酵；DF1～DF8 代表分散菌丝形式接种的八批次发酵

14.2×10^4个·mL^{-1}，伴随着菌丝球直径呈现降低的趋势［如图 5-6(c) 所示］。丝状真菌在液态深层发酵过程中，小粒径的菌丝球形态具有更高的比表面积，有利于溶氧与营养物质传输。此外，在菌丝球内部的菌丝结构也存在明显的不同，菌丝球接种的发酵形成致密的菌丝球［图 5-6(b)］，而分散菌丝接种的发酵形成疏松的菌丝球或菌丝块［图 5-6(d)］。柠檬酸发酵是一个高度耗氧的过程，上述菌丝球形态特征的变化均有利于氧气与营养的充分供应。因此，采用分散菌丝接种发酵时，糖消耗速率明显增加。黑曲霉种子用菌丝球形态接种时，柠檬酸体积产率与比生产速率逐渐下降，分别由初始的（2.13±0.28）g·L^{-1}·h^{-1}、（0.103±0.004）g·g^{-1}·h^{-1}降至（1.72±0.19）g·L^{-1}·h^{-1}、（0.077±0.002）g·g^{-1}·h^{-1}；而采用分散菌丝接种时，柠檬酸体积产率与比生产速率循环八批次变化稳定，与对照相比有较大幅度提高，分别提高了 2.8% 与 10.6%（如表 5-3 所示）。因此，与传统发酵工艺相比，消耗相同底物会产生更多的柠檬酸，显著降低了生产成本。上述研究结果进一步验证了分散菌丝形态比菌丝球形态更有利于柠檬酸积累。总之，笔者构建的菌丝球分割策略，不仅克服了黑曲霉菌丝体结构特征引起柠檬酸降低的瓶颈，同时有效改善了柠檬酸产量，具有广阔的工业化应用前景。

表 5-3　不同接种方式下的发酵过程动力学参数

批次	Q_{CA}①/g·L^{-1}·h^{-1}		q_{CA}②/10g·g^{-1}·h^{-1}	
	菌丝球	分散菌丝	菌丝球	分散菌丝
1	2.13±0.28	2.14±0.28	1.03±0.04	1.04±0.03
2	1.99±0.32	2.17±0.32	1.06±0.02	1.16±0.01
3	1.88±0.15	2.21±0.15	1.05±0.03	1.17±0.02
4	1.87±0.21	2.17±0.21	0.88±0.04	1.16±0.04
5	1.90±0.14	2.13±0.14	1.04±0.02	1.08±0.01
6	1.87±0.23	2.18±0.23	0.84±0.04	1.15±0.05
7	1.84±0.43	2.23±0.43	0.84±0.01	1.18±0.02
8	1.72±0.19	2.22±0.19	0.77±0.02	1.15±0.03

① Q_{CA}：单位体积柠檬酸产量。

② q_{CA}：柠檬酸比生产速率。

第四节　发酵过程的主要控制参数

一、温度控制

温度对发酵的影响主要包括以下方面：

① 影响各种酶反应的速率，改变菌体代谢产物的合成方向；

② 影响微生物的代谢调控机制；

③ 影响发酵液的理化性质：发酵液的黏度、基质和氧在发酵液中的溶解度和传递速率；

④ 影响发酵的动力学特性和产物的生物合成。

最适发酵温度随着菌种、培养基成分、培养条件和菌体生长阶段的不同而改变。理论上，整个发酵过程中不应只选一个培养温度，而应根据发酵的不同阶段，选择不同的培养温度。在生长阶段，应选择最合适的生长温度；在产物分泌阶段，应选择最适生产温度。

工业生产上，所用的大发酵罐在发酵过程中一般不需要加热，因发酵中释放了大量的发酵热，需要冷却的情况多。柠檬酸发酵温度一般控制在35～37℃。

二、pH控制

发酵培养基的pH，对微生物生长具有非常明显的影响，也是影响发酵过程中各种酶的重要因素。

pH对微生物的繁殖和产物合成的影响有以下几个方面：

① 影响酶的活性，当pH值抑制菌体中某些酶的活性时，会阻碍菌体的新陈代谢；

② 影响微生物细胞膜所带电荷的状态，改变细胞膜的通透性，影响微生物对营养物质

的吸收和代谢产物的排泄；

③ 影响培养基中某些组分的解离，进而影响微生物对这些成分的吸收；

④ pH 值不同，往往引起菌体代谢过程的不同，使代谢产物的质量比发生改变。

在发酵过程中，pH 值的变化取决于所用的菌种、培养基的成分和培养条件。发酵液的 pH 值变化是菌体代谢反应的综合结果。

黑曲霉生长的最适 pH 在 6.0～7.0；黑曲霉的糖化酶最适 pH 一般在 4.5 左右，当 pH 2.0 以下时糖化酶活力损失较大；而柠檬酸合成酶的最适 pH 为 2.0～2.5。

在柠檬酸生产中，只需要将发酵培养基初始的 pH 控制在黑曲霉适合生长的范围内，发酵过程中的 pH 是不需要控制的，只是作为发酵控制的一个参考指标。

三、溶氧控制

溶氧是柠檬酸发酵控制中的重要参数之一，由于氧在发酵液中的溶解度很小，因此需要不断通风和搅拌，才能满足发酵过程中黑曲霉对氧的需求。

溶氧的大小对菌体生长和产物的形成及产量都会产生不同的影响。溶氧高虽然有利于菌体生长和柠檬酸的合成，但溶氧太高会使菌体衰老加快，并且造成资源浪费；溶氧过低，生长和产酸都较缓慢。

发酵液中的溶氧浓度取决于氧的传递（即供氧方面）和被微生物利用（即耗氧方面）两个方面。

在供氧方面，主要是提高氧传递的推动力和液相体积氧传递系数，如调节搅拌转速或通气速率。在耗氧方面，发酵需氧量受菌体浓度、培养基成分和培养条件等因素影响，其中菌体浓度的影响最为显著，发酵需氧量是随菌体浓度增加按比例增加的。

因此，在发酵过程中要控制溶氧，就必须控制影响溶氧的因素：菌体浓度、通气量、搅拌转速、罐压和泡沫等。

第五节　连续分割循环发酵工艺

黑曲霉具有酶系丰富、发酵效率高、副产物少等优势，仍然是实现黑曲霉连续发酵模式的重要选择，是柠檬酸发酵发展的重要方向，也是提高柠檬酸生产率的重要途径。丝状真菌在液体培养时整个生命周期中特殊的形态学特征一直是研究的热点，菌丝体形态容易受到过程参数如能量输入（通气与搅拌）的影响而呈现多样性，从菌丝缠绕紧密的菌丝球到高度游离的分散菌丝。酵母细胞发酵模式应用以及丝状微生物形态的控制，为构建柠檬酸新颖的发酵模式提供了启发。

为此，针对柠檬酸合成方式为部分生长偶联型，笔者提出了分割发酵模式，将柠檬酸合成与微生物成长部分分离；针对连续分割发酵过程中菌丝球形态限制柠檬酸积累的问题，笔者采用菌丝球分割技术控制菌丝球形态；进一步地，耦合分割发酵模式与菌丝球形态控制策

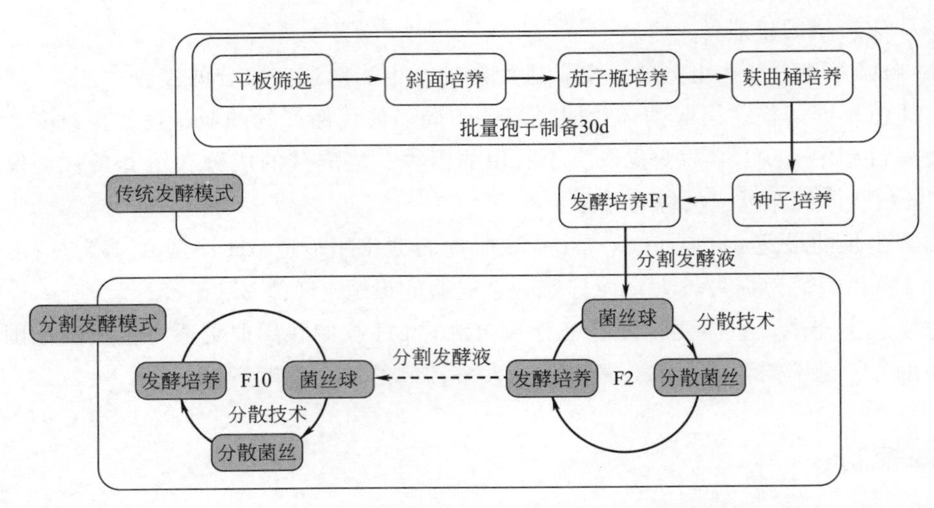

图 5-7　基于传统培养工艺与菌丝球形态控制分割发酵模式流程图
F1～F10 代表分割循环发酵十批次

略，建立并优化了分割循环发酵工艺，如图 5-7 所示，即首先模拟工业化生产中，经平板筛选、斜面培养、茄子瓶培养、麸曲桶培养等孢子逐步扩大培养方式，制备成熟孢子；依据传统发酵方式，成熟孢子接种制备成熟种子，成熟种子转接发酵培养 F1；发酵培养至一定阶段的发酵液，分割出一部分发酵液，将菌丝球进行分割处理，获得分散菌丝，分散菌丝接种下一级发酵培养 F2，而 F1 剩余发酵液继续发酵至发酵结束；重复上述操作，连续循环分割发酵十批次。

一、基于菌丝球接种的分割循环发酵生产柠檬酸

黑曲霉发酵生产柠檬酸发酵过程是部分生长偶联型，将菌体生长过程与柠檬酸合成过程在时间或空间分离是实现柠檬酸连续发酵工艺所必需的。为了这个目的，构建一个新颖的工艺：分割发酵在 5L 五联发酵罐中进行，装液量 3L，转速与溶氧（DO）偶联，控制 DO 为 50%。首先，300mL 成熟种子液接种发酵罐（FM1，2.7L），培养 24h；然后将 600mL 发酵液分割至下一级发酵罐，同时加入灭菌的 2.4L 发酵培养基 FM1，而原发酵罐剩余发酵液继续发酵 60h，在相同发酵条件下进行发酵培养；重复上述操作过程，连续分割循环发酵六批次，结果如图 5-8 所示。笔者发现了一个有趣的现象，柠檬酸产量随着连续分割批次的增加，由初始产量 112.3g・L^{-1}降至 70.3g・L^{-1}［如图 5-8(a) 所示］，特别指出的是，分割至第六批次时，柠檬酸产量下降 37.4%；分割发酵过程中，生物量呈现类似的规律，由初始的 23.4g・L^{-1}降至第六批次的 14.9g・L^{-1}，减少 36.3%。正如预料的一样，生物量减少明显降低了发酵效率。此外，丝状真菌液态深层培养时的形态是至关重要的，它会显著影响发酵产率。因此，笔者进一步考察了循环培养过程中的形态学特征包括菌丝球平均直径、菌丝球数量以及菌丝球的结构［如图 5-8(c)、(d) 所示］。研究发现，菌丝球平均直径显著增加（菌丝球直径由初始的 150.6μm 增加到第六批次的 476.7μm），伴随着菌丝球数量由初始的 3.7×10^4个・mL^{-1}下降至 1.4×10^4个・mL^{-1}［如图 5-8(c) 所示］。进一步的研究发

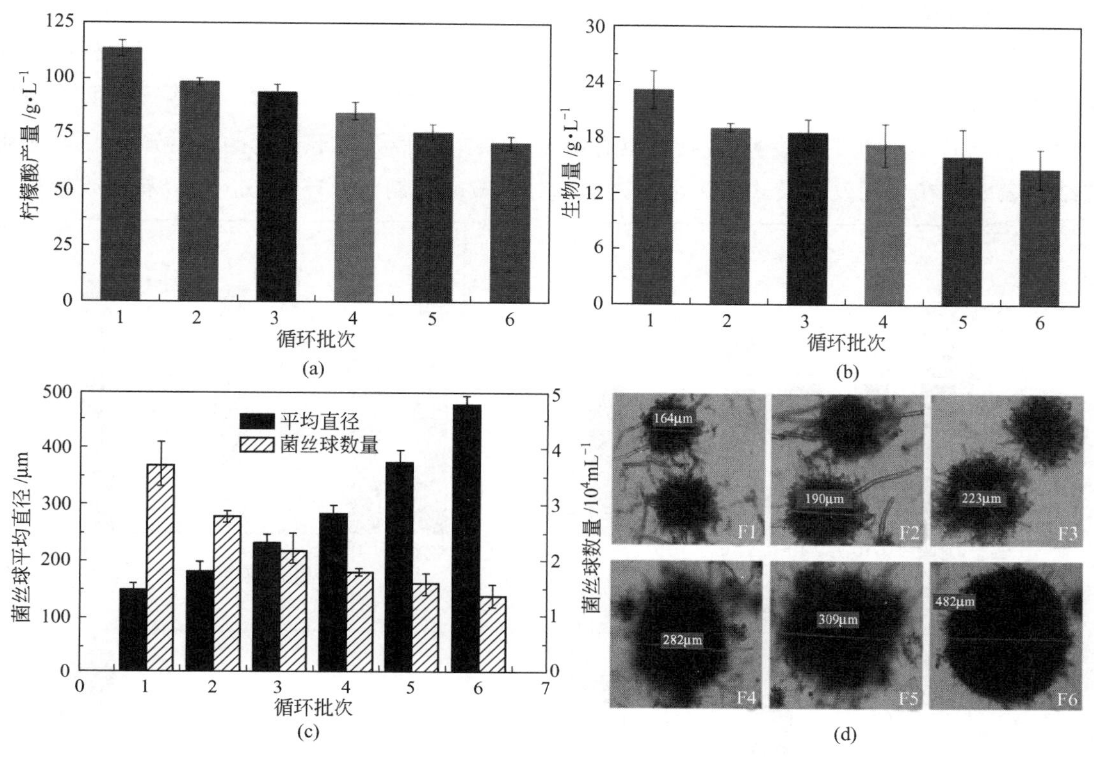

图 5-8　基于菌丝球分散技术的分割循环发酵六批次的柠檬酸产量（a）、生物量（b）、菌丝球平均直径与菌丝球数量（c）、菌丝球形态（d）变化

F1～F6 分别代表循环发酵六批次

现，伴随着循环批次的增加，菌丝球直径明显增加，菌丝球内部的菌丝球缠绕密度与压缩程度明显增加［如图 5-8(d) 所示］。众所周知，菌丝球直径与菌丝缠绕致密会限制溶氧与营养到菌丝球核心的传输，产生一个“死亡区”，会造成产率显著降低。总体来讲，循环培养批次的柠檬酸产量与生物量的显著降低应该归因于菌丝球特征的显著变化。上述研究结果表明，分割发酵过程中，控制菌丝体形态是改善柠檬酸产量的有效方式。

二、基于菌丝球分散的分割循环发酵生产柠檬酸

尽管构建的分割发酵工艺有效分离细胞生长与柠檬酸合成，但是菌丝球直径与菌丝压缩程度的急剧增加，严重抑制了细胞生长与柠檬酸积累。在前期的研究中发现，发酵液中菌丝球在处于复杂的环境体系，不断通气与搅拌输入能量，菌丝球周围的菌丝会被体系机械力（如剪切力）打散成菌丝碎片散落到发酵液中，它又会生长并缠绕形成新的菌丝球。基于菌体特殊的形态学特征，我们引入分散技术，将分割出的菌丝球经分散技术形成菌丝碎片，添加新鲜发酵培养基，菌丝碎片会进一步发育形成菌丝球，如此循环，形成了菌丝球—分散菌丝（菌丝碎片）—菌丝球的形态学循环，构建了基于菌丝球形态控制的分割发酵工艺：每次分割发酵液菌丝球，经分散器分割处理，S18N-19G 为分散刀头（IKA，Staufen，Germany），分散条件 $2.0\times10^4 r\cdot min^{-1}$，分割处理 10min，重复上述操作，连续分割循环发酵

六批次，发酵结果如图 5-9 所示。菌丝球结构比较稳定，菌丝缠绕疏松，有利于溶氧与传质，促进了柠檬酸合成。此发酵方式下，柠檬酸产量比较稳定，与菌丝球直接分割发酵相比，柠檬酸产量明显增加，连续发酵第六批次仍然获得柠檬酸产量 97.0g・L^{-1}，尽管仍低于初始的 109.3g・L^{-1} [图 5-9(a)]；生物量也有明显增加，虽然仍低于初始的发酵产量。上述研究结果表明，在分割发酵模式下，采用菌丝球分割策略控制菌丝球形态，可以有效改善柠檬

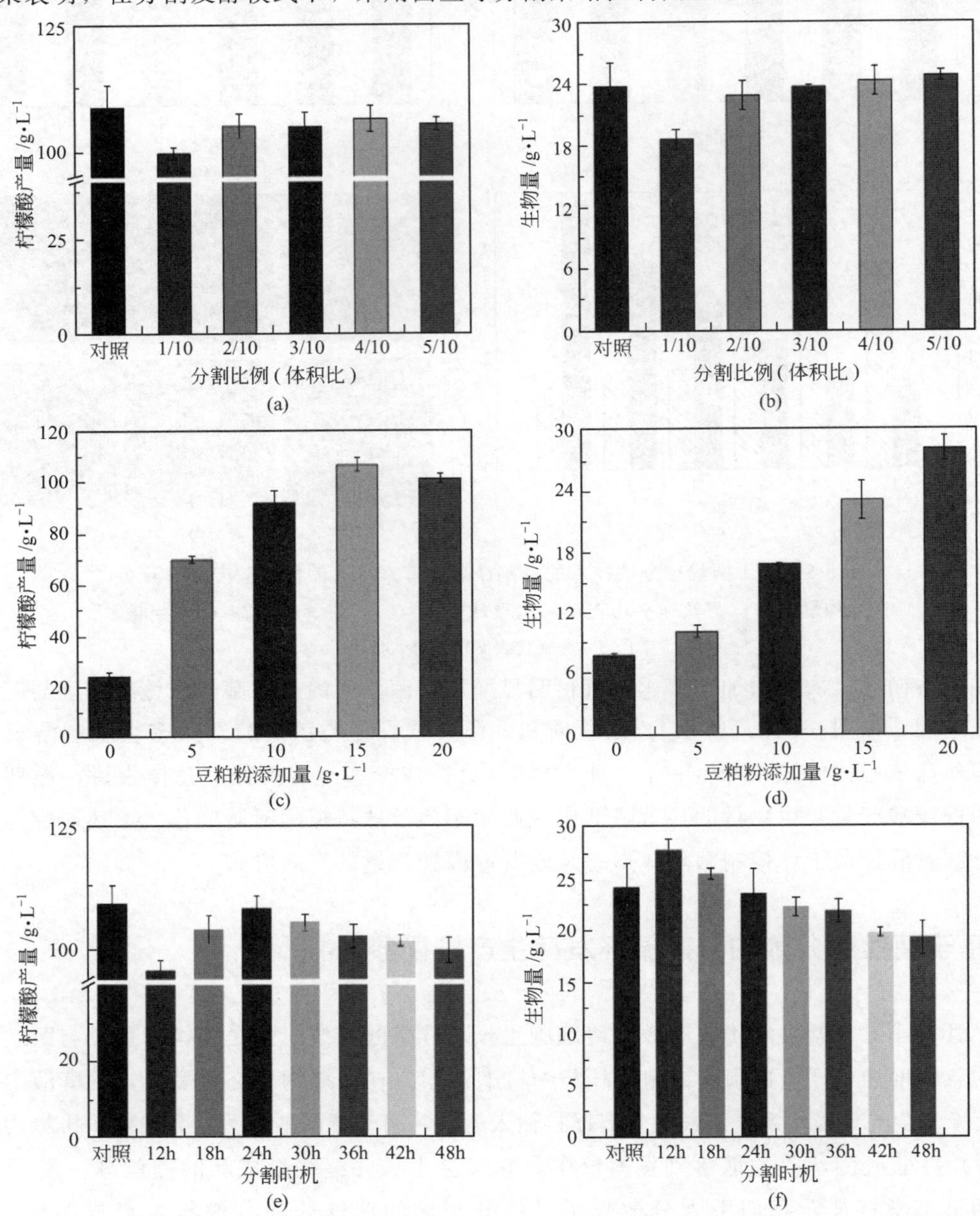

图 5-9　分割发酵条件分割水平 [(a)、(b) 豆粕粉添加量 15g・L^{-1}；分割时机 24h]、豆粕粉添加量 [(c)、(d) 分割水平 2/10，体积比；分割时机 24h] 与分割时机 [(e)、(f) 分割水平 2/10，体积比；豆粕粉添加量 15g・L^{-1}] 对生物量与柠檬酸产量的影响

酸产量。

三、分割发酵条件对柠檬酸发酵的影响

在上述构建的基于分散菌丝接种的分割发酵工艺中，菌丝球分散策略虽然有效提高了分割发酵过程中柠檬酸的产量与生物量，连续分割发酵六批次，柠檬酸产量仍然比对照低。对于连续发酵过程，维持一定浓度的生物量非常重要，较低的生物量会降低柠檬酸产量。分割连续发酵过程中较低的生物量影响柠檬酸的合成，分割发酵条件需要进一步优化。分割发酵条件考察在摇瓶 250mL（40mL）中进行，连续分割发酵两批次。首先，成熟种子液接种 FM1 发酵培养，培养至一定阶段，分割发酵液，并收集于 250mL 蓝盖瓶（100mL），用分散器进行分散处理，S18N-10G 分散刀头，分散条件2.0×10^{4} r · min^{-1}，分割处理 5min；发酵培养条件，35℃，300r · min^{-1}，72h。为强化分割发酵过程中柠檬酸合成，分别对分割发酵液比例、分割发酵培养基中豆粕粉添加量以及分割时机进行考察。首先考察分割比例对分割发酵的影响，在豆粕粉添加量为 15g · L^{-1}、分割时机为 24h 时，采取不同分割比例（体积比 1/10，2/10，3/10，4/10，5/10）在摇瓶中进行发酵培养。结果如图 5-9(a)、(b) 所示，分割比例在一定范围内会显著影响柠檬酸产量，分割比例为 1/10（体积比）时，柠檬酸产量比对照低 11.1%；当分割比例在 2/10～5/10（体积比）变化时，柠檬酸产量稳定接近对照组甚至略有增加，生物量也相应提高，与对照组基本持平；分割更多发酵液会降低初始发酵培养基 pH，有利于柠檬酸合成。上述研究结果与先前报道一致，降低发酵液初始 pH 会加速柠檬酸积累。因此，在分割发酵过程中，为确保发酵液一定的生物量，分割发酵液比例需要控制在合适水平；在后续实验中，分割发酵液比例选择 2/10（体积比）进行进一步研究。

柠檬酸是能量代谢产物，柠檬酸过量积累仅发生在氮源限量供应条件下，而菌体生长与繁殖在此条件下会受到抑制；对于连续发酵过程，维持一定浓度的菌体量对于实现柠檬酸快速积累非常重要。为了考察限制性氮源添加量对柠檬酸的影响，分别考察了不同氮源添加量对柠檬酸发酵的影响，结果如图 5-9(c)、(d) 所示。氮源添加量在 5～15g · L^{-1}范围内变化时，柠檬酸产量呈现逐渐上升的趋势，当继续增加氮源浓度至 20g · L^{-1}，柠檬酸浓度下降，而菌体生物量呈现上升的趋势。氮源添加量为 20g · L^{-1}，生物量明显超过对照组，柠檬酸产量下降，此条件下更多的葡萄糖用于生物量合成。因而柠檬酸发酵过程控制限制性氮源添加量对于平衡生物量生长与柠檬酸积累非常重要。

在整个柠檬酸发酵过程中，黑曲霉菌种活力在不同发酵阶段呈现不同的活力，因而选择合适的分割时机进行发酵非常重要。对不同分割时机进行了研究，结果如图 5-9(e)、(f) 所示，发酵初始阶段进行分割发酵，可以获得较高的生物量，柠檬酸含量较低；发酵至 24h，柠檬酸含量达到最高，与对照组相当；超过 24h，生物量下降，菌种活性降低，柠檬酸产量显著下降。分割发酵选择 24h 进行分割，此阶段菌种具有较高的活力，利于后续连续发酵过程。

四、基于菌丝球形态控制与分割发酵模式优化柠檬酸发酵

依据菌丝体特殊的形态学特性与生理学特性，引入分散技术改变菌丝体形态，获得了更适宜发酵生产的菌体形态，耦合分割发酵策略，将菌体生长与柠檬酸合成过程部分分离或完全分离，能解除菌体生长与产物合成偶联，连续发酵十批次，菌种能保持较高的活力，提高了发酵效率。

在优化的分割发酵条件下，基于菌丝球形态控制进行分割发酵，连续发酵十批次，分别发酵 60h，发酵结果如图 5-10 所示。整个发酵过程中生物量变化是稳定的，满足连续发酵过程，发酵至第十批次，柠檬酸产量达到 115.1g・L^{-1}，甚至比初始发酵对照组要高，整个发酵过程中柠檬酸平均产量为 112.7g・L^{-1}，比对照组提高了 1.26% [图 5-10(a)]，而总糖消耗量明显低于对照组，降低了 10.01% [图 5-10(b)]，这是由于分割发酵过程中，更多的营养用于柠檬酸合成，因而提高了单位糖消耗对柠檬酸合成量。发酵过程参数如表 5-4 所示，在整个连续发酵过程中，单位体积柠檬酸产量与柠檬酸比生产速率相对稳定。柠檬酸对底物产率明显增加，由初始对照组的 0.83g・g^{-1}增加至 0.96g・g^{-1}，提高了 15.7%，显著提高了柠檬酸的生产效率。上述研究结果表明，在连续发酵过程中菌种能保持较高的活力，基于菌丝体形态控制的分割循环发酵工艺是可行的。

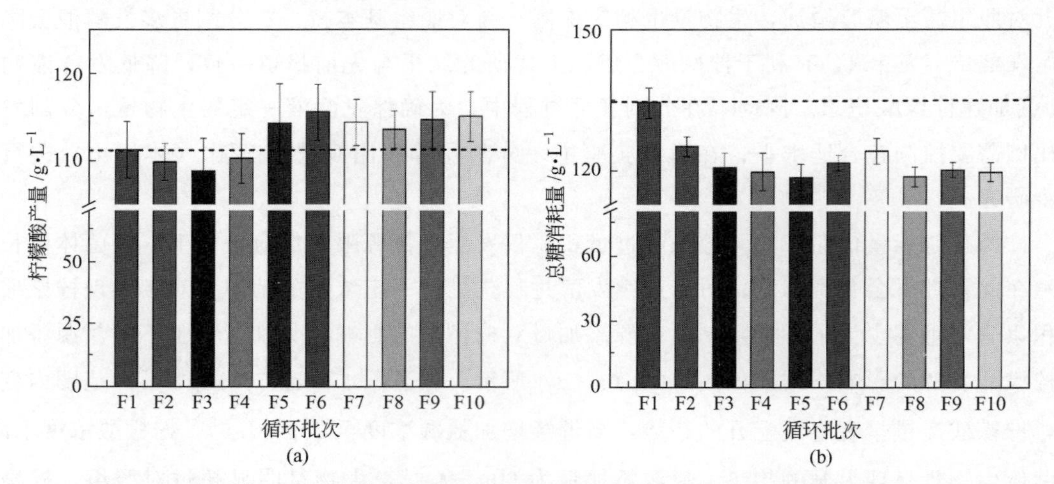

图 5-10 基于菌丝球形态控制的分割发酵过程中柠檬酸产量（a）与总糖消耗量（b）

表 5-4 分割发酵不同发酵批次过程参数

循环批次	Q_{CA}①/g・L^{-1}・h^{-1}	q_{CA}②/10g・g^{-1}・h^{-1}	Y_{CA}③/g・g^{-1}
F1	1.86±0.31	0.76±0.03	0.83±0.07
F2	1.83±0.24	0.83±0.04	0.88±0.12
F3	1.82±0.42	0.83±0.02	0.90±0.09
F4	1.84±0.34	0.75±0.04	0.92±0.07
F5	1.91±0.29	0.94±0.03	0.96±0.18
F6	1.93±0.16	0.90±0.01	0.95±0.07

续表

循环批次	Q_{CA}①/g·L⁻¹·h⁻¹	q_{CA}②/10g·g⁻¹·h⁻¹	Y_{CA}③/g·g⁻¹
F7	1.91±0.32	0.78±0.02	0.92±0.13
F8	1.89±0.26	0.82±0.03	0.96±0.20
F9	1.91±0.09	0.80±0.05	0.96±0.13
F10	1.92±0.11	0.79±0.04	0.96±0.08

① Q_{CA}：单位体积柠檬酸产量。

② q_{CA}：柠檬酸比生产速率。

③ Y_{CA}：柠檬酸对底物产率。

注：F1～F10分别代表10次循环的分批发酵。

菌丝球分散技术突破了种子连续培养中菌丝体结构引起活力下降的瓶颈，构建的种子循环培养工艺，种子细胞活力稳定，有效避免了传统模式种子烦琐的制备过程；循环培养种子以分散菌丝形态接种发酵，有助于提高发酵效率。分割发酵技术策略实现了菌体生长与柠檬酸合成有效分离；在此基础上，通过菌丝球分散技术有效控制发酵过程中的菌丝体形态，分割循环发酵十批次，发酵过程稳定，提高了发酵效率；本研究中建立的技术策略，可以较方便地应用于丝状真菌或类似微生物为主体的发酵过程。

第六节　糖化酶补偿的同步糖化发酵工艺

工业化生产中，柠檬酸发酵采用精制糖如葡萄糖、蔗糖，能够获得较高的产量，但生产成本较高；相比较而言，淀粉质原料替代精制糖发酵更经济也更具有竞争力，但淀粉质原料需经液化、糖化等工艺，才能获得可发酵性糖。同步糖化发酵是一种高效发酵方式，它能解决高浓度糖抑制问题与减少生产成本，普遍应用于乙醇、有机酸生产中。柠檬酸传统同步发酵方式是基于生产菌种自身分泌的糖化酶用于原料糖化过程；因此，从淀粉质原料直接提供葡萄糖用于发酵，尤其是在柠檬酸积累造成的低pH发酵体系中，糖化酶活力起着至关重要的作用。

为降低发酵残糖浓度，改善发酵效率，提高发酵液糖化酶活力是一种有效的方法。通过在黑曲霉中过量表达糖化酶基因，提高了柠檬酸产量。基因工程技术手段虽然在降低发酵残糖方面取得了一定进展，但特别需要指出的是，当应用于食品添加剂与医药等领域，重组工程菌所产柠檬酸的安全性有待进一步考察。阶段控制策略如pH控制、转速与溶氧控制等方式，能够更好地适应菌种生物学特性与目标产物合成特点，能够有效提高发酵产率，已经广泛应用于氨基酸与有机酸发酵生产中。总之，上述阶段控制策略的发展，为有效解决柠檬酸发酵过程中糖化酶活力损失引起的系列问题提供了启发。

一、预添加糖化酶糖化发酵生产柠檬酸

基于低廉的成本与丰富的营养成分等优势，玉米液化液广泛应用于柠檬酸发酵过程

中。然而玉米淀粉不能直接用作碳源，必须首先被水解成低分子量葡萄糖才能被吸收利用。由于它能够生产与分泌多种水解酶类，尤其如糖化酶与淀粉酶，黑曲霉是发酵生产柠檬酸的重要菌种。虽然传统意义上的同步糖化发酵工艺已经应用于柠檬酸生产过程中，但发酵体系 pH 急剧下降造成糖化酶活力大量失活，发酵结束仍然存在大量残糖（残糖浓度高达 $20g \cdot L^{-1}$）。

为降低发酵残总糖浓度，提高可发酵糖含量，笔者提出了预糖化发酵工艺（pre-saccharification fermentation，PSF），即在发酵开始前预加糖化酶，60℃糖化 2h，然后进行正常发酵，发酵结果如图 5-11 所示。与传统发酵方式［如图 5-11(c) 所示，$16.5g \cdot L^{-1}$］相比，经预糖化处理的初始葡萄糖浓度显著提高至 $102.5g \cdot L^{-1}$。正如预料的一样，发酵结束时，柠檬酸产量提高 $1.2g \cdot L^{-1}$，发酵时间缩短 2h；然而高浓度葡萄糖会引起细胞内渗透压不平衡，抑制细胞生长；伴随着发酵液中葡萄糖浓度下降与菌种适应性，这种抑制效应逐渐削弱；发酵 24h 后，随着可发酵性糖含量升高，柠檬酸合成速率逐渐超过对照组［图 5-11(f)］。

发酵初始阶段，糖化酶活力迅速增加；伴随着发酵体系 pH 的急剧下降，糖化酶活力开始明显降低，结果如图 5-11(d)、(e) 所示。在 PSF 发酵方式下，初始预加的糖化酶，部分糖化酶活力会残留在发酵液中。高活力的糖化酶会降低发酵液残总糖含量，在 PSF 模式下，发酵结束时，发酵液残总糖下降 10.4%，同时提高了柠檬酸产量，缩短发酵时间，提高发酵效率。然而，在发酵中后期，糖化酶活力急剧下降，它会限制柠檬酸产率进一步提高。总体来讲，在 PSF 模式下，尽管在发酵初始阶段，高浓度葡萄糖抑制了细胞生长与降低了产物合成速率，但纵观整个发酵过程，它在一定程度上提高了柠檬酸合成速率。为进一步提高柠檬酸产量，需在发酵过程中适时补偿酶活力损失。

二、黑曲霉糖化酶与商品糖化酶不同 pH 条件下的酶学特性分析

同步糖化发酵是一种高效发酵方式，它能解决高浓度糖抑制问题与减少生产成本，普遍应用于乙醇、有机酸生产中。柠檬酸传统同步发酵方式是基于生产菌种自身分泌的糖化酶用于原料糖化过程；因此，从淀粉质原料直接提供葡萄糖用于发酵，尤其是在柠檬酸积累造成的低 pH 发酵体系中，糖化酶活力起着至关重要的作用。

在 PSF 发酵模式中，尽管发酵效率比传统发酵方式提高了 $0.12g \cdot L^{-1} \cdot h^{-1}$，但在发酵初期预糖化产生的高浓度葡萄糖抑制细胞生长及发酵中后期低 pH 的发酵体系，糖化酶活力损失严重，影响小分子糖供应速率，进而影响发酵产酸效率。在此背景下，筛选一种 pH 耐受性优良的糖化酶，在发酵过程中适时添加，补偿发酵过程中糖化酶活力损失，强化同步发酵过程。首先，笔者系统比较了不同 pH 条件下商品糖化酶与黑曲霉糖化酶酶学特性（图 5-12）；pH 从 2.10 降至 1.80 时，商品糖化酶的稳定性比黑曲霉自身分泌的糖化酶更高。在 pH 1.80 培养孵育 10h，商品糖化酶仍然能够保持 70%以上活力，而黑曲霉活力降至 50%以上［图 5-12(a)、(c)］。两种糖化酶的最适 pH 均为 4.60，而商品糖化酶具有更宽的 pH 范围，尤其是在低 pH 条件下［图 5-12(b)、(d)］。总体来讲，商品糖化酶在低 pH 环境体系具有更好的稳定性，在后续发酵中，更适合添加此糖化酶进一步强化柠檬酸合成。

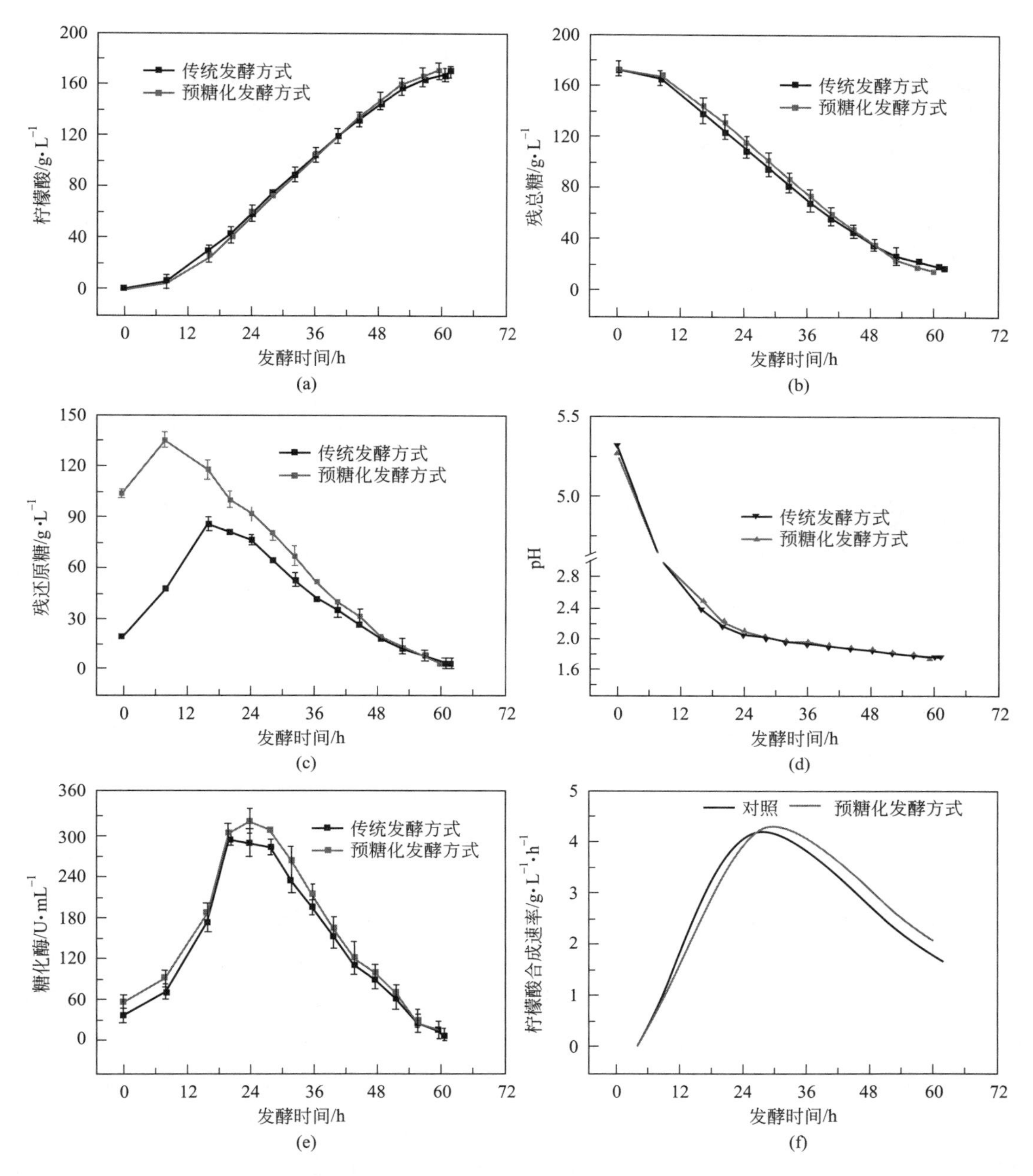

图 5-11　添加糖化酶预糖化发酵方式下的柠檬酸发酵（a）柠檬酸产量、（b）残总糖、（c）残葡萄糖、（d）pH、（e）糖化酶活力、（f）柠檬酸合成速率

三、发酵过程添加糖化酶策略产柠檬酸

在基于淀粉质原料的同步发酵方式中，糖化酶起着重要的作用，尤其是在柠檬酸高度积累的发酵体系中，pH 持续下降造成酶活力损失；为强化柠檬酸发酵过程，在摇瓶水平上考察了阶段添加条件如糖化酶添加水平、添加 pH 与添加策略等对柠檬酸发酵的影响。

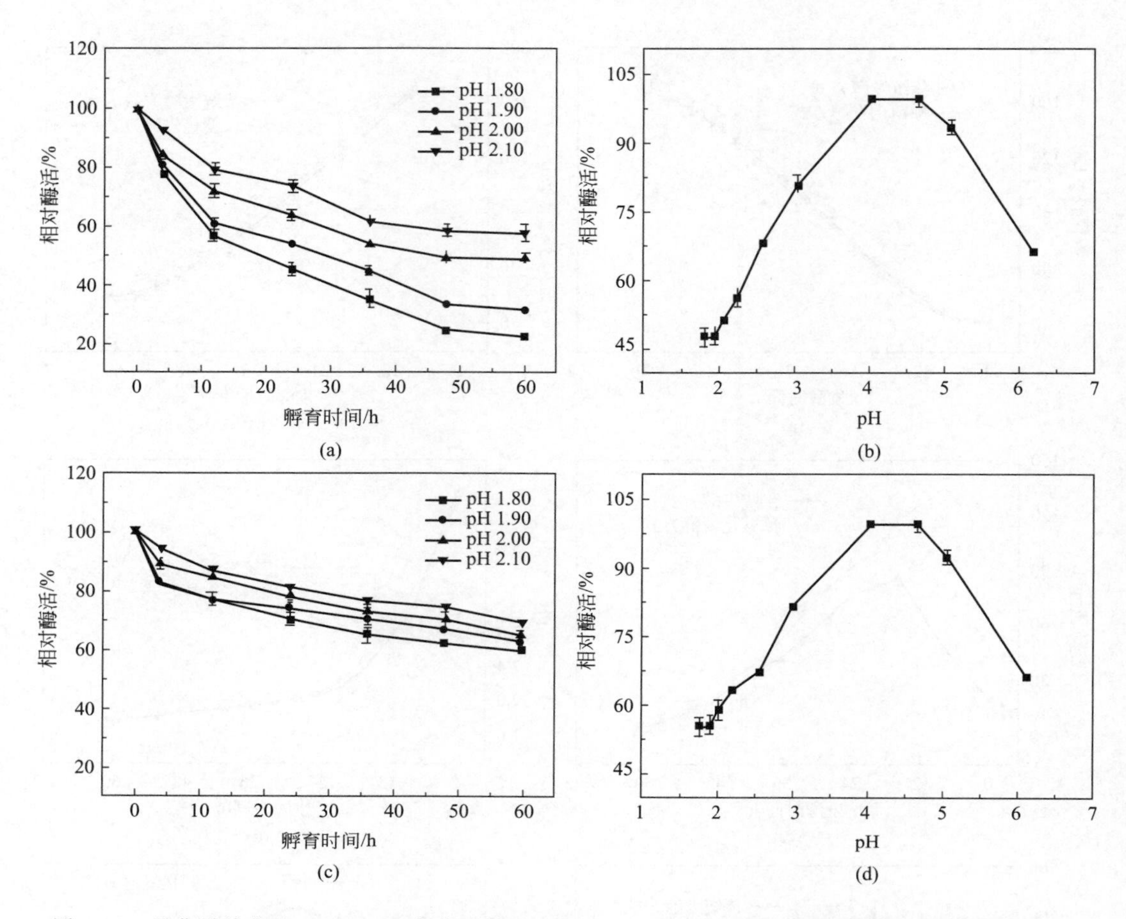

图 5-12　黑曲霉糖化酶（a）、（b）与商品糖化酶（c）、（d）在不同 pH 条件下酶活力与稳定性影响

首先，糖化酶添加量基于残总糖与残葡萄糖的差值，添加水平设置在 100U·g^{-1}、300U·g^{-1}、600U·g^{-1}、1000U·g^{-1}，添加 pH 为 2.10；酶添加量在 100～600U·g^{-1} 范围内，随着添加水平的增加，柠檬酸产量从 159.2g·L^{-1}提高到 162.2g·L^{-1}；当添加量提高至 1000U·g^{-1}时，柠檬酸产量仅仅增加 0.3g·L^{-1}（162.5g·L^{-1}），如图 5-13(a) 所示。相应地，残总糖浓度由 26.5g·L^{-1}降至 22.8g·L^{-1}，下降 14.0%［图 5-13(b)］。这些研究结果与先前的报道一致，高活力糖化酶可以提高富马酸产量。因此，淀粉质原料用于发酵过程中，糖化酶活力需要维持在一定水平，确保可发酵性糖的释放；在后续实验中，选择添加水平 600U·g^{-1}。

在前期的 PSF 工艺中，高葡萄糖浓度会抑制细胞生长与柠檬酸合成速率；因此，发酵培养过程中，选择合适的时机添加糖化酶非常重要。基于糖化酶在不同 pH 条件下的酶学特性，笔者考察了 pH 添加时机（2.50、2.10、1.90、1.80；糖化酶添加量为 600U·g^{-1}）对柠檬酸合成的影响，结果如图 5-13(c)、(d) 所示，pH 2.10 添加糖化酶，柠檬酸产量达到最高，为 162.5g·L^{-1}，残总糖最低（22.5g·L^{-1}）。事实上，柠檬酸合成速率与自身分泌的糖化酶活性在 pH 2.10 时均达到最高［图 5-13(d)、(e)、(f)］。在此条件下适时添加糖化酶，确保了充足的葡萄糖供应，强化同步发酵过程。选择较高 pH（2.50）为加酶时机，柠

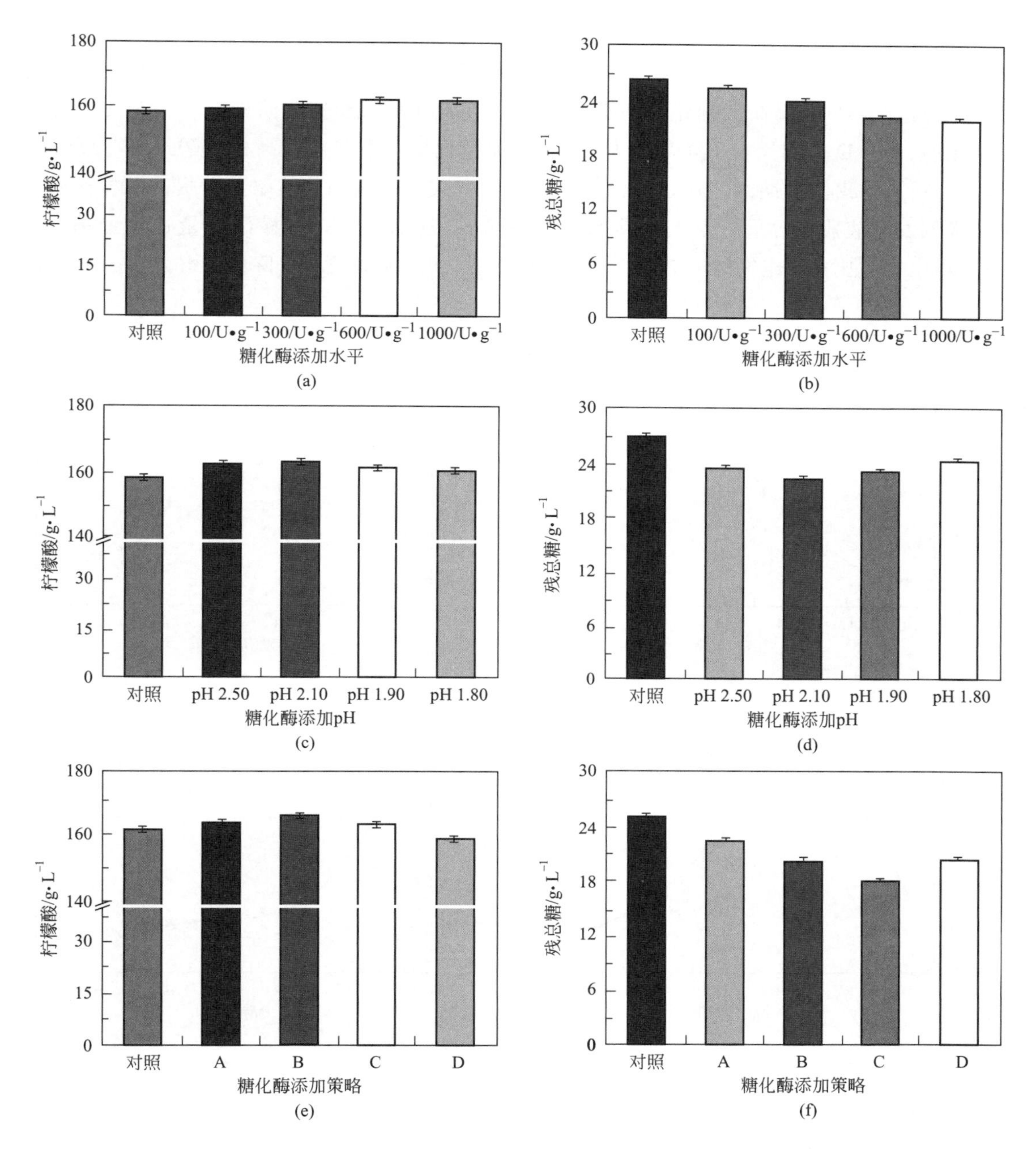

图 5-13　糖化酶添加水平［(a)、(b) 添加 pH 2.10；添加策略为一次性添加］、添加 pH［(c)、(d) 添加水平 600U·g^{-1}；添加策略为一次性添加］、添加策略［(e)、(f) 添加水平 600U·g^{-1}；添加 pH 2.10］对柠檬酸产量与发酵残糖的影响

糖化酶添加水平是基于残总糖与葡萄糖浓度的差值；A 代表一次性加酶策略；B～D 分别代表每隔 3h、6h、9h 加酶策略

檬酸产量比 pH 2.10 低 1.0g·L^{-1}，可能较高 pH 条件下的高浓度糖发生抑制作用。在低 pH 条件下（1.90、1.80）加酶，柠檬酸产量进一步降低，可能柠檬酸合成速率受到葡萄糖供应速率的影响。因此，选择在 pH 2.10 添加酶可以改善柠檬酸合成速率。

阶段控制策略基于目标产物合成特点与菌种生理学特性，广泛应用于有机酸与氨基酸发酵过程中。在柠檬酸发酵过程中，伴随着柠檬酸的积累，pH 的急剧下降造成了糖化酶活力损失；为适应不同发酵阶段糖化酶需求，笔者提出了阶段添加糖化酶策略（A 为一次性添加糖化酶；B～D 分别代表每隔 3h、6h、9h 添加糖化酶）进一步提高柠檬酸产量［图 5-13 (e)、(f)］。与我们预期的一样，相比一次性加酶方式，阶段加酶策略显著提高了柠檬酸产量，降低发酵液残糖含量。令人惊喜的是，每隔 6h 加酶方式，柠檬酸产量达到最高，为 166.3g・L^{-1}，比对照组提高了 7.2g・L^{-1}；相应地，残总糖浓度显著降低，由 25.9g・L^{-1}降

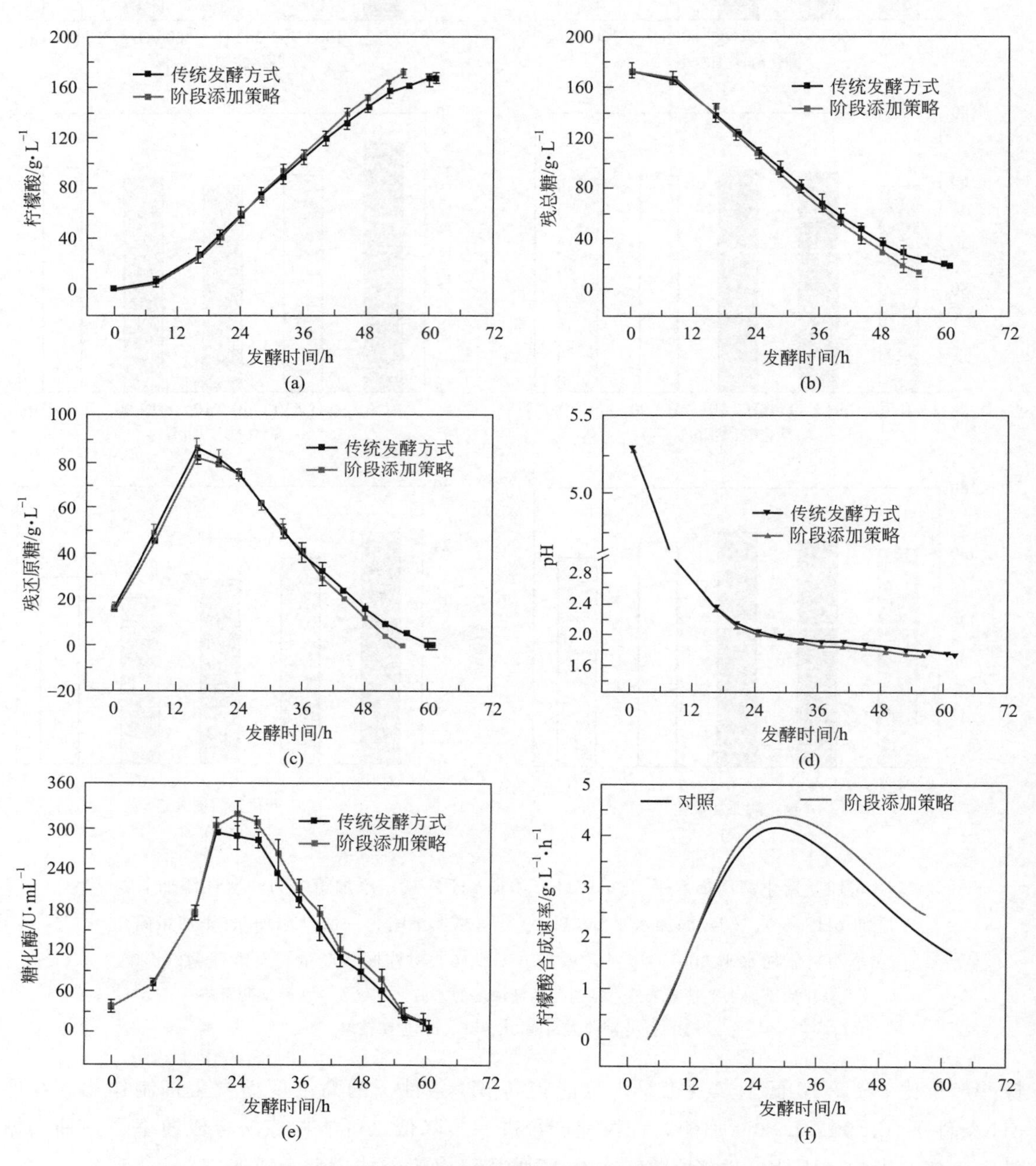

图 5-14　基于阶段加酶策略的柠檬酸发酵

至 18.7g·L^{-1}，降低了 27.8%。上述研究结果进一步证实，阶段加酶策略能够适时补偿糖化酶损失，能够更好地协同柠檬酸同步发酵过程。

四、阶段添加糖化酶策略生产柠檬酸

基于摇瓶培养结果，在 24L 发酵罐考察阶段添加糖化酶策略实验，结果如图 5-14 所示。在基于淀粉质原料的柠檬酸发酵过程中，提高糖化酶活力非常重要，它有助于提高可发酵性糖浓度；阶段加酶策略有助于适时补偿因 pH 急剧下降造成的糖化酶活力损失 [图 5-14(d)、(e)]，同步促进产物积累发酵过程。柠檬酸合成速率明显增加 [图 5-14(f)]，发酵周期明显缩短 6h，柠檬酸产量也明显增加，比对照增加 3.8g·L^{-1} [图 5-14(a)]。进一步地，发酵液残总糖明显下降，由 19.2g·L^{-1}降至 13.2g·L^{-1}，下降了 31.3%，明显提高了淀粉质原料的转化效率；发酵液残糖含量的下降，会明显简化后期发酵产物的分离与纯化工艺。总体来看，笔者提出的阶段加酶策略提高了柠檬酸产率，同时节约了产品纯化成本。

同时笔者比较了不同发酵策略如传统发酵方式、PSF 策略、阶段加酶策略，结果如表 5-5所示。与传统发酵方式相比，PSF 策略与阶段加酶策略更具优势，柠檬酸产量分别提高了 1.2g·L^{-1}、3.8g·L^{-1}，发酵周期分别缩短了 2h、6h，发酵液残糖分别降低了 10.4%与 31.3%；由此表明，添加糖化酶可提高发酵性糖含量，有助于提高发酵效率。需特别指出的是，阶段加酶策略显著提高了发酵效率，发酵强度由 2.78g·L^{-1}·h^{-1}提高至 3.15g·L^{-1}·h^{-1}，提高了 13.3%，显著降低了生产成本。上述研究结果表明，阶段添加糖化酶对实现高效合成柠檬酸是可行的。

表 5-5 不同发酵模式下的发酵参数

发酵模式	柠檬酸 /g·L^{-1}	残总糖 /g·L^{-1}	发酵时间 /h	发酵强度 /g·L^{-1}·h^{-1}
对照	169.4±5.4	19.2±1.6	61±3.0	2.78±0.11
预糖化	170.6±6.2	17.2±3.1	59±2.6	2.89±0.14
阶段加酶	173.2±4.1	13.2±2.8	55±2.0	3.15±0.09

参 考 文 献

[1] Förster A，Aurich A，Mauersberger S，et al. Citric acid production from sucrose using a recombinant strain of the yeast *Yarrowia lipolytica* [J]. Applied Microbiology and Biotechnology，2007，75 (6)：1409-1417.

[2] Elmer L G J. Fermentation process kinetics [J]. Journal of Biochemical and Microbiological Technology and Engineering，1959 (1)：413-429.

[3] Arzumanov T，Shishkanova N，Finogenova T. Biosynthesis of citric acid by *Yarrowia lipolytica* repeat-batch culture on ethanol [J]. Applied Microbiology and Biotechnology，2000，53 (5)：525-529.

[4] Rywińska A，Rymowicz W. High-yield production of citric acid by *Yarrowia lipolytica* on glycerol in repeated-batch bioreactors [J]. Journal of Industrial Microbiology & Biotechnology，2010，37 (5)：431-435.

[5] Moeller L，Grünberg M，Zehnsdorf A，et al. Repeated fed-batch fermentation using biosensor online control for citric acid production by *Yarrowia lipolytica* [J]. Journal of Biotechnology，2011，153 (3-4)：133-137.

[6] Rywińska A，Juszczyk P，Wojtatowicz M，et al. Chemostat study of citric acid production from glycerol by *Yarrowia*

lipolytica [J] . Journal of Biotechnology, 2011, 152 (1-2): 54-57.

[7] Anastassiadis S, Morgunov I G, Kamzolova S V, et al. Citric acid production patent review [J] . Recent Patents on Biotechnology, 2008, 2 (2): 107-123.

[8] Osherov N, May G S. The molecular mechanisms of conidial germination [J] . FEMS Microbiology Letters, 2001, 199: 153-160.

[9] Sun Q X, Chen X S, Ren X D, et al. Improvement of ε-poly-l-lysine production through seed stage development based on in situ pH monitoring [J] . Applied Biochemistry and Biotechnology, 2014, 175 (2): 802-812.

[10] Dantigny P, Bensoussan M, Vasseur V, et al. Standardisation of methods for assessing mould germination: a workshop report [J] . International Journal of Food Microbiology, 2006, 108 (2): 286-291.

[11] Setlow P. Spore germination [J] . Current Opinion in Microbiology, 2003, 6 (6): 550-556.

[12] Wang L, Cao Z, Hou L, et al. The opposite roles of *agdA* and *glaA* on citric acid production in *Aspergillus niger* [J] . Applied Microbiology and Biotechnology, 2016, 100 (13): 5791-5803.

[13] Szymanowska-Powałowska D, Lewandowicz G, Kubiak P, et al. Stability of the process of simultaneous saccharification and fermentation of corn flour. The effect of structural changes of starch by stillage recycling and scaling up of the process [J] . Fuel, 2014, 119: 328-334.

[14] Nikolić S, Mojović L, Pejin D, et al. Production of bioethanol from corn meal hydrolyzates by free and immobilized cells of *Saccharomyces cerevisiae* var. ellipsoideus [J] . Biomass and Bioenergy, 2010, 34 (10): 1449-1456.

[15] Carlos R, Soccol L P S V, Cristine Rodrigues, Pandey A. New perspectives for citric acid production and application [J] . Food Technol Biotechnol, 2006, 44 (2): 141-149.

[16] Krull R, Wucherpfennig T, Esfandabadi M E, et al. Characterization and control of fungal morphology for improved production performance in biotechnology [J] . Journal of Biotechnology, 2013, 163 (2): 112-123.

[17] Belmar-Beiny M T, Thomas C R. Morphology and clavulanic acid production of *Streptomyces clavuligerus*: effect of stirrer speed in batch fermentations [J] . Biotechnology and Bioengineering, 1991, 37 (5): 456-462.

[18] Paul G C, Priede M A, Thomas C R. Relationship between morphology and citric acid production in submerged *Aspergillus niger* fermentations [J] . Biochemical Engineering Journal, 1999, 3 (2): 121-129.

[19] Xin B, Xia Y, Zhang Y, et al. A feasible method for growing fungal pellets in a column reactor inoculated with mycelium fragments and their application for dye bioaccumulation from aqueous solution [J] . Bioresource Technology, 2012, 105: 100-105.

[20] Lu F, Ping K, Wen L, et al. Enhancing gluconic acid production by controlling the morphology of *Aspergillus niger* in submerged fermentation [J] . Process Biochemistry, 2015, 50 (9): 1342-1348.

[21] Rane K D, Sims K A. Citric acid production by *Candida lipolytica* Y 1095 in cell recycle and fed-batch fermentors [J] . Biotechnology and Bioengineering, 1995, 46 (4): 325-332.

[22] Papagianni M. Advances in citric acid fermentation by *Aspergillus niger*: biochemical aspects, membrane transport and modeling [J] . Biotechnology Advances, 2007, 25 (3): 244-263.

[23] Papagianni M, Wayman F, Mattey M. Fate and role of ammonium ions during fermentation of citric acid by *Aspergillus niger* [J] . Applied and Environmental Microbiology, 2005, 71 (11): 7178-7186.

[24] John R P, Anisha G S, Nampoothiri K M, et al. Direct lactic acid fermentation: focus on simultaneous saccharification and lactic acid production [J] . Biotechnology Advances, 2009, 27 (2): 145-152.

[25] Huang X, Chen M, Lu X, et al. Direct production of itaconic acid from liquefied corn starch by genetically engineered *Aspergillus terreus* [J] . Microbial Cell Factories, 2014, 13: 108.

[26] Bialas W, Szymanowska D, Grajek W. Fuel ethanol production from granular corn starch using *Saccharomyces cerevisiae* in a long term repeated SSF process with full stillage recycling [J] . Bioresource Technology, 2010, 101 (9): 3126-3131.

[27] Saha B C, Nichols N N, Qureshi N, et al. Pilot scale conversion of wheat straw to ethanol via simultaneous sacchar-

ification and fermentation [J]. Bioresource Technology, 2015, 175: 17-22.

[28] Suzuki A, Sarangbin S, Kirimura K, et al. Direct production of citric acid from starch by a 2-deoxyglucose-resistant mutant strain of Aspergillus niger [J]. Journal of fermentation and bioengineering, 1996, 81 (4): 320-323.

[29] Cheng L-K, Wang J, Xu Q-Y, et al. Strategy for pH control and pH feedback-controlled substrate feeding for high-level production of l-tryptophan by *Escherichia coli* [J]. World Journal of Microbiology and Biotechnology, 2013, 29 (5): 883-890.

[30] Sun J, Zhang L, Rao B, et al. Enhanced acetoin production by *Serratia marcescens* H32 using statistical optimization and a two-stage agitation speed control strategy [J]. Biotechnology and Bioprocess Engineering, 2012, 17 (3): 598-605.

[31] Zhang J, Liu L, Li J, et al. Enhanced glucosamine production by *Aspergillus sp*. BCRC 31742 based on the time-variant kinetics analysis of dissolved oxygen level [J]. Bioresource Technology, 2012, 111: 507-511.

[32] Li X, Lin Y, Chang M, et al. Efficient production of arachidonic acid by *Mortierella alpina* through integrating fed-batch culture with a two-stage pH control strategy [J]. Bioresource Technology, 2015, 181: 275-282.

[33] Riaz M, Rashid M H, Sawyer L, et al. Physiochemical properties and kinetics of glucoamylase produced from deoxy-d-glucose resistant mutant of *Aspergillus niger* for soluble starch hydrolysis [J]. Food Chemistry, 2012, 130 (1): 24-30.

[34] Betiku E, Adesina O A. Statistical approach to the optimization of citric acid production using filamentous fungus *Aspergillus niger* grown on sweet potato starch hydrolyzate [J]. Biomass and Bioenergy, 2013, 55: 350-354.

[35] Haq I U, Ali S, Iqbal J. Direct production of citric acid from raw starch by *Aspergillus niger* [J]. Process Biochemistry, 2003, 38 (6): 921-924.

[36] Deng Y, Li S, Xu Q, et al. Production of fumaric acid by simultaneous saccharification and fermentation of starchy materials with 2-deoxyglucose-resistant mutant strains of *Rhizopus oryzae* [J]. Bioresource Technology, 2012, 107: 363-367.

[37] Joglekar H, Rahman I, Babu S, et al. Comparative assessment of downstream processing options for lactic acid [J]. Separation and Purification Technology, 2006, 52 (1): 1-17.

第六章 柠檬酸提取及废物资源化利用技术

成熟的柠檬酸发酵醪中，除含有主产物柠檬酸之外，还含有菌丝体、纤维素、原料残渣等不溶性固形物；草酸、异柠檬酸、葡萄糖酸等杂酸；多糖、非发酵性糖、蛋白类胶体物质、色素、矿物质及其他代谢产物等可溶性化合物。它们或来自发酵原料，或在发酵过程中产生，它们或溶存或悬浮于发酵醪中。要制备柠檬酸纯品，需要去除这些杂质，通常包括四个步骤：①去除菌丝体和其他固形物得到滤液；②用钙盐法或色谱法从滤液中初步纯化柠檬酸溶液；③初步纯化的柠檬酸溶液利用离子交换去除离子，然后脱色后得到精制柠檬酸溶液；④精制的柠檬酸溶液经过蒸发、结晶、干燥得到柠檬酸成品。

其中，从滤液中提取柠檬酸的方法是整个柠檬酸提取工艺流程的核心步骤，决定着提取工艺的流程、设备投入、成品收率、物料消耗、能量消耗和产品品质等。报道的提取柠檬酸的方法主要有钙盐法、直接提取法、溶剂萃取法、离子交换法和色谱法等，如表 6-1 所示。当前，国内柠檬酸生产厂家主要采用的提取工艺是改良钙盐法（氢钙法）和色谱法。

表 6-1　不同发酵模式下的发酵参数

提取方法	现状
钙盐法	是当前世界上柠檬酸工业最广泛采用的工艺，安全性高，有石膏废渣
溶剂萃取法	仅美国 ADM、Cargill 和 AE Staley 的部分厂在使用，无石膏废渣
全离子交换法	20 世纪 70 年代初有投产实例，后淘汰，改进后较过去完善，无石膏废渣，但未工业化生产
连续离子交换法	利用冷吸附、热洗脱原理，连续化生产，无石膏废渣，蒸发负荷大，无投产实例
色谱离子交换法	与连续离子交换法类似，提取液酸浓度高，蒸发负荷小，无石膏废渣
电溶析法	设备简单，不需酸、碱再生，无石膏废渣，但提取液中易炭化物高，酸度低，未投产
直接提取法	生产液体柠檬酸或结晶，易与液体柠檬酸相结合

第一节　固液分离

一、发酵液预处理

预处理的目的是为柠檬酸的提取工作创造一个好的条件。柠檬酸发酵液主要是将新鲜成熟发酵液进行热处理，热处理温度为75～90℃，时间宜短不宜长。热处理具有以下几个作用：

① 及时热处理可杀灭柠檬酸产生菌和杂菌，终止发酵，防止柠檬酸被代谢分解；

② 使蛋白质变性而凝聚，破坏了胶体，降低了料液黏度，利于过滤；

③ 可使菌体中的柠檬酸部分释放出来。

但热处理要注意以下几个问题：

① 温度过高和受热时间过长，会使菌体破裂而自溶，释放出蛋白质，反而使料液黏度增加，颜色变褐，不利于净化；

② 过长时间的直接蒸汽加热，会增加料液稀释度，有损于收率（最好间接加热）；

③ 发酵液可在发酵罐内间接或直接加热，或在运输过程中采用换热器加热，或在过滤储罐中加热，但不能破坏菌体，否则影响过滤。

二、发酵液固形物分离

（1）过滤的目标

① 彻底除去发酵液中的悬浮物；

② 除去发酵液中的草酸；

③ 尽可能减少滤液的稀释度；

④ 把柠檬酸的损失减少到最低限度。

（2）基本原理　利用一种有很多毛细孔的物体作为过滤介质，利用过滤介质两侧的压力差为推动力，使被过滤的液体由介质的小孔通过以得到澄清的滤液，悬浮物被截留而积聚在介质表面形成滤饼。

（3）过滤设备　分离发酵液中固形物有压滤、吸滤和离心等几种方法。

由于国内柠檬酸生产均采用黑曲霉发酵，深层液体培养形成菌丝球，采用离心得到的菌丝体含水率较高，柠檬酸损失较大，且设备投资巨大。国内厂家通常不采用离心的方法。

国内多采用板框压滤，优点是：菌丝体滤渣含水率低，柠檬酸损失小；冲洗水量少，不会稀释柠檬酸浓度。缺点是：间歇运行，需要不断地拆洗板框和滤布，效率低，设备投入大，人工成本高。近年来全自动化板框压滤机、免清洗滤布等设备在生产中的不断应用逐渐弥补其缺陷。

真空带式过滤机在菌丝体的分离上也得到了广泛应用，它是借助循环水式真空泵产生的负压，将滤液从滤层中吸出。由于其实现连续运行，在生产效率上具有明显的优势，设备台数少，投资低，人员需求少。但是也同样存在缺点：洗涤水量大，对柠檬酸的稀释度增加；菌丝体滤渣的含水率高，柠檬酸损失大；设备维护成本高。

发酵液过滤是提取过程中柠檬酸损失最大的环节，因此是生产企业关注的重点。为了减少柠檬酸的损失，提高收率，菌丝体通常需要经过二次复滤，即第一次过滤得到的菌丝体滤渣加水调浆洗涤后，再次过滤，得到稀柠檬酸溶液与第一次的滤液混合。虽然二次复滤可以回收部分损失的柠檬酸，但是增加了关于流程和设备的投入，增加了柠檬酸溶液的稀释度，因此，控制合适的洗涤水量是平衡得失的关键。

通常，各厂家根据自身的工艺需求选择不同的过滤设备，也可以在两次过滤中选择不同的设备配合使用，但第二次复滤宜选用板框过滤，控制菌丝体含水率，不仅减少柠檬酸损失，同时也便于菌丝体渣的综合利用。

(4) 影响过滤速度的因素 包括发酵液的性质、料液温度、过滤的推动力、过滤介质以及助滤剂的种类等。在分离菌丝体时，通常不采用助滤剂，避免对其综合利用产生负面影响。

第二节 钙盐法提取工艺

目前其提纯工艺基本上都是采用钙盐沉淀法，包括以下步骤：发酵液过滤除菌体→加入碳酸钙生成钙盐（CO_2 排出）→钙盐过滤分离（发酵废水排出）→用硫酸分解钙盐生成柠檬酸和硫酸钙→石膏过滤分离（石膏排出）→阳离子交换清除杂质→阴离子交换清除杂质→活性炭脱色→浓缩、结晶→柠檬酸产品（工艺流程图详见图 6-1）。

柠檬酸提取普遍采用钙盐法，此工艺特点是柠檬酸发酵液经过过滤后用石灰与柠檬酸中和反应生成柠檬酸钙，再用硫酸与柠檬酸钙进行酸解反应还原生成硫酸钙和柠檬酸，通过液体、固体、液体的物态变化，从而达到去掉各种杂质、提纯柠檬酸的目的。改良钙盐法（氢钙法）则包含三步反应，除了上述两步反应之外，中间还增加了柠檬酸钙与柠檬酸的进一步反应，柠檬酸钙转化成柠檬酸氢钙沉淀。改良后，可以大幅度减少柠檬酸提取过程中的硫酸、碳酸钙和能源的消耗，减少污水和 CO_2 的排放量，提高柠檬酸的收率，具有较好的环境效益、社会效益和经济效益。

其反应原理如下：

① 柠檬酸和碳酸钙反应生成溶解度极小的柠檬酸三钙沉淀，经过过滤得到柠檬酸三钙固体，滤液是含有部分残糖、蛋白质、色素和杂酸的有机废水。反应式如下：

$$\underset{\text{柠檬酸}}{2C_6H_8O_7} + \underset{\text{碳酸钙}}{3CaCO_3} + \underset{\text{水}}{H_2O} = \underset{\text{四水柠檬酸三钙}}{Ca_3(C_6H_5O_7)_2 \cdot 4H_2O} + \underset{\text{二氧化碳}}{3CO_2}$$

② 柠檬酸和柠檬酸三钙在酸性条件下反应生成柠檬酸一氢钙和柠檬酸二氢钙，再次经过滤得到柠檬酸氢钙沉淀，含有柠檬酸的滤液重新返回系统中。反应式如下：

$$5Ca_3(C_6H_5O_7)_2 \cdot 4H_2O + 8C_6H_8O_7 + 16H_2O = 3CaH_4(C_6H_5O_7)_2 + 6Ca_2H_2(C_6H_5O_7)_2 \cdot 6H_2O$$

四水柠檬酸三钙　　柠檬酸　　水　　柠檬酸二氢钙　　柠檬酸一氢钙

③ 柠檬酸氢钙用硫酸酸解，反应生成柠檬酸和硫酸钙沉淀，经过过滤得到初步纯化的柠檬酸溶液，滤渣为硫酸钙固体。反应式如下：

$$Ca_3(C_6H_5O_7)_2 \cdot 4H_2O + 3H_2SO_4 + 4H_2O = 2C_6H_8O_7 \cdot H_2O + 3CaSO_4 \cdot 2H_2O$$

$$Ca_2H_2(C_6H_5O_7)_2 + 2H_2SO_4 + 6H_2O = 2C_6H_8O_7 \cdot H_2O + 2CaSO_4 \cdot 2H_2O$$

$$CaH_4(C_6H_5O_7)_2 + H_2SO_4 + 4H_2O = 2C_6H_8O_7 \cdot H_2O + CaSO_4 \cdot 2H_2O$$

一、中和的目标

① 从发酵清滤液中提取高纯度的柠檬酸（氢）钙；

② 柠檬酸（氢）钙要易过滤和洗涤；

③ 废水中柠檬酸（氢）钙沉淀要限制在最低程度；

④ 尽可能减少洗涤水量，把柠钙溶损减少到允许范围。

二、影响中和的因素

中和工序是影响柠檬酸成品质量、产品收率的关键工段。其影响因素主要包括以下几个方面：

① 滤液的质量：它是关键中的关键问题。带有悬浮物和蛋白质胶体物质的滤液，缓冲性大，影响中和终点的控制，用碳酸钙中和时产生泡沫多而不易消失，这种杂质影响柠檬酸钙结晶，易黏附或包埋在柠檬酸钙晶体颗粒内，生成的钙盐颗粒细小且黏稠，使滤速下降，洗水很难透过滤层，易炭化物难以洗净，因而造成钙盐质量差、洗水耗量高、流损多而工效低。

稀释度太大的料液则导致废水排放量大、柠檬酸钙溶损多且能耗高。

② pH 的控制。中和终点 pH 对柠檬酸钙的质量有决定性的影响，pH 在偏酸性范围时，柠檬酸钙的质量比偏碱性条件下要纯得多，但溶解度也相应增加；在接近和达到碱性范围时，发酵液中固有的可溶性有机杂质（主要是蛋白质和碳水化合物）会形成胶黏性物质而析出，许多弱酸络合物也会变成不溶性化合物，这些杂质都会混入钙盐沉淀中。

③ 中和温度：温度对柠檬酸钙的溶解度有重要的影响。

④ 其他阳离子的影响等。

三、影响酸解的因素

(1) 温度　温度与反应速率成正比。为使反应均衡完全，应适当控制基料温度和升温速度。同时，温度也关系到硫酸钙的结晶形态、溶解度以及它的过滤速度和洗涤难易程度。

(2) 硫酸添加量 硫酸在酸解反应中的主要作用：参与化学反应，获得粗柠檬酸液；保证反应完全，提高产品收率；炭化除去部分易炭化物，利于产品质量；降低硫酸钙在柠檬酸液中的溶解度，减轻阳离子交换树脂的负荷。

(3) 反应速率 加入硫酸速度过快，搅拌混合不匀和硫酸加入速度过慢，或中途停顿，会产生硫酸钙包埋柠檬酸钙的现象，使反应不完全。加入硫酸的速度过快也有不安全因素。同时酸解时间过长，二水石膏的针状结晶会被搅拌打断，影响过滤和洗涤。因此，要适当控制反应速率，在温度允许的范围内，硫酸加入的速度控制在 30min 左右。

第三节　色谱法提取工艺

柠檬酸生产属于重污染行业，发酵液中含有残糖、蛋白质、色素、胶体物、无机盐及原料中带入的各种杂质。因此，要获得符合高质量标准要求的柠檬酸成品，必须采取一系列物理及化学的方法提纯处理（图 6-1）。

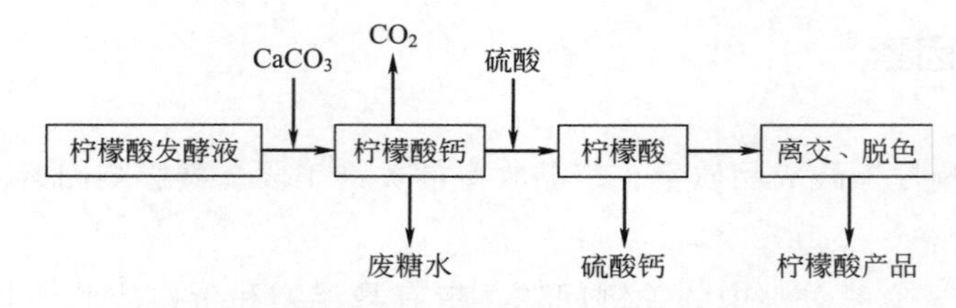

图 6-1　柠檬酸提取工艺流程

此工艺从柠檬酸生产实现工业化开始，一直沿用至今，已经几十年。虽然经过多次改进，但其工艺路线长，成本高，需要消耗大量硫酸和碳酸钙（石粉），且产生大量的废气、废水、废渣，成为企业的沉重包袱，“三废”处理费用占生产成本的 10%～15%，成了困扰柠檬酸行业发展的难题。

为此，国内外行业的专家和单位，多少年来，一直没有停止过寻求革除钙盐法的柠檬酸提取研究工作。

为解决以上难题，世界上进行了萃取和吸附分离技术研究来替代钙盐沉淀法生产工艺。其中萃取分离技术以色列已研究成功，并在美国一公司组织生产，但由于生产中萃取溶剂的乳化及产品中萃取溶剂的残留，使产品在食品、医药行业中的使用受到影响；因此，技术至今无法推广使用。我国曾先后进行过溶剂萃取、离子交换等分离柠檬酸的工业试验，但均因不成熟而未能在行业中推广。吸交提取法是在研究的另一柠檬酸提取方法，但至今所有这些分离技术都是使用各种阴离子交换树脂（D318 等）从发酵液中吸附柠檬酸后，使用酸进行脱附，然后再用碱进行树脂再生；或使用碱进行脱附获得柠檬酸盐，然后用阳离子交换树脂加酸进行转型成柠檬酸。这些方法都需要使用大量的酸碱，且形成“三废”问题没有得到改善，需要进行后续处理。

目前，国内唯一成功进行工业化应用的绿色环保的色谱分离技术为模拟移动床连续分离提取技术，年产能达 8 万吨。

一、色谱工艺的基本原理

色谱分离是利用溶液中的不同组分在色谱分离室中的迁移速度的不同，进行混合物组分分离。

使用外力使含有样品的流动相（气体、液体或超临界流体）通过一固定于柱或平板上、与流动相互不相溶的固定相表面。

样品中各组分在两相中进行不同程度的作用。与固定相作用强的组分随流动相流出的速度慢，反之，与固定相作用弱的组分随流动相流出的速度快。由于流出的速度的差异，使得混合组分最终形成各个单组分的“带”或“区”，对依次流出的各个单组分物质可分别进行收集。

当含有不同成分的溶液（发酵液浓缩液）被注入一个树脂床并用水冲洗时，其中一些成分（柠檬酸）比其他成分更易于“停留”，如果系统的排出能够导向两个目标，那么“慢的”产品（柠檬酸）和“快的”的产品（杂质）之间的分离就能够实现。

通过模拟移动床的技术，将几根树脂柱组合成一个系统，通过阀门的切换来实现不同的树脂分离单元分别处于进样、柠檬酸收集、排污、清洗等状态，从而实现生产连续运行。

二、色谱工艺说明

色谱工艺不需要用石灰中和、硫酸酸解，此处对与钙盐法不同的主要更改工序进行简要说明（图 6-2）。

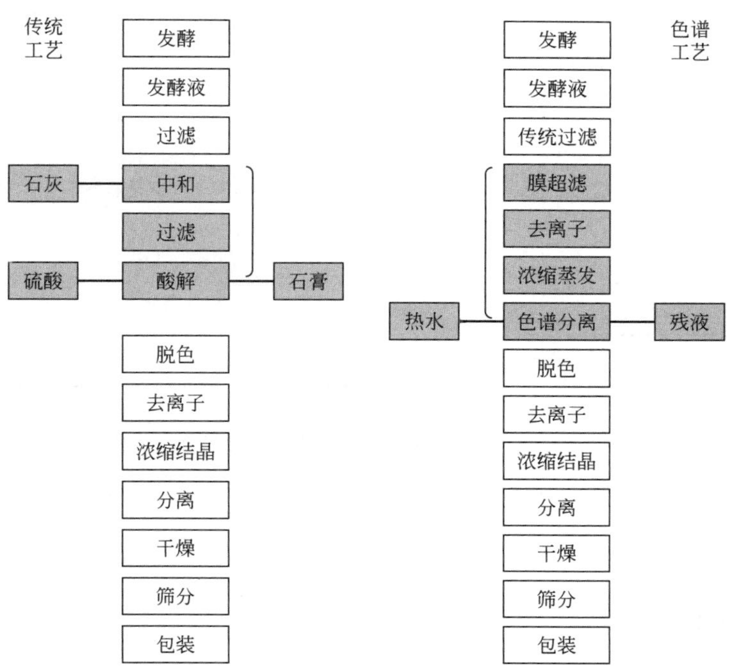

图 6-2　柠檬酸提取工艺流程对比

（1）膜过滤（超滤） 将发酵液经膜过滤后浓缩到一定的酸度，除去蛋白质、色素等大分子杂质，得澄清发酵液。

膜分离技术是一项被西方科技界称为21世纪最具发展潜力的高新技术。膜是具有选择性分离功能的材料。膜表面密布的许多细小的微孔只允许小分子物质通过而成为透过液，而原液中体积大于膜表面微孔径的物质则被截留在膜的进液侧，成为浓缩液，因而实现对原液的分离和浓缩的目的。

膜过滤与传统过滤的不同在于，膜可以在分子范围内进行分离，并且该过程是一种物理过程，不需发生相的变化和添加助剂。

（2）去离子 通过阳、阴离子交换树脂除去澄清发酵液中的有害的 Ca^{2+}、Mg^{2+}、Fe^{2+}、SO_4^{2-}、Cl^- 等离子。

（3）浓缩蒸发 对柠檬酸液进行蒸发浓缩，得到色谱进料要求的浓度。色谱工艺中采用的是高效MVR蒸发系统。

MVR是蒸汽机械再压缩技术（mechanical vapor recompression）的简称，也称为机械压缩式热泵；是重新利用它自身产生的二次蒸汽的能量，从而减少对外界能源的需求的一项节能技术。MVR蒸发系统主要由蒸发器、压缩风机、热泵、供料泵、进料板换、循环泵等设备组成。MVR与传统蒸发器性能比较见表6-2。

表6-2 MVR与传统蒸发器性能比较

项目/类型	反应釜	单效蒸发器	多效蒸发器	MVR蒸发器
能耗	能耗极高，蒸发1t水大约需要1.5～2t的鲜蒸汽	能耗较高，蒸发1t水大约需要1.2t的鲜蒸汽	能耗较低，五效蒸发器蒸发1t水大约需要0.3t鲜蒸汽	能耗低，蒸发1t水大约需要15～55kW·h^{-1}的电耗
能源	鲜蒸汽	鲜蒸汽	鲜蒸汽	工业用电
运行成本	极高	高	较低	低
产品质量	产品停留时间长，质量不稳定，对产品质量影响大	产品停留时间短，温差大，对产品质量影响小	产品停留时间较长，温差较大，对产品质量影响小	产品停留时间短，低温蒸发，对产品质量影响小
控制方式	人工操作	半自动	半自动	全自动
出料方式	间断	间断	间断	连续/间断
占地面积	小	小	大	小

（4）色谱分离 采用柠檬酸专用吸附树脂，该树脂对柠檬酸具有很强的专一吸附能力，对柠檬酸发酵液中的柠檬酸进行交换吸附，从而达到与柠檬酸发酵液中的其他杂质分离的目的，实现柠檬酸的提取。

三、色谱工艺的优点

两种柠檬酸提取工艺的对比见表6-3。

表 6-3　两种柠檬酸提取工艺的对比

项目		钙盐法	色谱法
消耗品	碳酸钙	多	无
	硫酸	多	极少
	水(补充)	多	少
	电耗	高	低
	蒸汽	少	多
	树脂	无	少
排污	废水	多	少
	废石膏	多	无
收率	收率	高	更高
运行	操作费用	高	低
	维护费用	高	低
	自动化	低	高
投资	投资费用	低	高

四、柠檬酸模拟移动床连续分离及废水资源再利用技术

模拟移动床分离提取工艺的原理与高压液相色谱仪的原理一样：它根据进料各个成分对固相（树脂）具有不同的亲和力导致料液中各组分通过树脂床的速度的快慢得到分离，对树脂具有较高亲和力的成为缓慢成分；对树脂具有较低亲和力的成为快速成分。

经过多年的研究，我们开发利用模拟移动床连续分离提取柠檬酸，并将生产废水资源再利用的新技术。目前利用该技术已经达到 8 万吨·年$^{-1}$的生产量。具体工艺技术为：将发酵清液经膜过滤后浓缩到一定的酸度，对柠檬酸液进行蒸发浓缩，得到模拟移动床进料要求的浓度，采用含有对柠檬酸有专用吸附作用的树脂的高效模拟移动床，该树脂对柠檬酸具有很强的专一吸附能力，连续不断地对发酵液中的柠檬酸进行吸附分离，从而达到与柠檬酸发酵液中的其他杂质分离的目的，实现柠檬酸的分离提取。生产过程中产生的废水利用热泵技术进行热量回收，冷却到电厂烟气脱硫所需的温度，脱硫后的废水进入污水处理站，经好氧生物处理、反渗透处理等工序，达到废水回用的目的。具体工艺流程如图 6-3 和图 6-4 所示。

柠檬酸模拟移动床分离提取及生产废水资源再利用技术能使柠檬酸提取收率增加，省去了现有柠檬酸提取采用钙盐法工艺中的中和、酸解等工序，且能回收绝大部分可利用资源，从根本上改变钙盐法提取先污染后治理的现状，能大幅度降低原材料消耗。该技术将是柠檬酸生产史上的重大改革，存在着较大的经济效益和社会效益，对整个柠檬酸行业的可持续发展起到促进作用。

该技术主要有以下六个特点：

① 与传统工艺相比，没有加碳酸钙中和以及用硫酸分解的过程，没有二氧化碳废气、

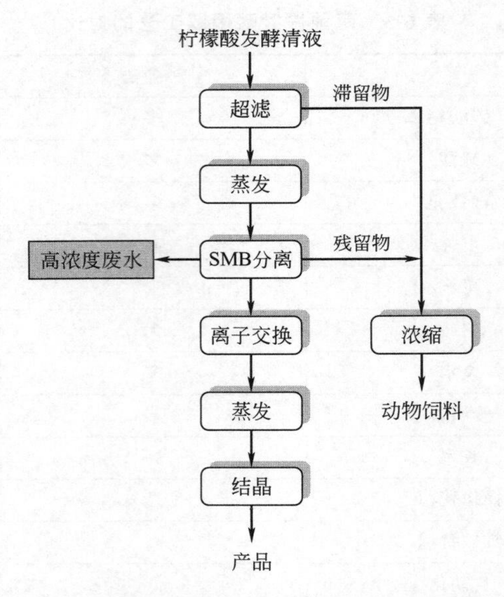

图 6-3　高效模拟移动床分离纯化柠檬酸工艺流程

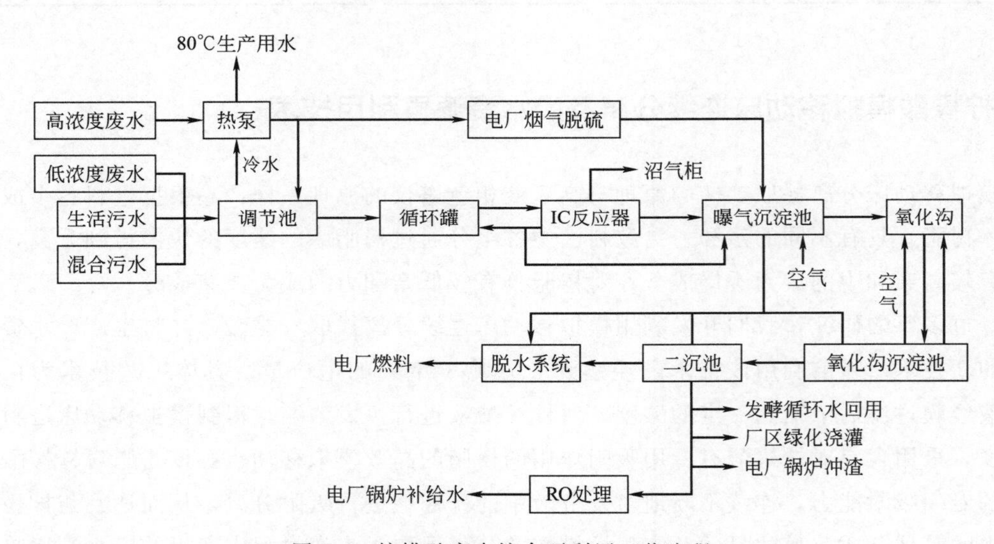

图 6-4　柠檬酸废水综合再利用工艺流程

硫酸钙等废渣排放。处理过程中只添加极少量的硫酸，在提取液中的硫酸根含量只有钙盐法的 1/2，减轻了离交生产压力，减少了再生化学品的需求量，有机废水的量只有钙盐法的 1/6。

② 对柠檬酸和杂质的分离性能强，可以使柠檬酸中的杂质基本分离去除，纯度大于 98%。

③ 柠檬酸收率（发酵过滤液到浓缩结晶前）大于 97%；较传统生产工艺提高至少 5%。

④ 采用移动床连续色谱分离，树脂利用率高。用水量少，约占钙盐法的 1/4 左右，其中大部分的水量可以利用浓缩系统蒸汽冷凝水，大大减少了水资源的浪费。

⑤ 和传统钙盐法相比，生产过程可控性强，基本杜绝了人为因素的影响，产品质量稳定性强。

⑥ 缩短生产工艺流程，节省生产场地，劳动强度低，减少操作人员，可实现全自动连续化生产操作，检修费用较低，适合于进行大规模工业化生产。

经过生产验证模拟移动床分离提取柠檬酸技术，工艺可靠，柠檬酸质量和产量稳定。模拟移动床对发酵液中的 RCS 去除效果相当高，达 96%以上，并且产生的废水远远低于钙盐法。

就采用模拟移动床连续分离提取柠檬酸后，获得的生产废水资源再利用方面，针对模拟移动床连续分离提取柠檬酸后获得的生产废水温度高（75℃左右）、COD 由 $12000mg \cdot L^{-1}$ 升高到了 $30000mg \cdot L^{-1}$ 以上等特点，首先利用热泵技术进行热量回收，高 COD 的废水适宜于电厂烟气脱硫，再经过中水处理技术，基本达到废水回用的目的。

(1) 热泵技术 模拟移动床分离纯化柠檬酸过程中，生产 1t 柠檬酸会产生 4.1t 废水，废水温度在 75℃左右。要将该 75℃的废水用于电厂烟气脱硫，必须将水温降到 38℃左右，如果采用冷却塔降温，必将消耗大量的电能才能达到冷却的效果。而在模拟移动床分离纯化柠檬酸过程中，需要使用 80℃的生产用水来进行洗糖，一般情况下采用蒸汽加热的方法使该生产用水达到 80℃，必将消耗大量的蒸汽才能达到加热的效果。采用热泵技术将生产过程中 75℃左右的废水热能进行热回收，再利用回收的热能来预热柠檬酸生产中需要的 80℃的生产用水，既可以减少蒸汽的用量，又可以省去脱硫工段废水冷却环节中电能的消耗，达到了节能的效果。

热泵技术是一种能从自然界的空气、水或土壤中获取低品位热能，经过电力做功，输出可用的高品位热能的技术，可以把消耗的电力变为 3 倍甚至 3 倍以上的热能，是一种高效供能技术（图 6-5）。由于热泵是提取自然界中的能量，效率高，没有任何污染物排放，是当今最清洁、经济的能源方式。

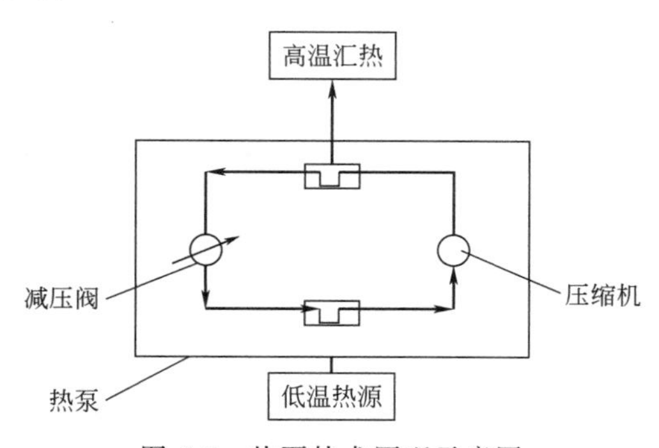

图 6-5 热泵技术原理示意图

使用热泵技术回收热能后，可以大幅度减少燃煤消耗，有利于环境保护，并具有较显著的经济效益。

(2) 烟气脱硫 使用模拟移动床连续分离提取柠檬酸工艺，柠檬酸生产过程中废水的量显著下降，废水中的 COD 也由 $12000mg \cdot L^{-1}$ 升高到了 $30000mg \cdot L^{-1}$ 以上。高 COD 的废水经过热泵回收热能后，接入热电厂进行烟气的生物脱硫，COD 由 $30000mg \cdot L^{-1}$ 降低到了 $1000mg \cdot L^{-1}$。

废水经过热泵处理后，废水中的 COD 作为一种资源来综合利用，将废水中的 COD 作为还原剂，对电厂的烟气进行生物脱硫。具体工艺原理如下：使用洗涤塔将烟气中的硫氧化物（主要为 SO_2，少部分 SO_3）、卤化物和粉尘吸附到碳酸钠缓冲液中，硫氧化物与碳酸氢钠反应形成亚硫酸氢钠和硫酸钠。

$$SO_2 + NaHCO_3 \longrightarrow NaHSO_3 + CO_2$$

$$SO_3 + 2NaHCO_3 \longrightarrow Na_2SO_4 + 2CO_2 + H_2O$$

然后利用微生物和废水的 COD 依靠两步生物工艺将亚硫酸盐和硫酸盐转化为元素硫。

第一步：

$$NaHSO_3 + HR \longrightarrow NaHS + H_2O + CO_2$$

$$Na_2SO_4 + HR \longrightarrow NaHS + NaHCO_3 + H_2O + CO_2$$

第二步：

$$NaHS + 0.5O_2 \longrightarrow S + NaOH$$

在第一步反应中，微生物必须与废水中的 COD 联合作用才能将硫化物还原。好氧微生物利用被注入空气中的氧进行氧化反应，利用注入的空气量来控制以期达到中间氧化产物。

使用模拟移动床分离提取柠檬酸的废水进行电厂生物脱硫后，烟气中超过 95% 的硫元素可以转化为单质硫。产生的单质硫作为农业、医药企业的优质硫原料。该技术方法减少了脱硫工艺中使用的再生酸碱用量。

(3) 生物脱氮、RO 处理系统 废水在烟气脱硫后，接入污水好氧系统，好氧系统能对污水进行生物脱氮和进一步降低 COD。主要工艺流程如下：废水首先进入兼氧池，利用氨化菌将有机氮转化为氨基氮，同时，COD 得到进一步的降低。再进入好氧曝气池，在适宜的条件下，利用亚硝化菌和硝化菌将废水中的氨氮硝化生成硝基氮，为了达到生物脱氮的目的，好氧池中的硝化混合液通过内循环回流到兼氧池，利用原废水中的有机碳源进行反硝化，将硝化氮还原成氮气。如图 6-6 所示。

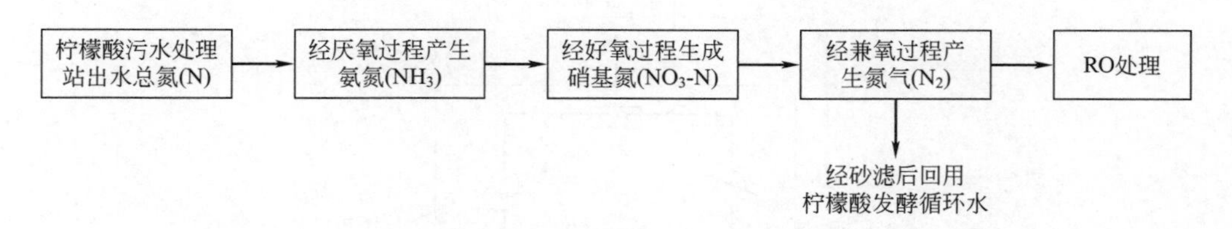

图 6-6 污水脱氮工艺流程

为了继续提高中水的利用，提高清洁生产水平，根据污水处理出水水质、水量资料及原有废水、锅炉补给水处理工艺，在满足锅炉补给水水质标准的前提下，以系统运行可靠、经济合理的工程投资、运行费用等为原则，通过反渗透处理，将工业废水回用到电厂锅炉补给水。主要工艺流程如下：优选“高级氧化—混凝沉淀—BAF—砂滤—保安过滤—RO”处理工艺。由于污水处理出水中 COD 大约为 $100 \sim 120mg \cdot L^{-1}$，并且是难降解的有机物，一般的生化处理很难处理这部分有机物。通过对臭氧氧化及 Fe^{2+}-Fenton 氧化技术的试验对比，优选 Fenton 试剂高级氧化技术，后加生化法处理；针对高硬度、高碱度废水，通过加酸调 pH 值去除大部分碱度，然后投加碱去除硬度工艺；针对高的氯离子、硫酸根离子的特点，最后通过反渗透技术除盐。工艺流程如图 6-7 所示。

RO 系统进水和回用水水质指标如表 6-4 所示。

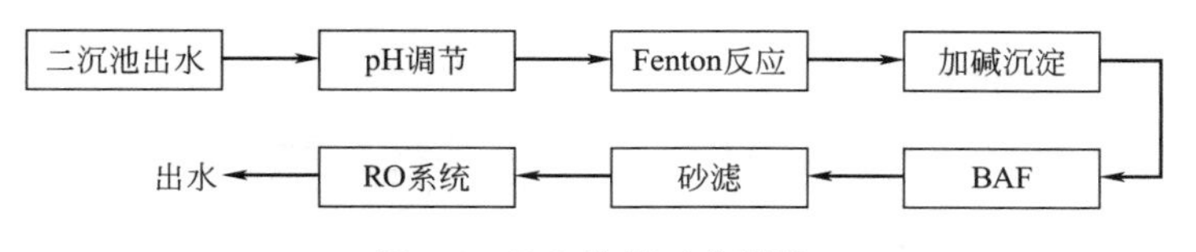

图 6-7 RO 处理工艺流程

表 6-4 RO 系统进水和回用水水质指标

测试项目	单位	进水指标	锅炉补充水水质指标
pH	—	7.9～8.3	6.5～8.5
悬浮物	$mg \cdot L^{-1}$	20～40	—
浊度	NTU	5～15	≤5
色度	度	80～100	≤30
BOD_5	$mg \cdot L^{-1}$	0～8	≤10
COD_{Cr}	$mg \cdot L^{-1}$	100～120	≤60
铁	$mg \cdot L^{-1}$	14～18	≤0.3
锰	$mg \cdot L^{-1}$		≤0.1
Cl^-	$mg \cdot L^{-1}$	248～391	≤250
SO_4^{2-}	$mg \cdot L^{-1}$	816～1008	≤250
总硬度(以 $CaCO_3$ 计)	$mg \cdot L^{-1}$	1000～1300	≤450
总碱度(以 $CaCO_3$ 计)	$mg \cdot L^{-1}$	1000～1500	≤350
NH_3-N	$mg \cdot L^{-1}$	1～3	≤10
总磷(以磷酸盐计)	$mg \cdot L^{-1}$	1～3	≤1
总溶解性固体	$mg \cdot L^{-1}$	2800～3200	≤1000
游离氯	$mg \cdot L^{-1}$	≤0.05	末端 0.1～0.2
石油类	$mg \cdot L^{-1}$		≤1
粪大肠杆菌个数	个 $\cdot L^{-1}$		≤2000

RO 处理效果良好，出水满足回用要求。处理规模 $3000m^3 \cdot d^{-1}$，生产净水 $2100m^3 \cdot d^{-1}$，排盐水 $900m^3 \cdot d^{-1}$。相当于减少新鲜取水量 76.65 万吨·年$^{-1}$（$2100t \cdot d^{-1}$），减少废水排放 76.65 万吨，减排 COD 约 91.98t、氨氮 2.68t，有很好的环境效益。使用 RO 处理后，有 76.65 万吨废水得到回用，年可节约锅炉取水 76.65 万吨，改技术实施后可降低电厂锅炉补水制水费用约 240 万元。而且使用模拟移动床分离提取柠檬酸的技术，产生的废水具有较低的钙离子浓度，相比于钙盐法来说，使用处理的成本也要较低。综上分析，该技术产生较大的环境效益，技术实施后对节能减排意义重大，同时减少了新鲜水耗，具有一定的经济效益。

第四节　蒸发与结晶

一、蒸发

（1）概念　借加热作用使溶液中一部分溶剂被汽化并不断排除，使溶液中溶质浓度提高，从而达到浓缩的目的，这个物理操作过程称为蒸发。

工业上常用的蒸发热源是饱和蒸汽，称为加热蒸汽或生蒸汽。溶液汽化所形成的蒸汽分子，称为二次蒸汽。

（2）蒸发的主要目标

① 及时地将柠檬酸净化液蒸发（浓缩）至规定浓度，为结晶工序及时供料；

② 保证浓缩液质量；

③ 把蒸汽消耗、柠檬酸流损降低到允许范围。

（3）蒸发设备　蒸发可以在沸点或低于沸点条件下进行，前者的速率远超过后者，故工业上多采用在沸腾状态下蒸发。

蒸发也可以在常压、加压、减压条件下进行。热敏性或在蒸发时易产生色素的物料，如酶制剂、柠檬酸、淀粉糖等物料则应在减压条件下蒸发。减压蒸发可降低物料的沸点温度，从而提高了热源（蒸汽）与物料之间的温度差，因而增大了单位面积上的单位时间传热量，加速了蒸发过程，也即提高了单位设备的生产效率。

蒸发设备是柠檬酸生产中的高耗能设备，因此宜选择能耗低、效率高的蒸发设备。目前，蒸发设备已经从原来的多效设备发展到高效 MVR 蒸发设备，大幅度降低了蒸发过程的能耗，但是设备投资更大。

二、结晶

（1）概念　结晶是指溶解于溶剂中的溶质呈结晶状于液相中析出的过程。它是制备纯净物质的有效方法之一。在结晶过程中，利用物质的不同溶解度和晶形，创造与之相适应的结晶条件，即可使物质从原溶液中结晶析出。只要在过程的末端，将黏附在晶体表面上的母液除去，再通过干燥脱去其表面水分，即可得到纯净的产品。

（2）结晶的主要目标

① 及时地从柠檬酸浓缩液中结晶出晶体并分出母液；

② 湿柠檬酸晶体要粒度均匀，理化指标符合等级标准，游离水含量尽可能低；

③ 保持较高的结晶率和结晶收率；

④ 防止母液被污染和稀释。

（3）晶核的形成和晶体的成长　溶质从溶液中结晶析出的全过程可分为两个阶段：首先形成微细的“晶核”（晶体的核心部分），此阶段称为“起晶”；然后晶核成长称“育晶”，无论是起晶还是育晶，其推动力都是溶质分子之间的引力，其逆过程就是溶解，溶解的动力，可简单地认为是溶剂分子对溶质分子的分散作用。

晶核形成的条件是，当溶液浓度达到临界浓度，晶核颗粒半径超过境界半径时，晶核才能稳定存在，并进一步成长。

通过蒸发使溶液的过饱和度增大，而达到不稳定区时，溶液中可以自发地产生晶核，即为“自然起晶”，所产生的晶核为初级均相成核；当溶液处于介稳区时，采用刺激手段（如机械振动、剧烈搅拌、超声波、搅拌降温等）产生晶核，这种操作称为“刺激起晶”，产生的晶核为初级非均相成核；外加晶核即人为地添加晶种诱发起晶，称为“晶种起晶法”，也称“二次成核”。操作是在溶液的介稳区进行，在起晶前加入一定数量和粒度的晶种作晶核，这是控制晶核数量和晶体大小最有效的方法。

（4）影响结晶的主要因素

① 过饱和度　溶液的过饱和度，决定了境界膜两边的浓度差，过饱和度大，则结晶速度快。

② 晶粒表面积　一定浓度的溶液中，所能结晶出的溶质量是有限度的，当单位体积中固相的量一定时，则晶核越细，晶核的数目就越多，因而它的表面积也越大。

③ 温度　结晶速度与温度成正比。原因是：温度升高，溶液黏度下降，增大了溶质分子的动能，扩散加快，同时也使溶液的过饱和度降低，又使扩散的动力下降。温度变化幅度较大时，还会影响结晶形态和分子结构。

④ 境界膜厚度　境界膜厚度与结晶速度成反比。因此，采用机械搅拌或用泵循环的方法，加快晶浆的流动性，使晶体呈悬浮状态，使溶液的浓度和温度均匀，并可消除结晶热对晶体成长的影响，有利于晶体正常生长和结晶速度。当过度剧烈的搅拌，会使晶粒损伤或断裂，形成碎屑，相当于次级晶核，反而对结晶不利，动力消耗也增大。

⑤ 料液黏度　料液黏度与结晶速度成反比，与境界膜厚度成正比。料液黏度越大，溶质分子扩散所受阻力也越大，扩散速度降低，分子间距拉大，结晶速度因而减慢。此外，使母液与晶体分离难度增加，洗晶体用水量加大。

参 考 文 献

[1] Zafarani-Moattar M T，Hamzehzadeh S. Effect of pH on the phase separation in the ternary aqueous system containing the hydrophilic ionic liquid 1-butyl-3-methylimidazolium bromide and the kosmotropic salt potassium citrate at T=298.15K [J]. Fluid Phase Equilibria，2011，304（1-2）：110-120.

[2] Wu X，Thrall E S，Liu H，et al. Plasmon induced photovoltage and charge separation in citrate-stabilized gold nanoparticles [J]. The Journal of Physical Chemistry C，2010，114（30）：12896-12899.

[3] Muñoz J A，López-Mesas M，Valiente M. Development and validation of a simple determination of urine metabolites (oxalate，citrate，uric acid and creatinine) by capillary zone electrophoresis [J]. Talanta，2010，81（1-2）：392-397.

[4] Sadeghi R，Golabiazar R，Shekaari H. The salting-out effect and phase separation in aqueous solutions of tri-sodium citrate and 1-butyl-3-methylimidazolium bromide [J]. The Journal of Chemical Thermodynamics，2010，42（4）：441-453.

[5] Yan L，Zhang Q，Zhang J，et al. Hybrid organic-inorganic monolithic stationary phase for acidic compounds separa-

tion by capillary electrochromatography [J]. Journal of Chromatography A, 2004, 1046 (1-2): 255-261.

[6] Zhu Y, Guo Y, Ye M, et al. Separation and simultaneous determination of four artificial sweeteners in food and beverages by ion chromatography [J]. Journal of Chromatography A, 2005, 1085 (1): 143-146.

[7] Bajad S U, Lu W, Kimball E H, et al. Separation and quantitation of water soluble cellular metabolites by hydrophilic interaction chromatography-tandem mass spectrometry [J]. Journal of chromatography A, 2006, 1125 (1): 76-88.

[8] Chinnici F, Spinabelli U, Riponi C, et al. Optimization of the determination of organic acids and sugars in fruit juices by ion-exclusion liquid chromatography [J]. Journal of food composition and analysis, 2005, 18 (2-3): 121-130.

[9] Colpan M, Schorr J, Herrmann R, et al. Chromatographic purification and separation process for mixtures of nucleic acids: U S 6383393 [P]. 2002-05-07.

[10] Alpert A J. Electrostatic repulsion hydrophilic interaction chromatography for isocratic separation of charged solutes and selective isolation of phosphopeptides [J]. Analytical chemistry, 2008, 80 (1): 62-76.

[11] Ikegami T, Tomomatsu K, Takubo H, et al. Separation efficiencies in hydrophilic interaction chromatography [J]. Journal of chromatography A, 2008, 1184 (1-2): 474-503.

[12] Saeidlou S, Huneault M A, Li H, et al. Poly (lactic acid) crystallization [J]. Progress in Polymer Science, 2012, 37 (12): 1657-1677.

[13] Ljungberg N, Andersson T, Wesslén B. Film extrusion and film weldability of poly (lactic acid) plasticized with triacetine and tributyl citrate [J]. Journal of Applied Polymer Science, 2003, 88 (14): 3239-3247.

[14] Zhu X, He X, Yang J, et al. Leaching of spent lead acid battery paste components by sodium citrate and acetic acid [J]. Journal of hazardous materials, 2013, 250: 387-396.

[15] Qiu S R, Wierzbicki A, Salter E A, et al. Modulation of calcium oxalate monohydrate crystallization by citrate through selective binding to atomic steps [J]. Journal of the American Chemical Society, 2005, 127 (25): 9036-9044.

[16] 朱亦仁，王锦化，张振超，等．发酵柠檬酸提取方法的研究进展 [J]．精细与专用化学品，2003，11 (14): 18-20.

[17] 徐桂转，赵锋．柠檬酸提取工艺研究进展 [J]．河南农业大学学报，2000，34 (3): 269-271.

[18] 鄢凌，傅宏鑫，王旭东，等．生物基有机酸提取分离技术研究进展 [J]．过程工程学报，2018，18 (1): 1-10.

[19] 满云，彭钢，陶惟一，等．色谱法提取柠檬酸的除杂工艺优化 [J]．生物加工过程，2017，15 (3): 29-35.

[20] 刘辰，刘飞．柠檬酸提取工艺的探索和氢钙法工业实践 [J]．精细与专用化学品，2015 (1): 19-23.

[21] 周友超．国内柠檬酸废水处理方法研究进展 [J]．广东化工，2010，37 (9): 113-114.

[22] 常琴琴，王苗，李志洲．发酵法提取柠檬酸的工艺研究 [J]．化工技术与开发，2011，40 (2): 28-30.

第七章 综合利用

第一节 菌丝体滤渣

国内多采用玉米、木薯和小麦淀粉作为柠檬酸发酵的原料，每生产 1t 柠檬酸约产生 130kg 干菌丝体渣，菌丝体渣的总量相当可观。菌丝体营养丰富，蛋白质含量超过 30%，脂肪含量约 8%，非氮有机物约占 50%，另外还含有少量有机酸、多种矿物质元素、维生素等。目前柠檬酸发酵菌丝体主要有下列应用途径：

一、作为动物饲料

通常菌丝体渣被用作动物饲料，由于其含有酸性物质，被用作猪饲料酸化剂，以及大量应用于水体养殖饲料；也可以同其他饲料混合使用。湿菌丝体在自身酸性环境下，可以储存一周，但是长时间储存需要烘干处理。

二、提取高附加值产物

北京化工大学开发了从发酵菌丝体中同时提取壳聚糖及高附加值产品麦加固醇新工艺。该工艺变废为宝，充分利用资源，降低了生产成本，减少了废物排放。该技术为柠檬酸菌丝体渣的综合利用提供了新途径。

(1) 技术指标

① 麦角固醇质量标准　收率约 3kg · t^{-1} 菌体，纯度≥85%，达到维生素 D_2 合成标准。

② 壳聚糖水处理剂质量标准　收率约为 250kg · t^{-1} 菌体。本产品主要用于废水水处理，其中对 Cr^{3+} 的吸附容量高于 40.0mg · g^{-1}；对 Ni^{2+} 的吸附容量高于 18.0mg · g^{-1}；

对 Zn^{2+} 的吸附容量高于 $30.0mg \cdot g^{-1}$。

(2) 产品应用范围 麦角固醇是一种重要的医药化工原料，可用于“可的松”和“激素黄体酮”等药物和农药的生产，同时，麦角固醇又是维生素 D_2 生产的主要原料；壳聚糖是一种高效、安全的絮凝剂，同时可制备许多重要的医药、食品和化工产品。

(3) 产品市场分析 就麦角固醇的利用而言，我国仅儿童和老年人的维生素 D_2 年需求量在 300t 以上，而目前实际产量不足 1500kg，食品用维生素 D_2 进口量为 7t，饲料用维生素 D_2 进口量为 10t。壳聚糖通常是从虾壳、蟹壳中提取的，但由于原材料不易收集，无法形成大规模化生产，菌丝体提取法可大大降低壳聚糖的生产成本。

三、酶的利用

黑曲霉是一种分泌系统非常发达的丝状菌，其生长过程中会向环境中分泌淀粉酶、蛋白酶、果胶酶、纤维素酶、脂肪酶等多种酶。在不破坏活性的情况下，对其干燥可以用于水果皮的果胶处理，以及果汁饮料的澄清。

四、土壤修复

柠檬酸作为可降解的环境友好型有机酸，对于土壤修复具有良好的效果，特别是对于重金属污染的土壤修复效果更明显。菌丝体渣同样具有生物降解性好、含有少量的有机酸等特点，在土壤修复方面也具有很好的应用前景。

五、生物吸附剂

黑曲霉菌丝球具备生存能力较强、沉降速度快、易于固液分离、可重复利用等特征，也有较强的生物吸附和生物降解能力，对工业废水中的染料和其他污染物都具备较强的脱除作用，因此被作为一种新型的生物吸附剂而备受关注。有研究人员将黑曲霉菌丝球作为染料废水的吸附剂使用，吸附性能较好，色素去除率可以达到 90%以上。

第二节 废 水

中国是世界上最大的柠檬酸生产和出口国，但柠檬酸生产工艺的固有特点使其生产过程中产生大量的高浓度废水，如果不加以综合处理和合理利用将造成环境污染和产生资源浪费。

柠檬酸生产中主要产生的废水包括：①洗灌水，洗滤布水，地面冲洗水；②中和废水；③色谱分离废水；④离子交换树脂再生废水。

不同废水的组分差异大，需开展差异化处理。洗灌水、洗滤布水通常含有糖或酸，一般返回生产系统。地面冲洗水和离子交换树脂再生废水 COD 浓度较低，均采用好氧曝气处理，但树脂再生废水通常具有酸性或碱性，需要先进行中和再处理。中和废水和色谱分离废水的成分比较相近，主要含有纤维素、有机酸、多糖、蛋白质胶体物质、色素、矿物质及其他代谢产物等，这些物质对废水的 COD 影响特别大，每吨柠檬酸产生的废水中 COD 达 $350kg \cdot t^{-1}$，浓度高达 $10000 \sim 20000mg \cdot L^{-1}$。中和废水和色谱分离废水是柠檬酸生产需要处理的主要废水来源。因此，做好中和废水和色谱分离废水的处理和综合利用对于保护环境、节约资源、实现清洁生产与资源循环利用有极其重要的现实意义。

一、柠檬酸生产有机废水的特点

较其他行业相比，柠檬酸生产的有机废水具有以下特点：

① 废水有机物浓度高，BOD/COD 比值在 0.4～0.5 左右，具有良好的生化可降解性。

② 中和废水固形物含量高，钙离子浓度高；色谱分离废水硫酸根含量高。

③ 废水生产量大。

④ 生物可降解性能非常好。

二、生产沼气和污泥

当前，国内企业通常对柠檬酸废水采用末端处理的方式，可以生产沼气和污泥，沼气用于发电或燃烧干燥，污泥可以出售，转化成经济价值。

比较常见的是厌氧-好氧组合处理法。先通过厌氧（含兼气厌氧）微生物在无氧条件下将废水中的有机物降解为甲烷和 CO_2，同时将部分有机物转化为细胞物质，再通过气液固分离，使废水得到净化；然后利用好氧菌在有氧条件下对有机物进一步降解。单独采用厌氧生物法或者好氧生物法处理高浓度柠檬酸废水，往往不能达到国家排放标准，需结合其他处理技术或者将两种生物法结合起来使用。厌氧处理的主要设备包括 UASB 反应器和水循环 UASB 反应器、多级内循环式（MIC）厌氧反应器等。好氧处理设备通常采用曝气池。

三、光合细菌法

文献中报道了利用光合细菌处理废水的方法：主要是将废水直接排入中和池，调节 pH 值至控制点，在过滤后，流进光合细菌处理池，控制流量，利用光合细菌处理废水中的有机废物和无机物，达到净化水体的目的。同时，菌体还可以回收利用。此法处理效果较好，回收产生的菌体资源可以综合利用，不产生二次污染，工艺流程相对简单，能承受很高的有机负荷，系统运行稳定，管理方便，投资较省。但是菌体细胞不能自然沉淀，处理高浓度有机废水需要不断添加新鲜菌体，处理后的废水很难达到排放标准，还需进一步净化处理。

四、生产饲料酵母

利用酵母对柠檬酸中和废水进行单细胞蛋白培养，在处理废水的同时生产饲料酵母。该方法对于COD的去除率较低，废水需要进行二次处理才能达到排放标准。

五、用于柠檬酸发酵配料

张洪勋等利用柠檬酸废水对黑曲霉CBX-12进行驯化，得到耐受废水的C-98菌株，并探讨了废水在分别经过活性炭吸附处理、离子交换处理、碱处理回调pH等预处理后，用废水配制培养基进行发酵条件选择优化。得到的黑曲霉C-98可利用中和废水进行发酵，发酵培养基初始总糖浓度为14%～16%时，发酵前加入低浓度乙醇可促进产酸，总产酸率已接近自来水的产酸率。

刘茵等也指出在柠檬酸废水中添加尿素0.1%、磷酸0.08%，自然pH，接种量0.6%，装量12%，30℃摇床培养16h，干酵母产量可达11.8g·L^{-1}。同时，二次废水通过活性炭与阴阳离子交换柱预处理后，完全可以代替自来水作柠檬酸发酵配料用水，既减少了废水对环境的污染，又节省水，使得发酵用水达到循环再利用。

徐健等建立了“柠檬酸-沼气双发酵耦联系统”，即柠檬酸有机废水厌氧处理后，进一步经过处理，降低其对菌体的抑制作用，最后回用至柠檬酸生产。研究中从厌氧消化和柠檬酸发酵两个层面对耦联系统的可行性进行了验证；明确了会对耦联系统稳定性造成影响的主要抑制物质种类，对其影响机制进行了初步研究并建立了相应的系统优化方案。

六、浓缩成饲料

由于中和废水和色谱分离废水含有丰富的营养物质，可以将其直接浓缩作为饲料应用。但是由于废水的营养浓度较低，水量巨大，蒸发浓缩需要很大的设备投资和很高的蒸汽消耗。

七、柠檬酸色谱提取法废液处理和再利用技术

柠檬酸色谱提取法作为一种清洁生产法，以其硫酸和碳酸钙消耗低、产生废气少、不产生硫酸钙废渣等优点，受到柠檬酸制造厂的青睐。虽然该方法能大幅度降低水资源消耗和废水的排放量，但仍会产生一定量浓度更高、pH更低的有机废水。其废水中含有柠檬酸、蛋白质、葡萄糖及其他糖类、脂肪、氨氮、有机酸等各种类型的发酵残留物。通常采用循环厌氧+好氧曝气的方式进行深度处理，但由于其较高的有机酸含量和较低的pH，直接进入污水系统会影响处理效果，通常需要先用碱中和或者与其他类型废水混合使用。

国内研究人员根据色谱提取法废水的特性，开发出了柠檬酸色谱提取法废液的处理

和再利用技术。其废液的处理方法为：以凹凸棒土、酸改性凹凸棒土、沸石粉、膨润土、钠离子改性沸石粉以及有机改性沸石粉组成的复合吸附剂作为吸附介质对柠檬酸色谱提取废液进行二级吸附处理。其再利用方法为：将经过二级吸附处理所得的二级吸附清液直接用于发酵法生产柠檬酸中的原料调浆工序，制成原料浆液，用于发酵培养。沉降得到的固形物，由于吸附大量的蛋白质、有机酸和糖类等营养物质，经过烘干处理作为禽类饲料添加剂使用。

八、柠檬酸废水回流发酵生产柠檬酸技术

本技术首先针对废水离子浓度高、抑制菌体生长等特性，针对性反复诱变筛选得到对废水环境适应性较好的菌株，提高黑曲霉废水发酵的适应性和耐受性，而后开发了一套废水回流工艺。此工艺可以有效利用废水中残留的有机物，节约正常工艺用水量，降低生产成本，节省污水处理成本，提高经济效益和环境效益。

1. 工艺流程

柠檬酸废水中存在一定浓度的色素、金属离子等物质，对黑曲霉生长有一定的抑制作用，导致发酵前期菌体生长停滞，产酸缓慢，延滞期长。经过大量的实验，筛选得到对废水耐受力强的菌株，在废水配制的种子、发酵培养基中能正常生长，产酸稳定，实现废水的循环利用。提高废水中菌种适应性研究工艺流程如图 7-1 所示。

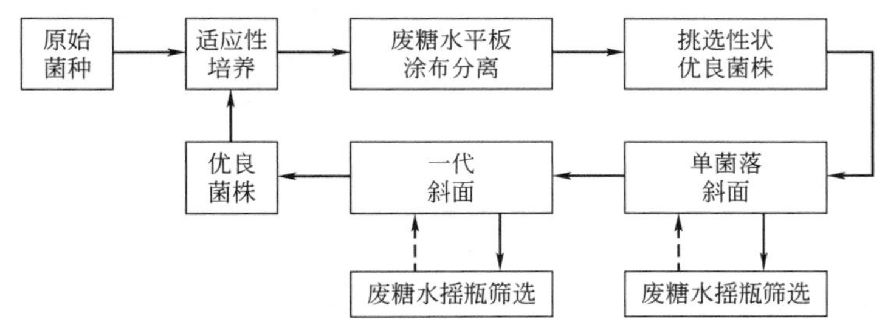

图 7-1 废水中菌种适应性研究工艺流程

柠檬酸废水回流工艺，将原本需要排放至污水车间进行深度处理的废水，回流至发酵生产柠檬酸，省去了废水降温、处理、排放的过程，且能回收绝大部分可利用资源，从根本上改变了污水需要深度治理的现状，有效解决了废水中大量可利用有机物无法回收的技术难题（如图 7-2 所示）。

2. 该技术的主要特点

① 投资少，只需要改变管道流向，无需投入大的设备；主要生产工艺没有变动，生产保持稳定。

② 提高菌种对废水环境的适应性，减少废水在循环应用中的预处理过程。

③ 提取过程中产生的废水实现系统内循环利用，基本消除废水排放，实现柠檬酸的清洁化生产。

④ 减少废水总量，省去废水降温、深度处理、排放的过程，缩短生产工艺流程，减少

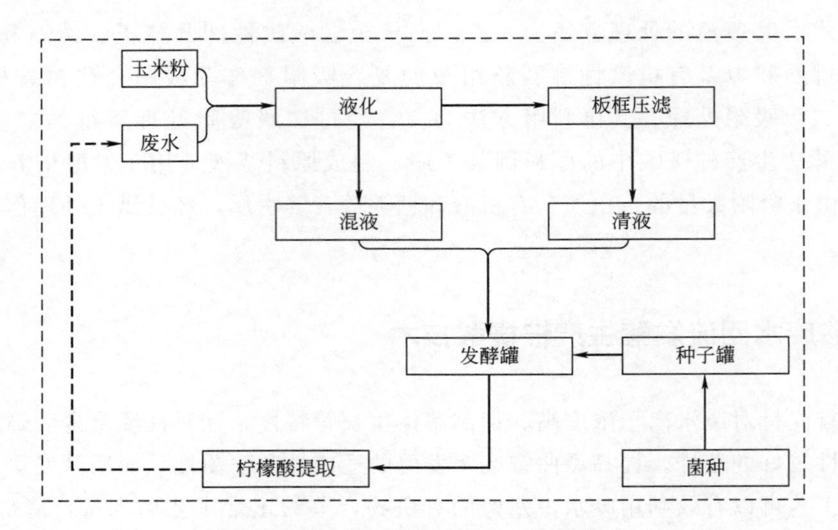

图 7-2　废水综合利用研究工艺流程图

化学物品的消耗，节省生产场地，减少操作人员和设备维护费用。

⑤ 以废水替代工艺用水进行生产，节省大量水资源成本。

⑥ 废水中部分糖类物质可以通过循环利用被黑曲霉转化为柠檬酸或菌丝体，提高了资源利用率。

⑦ 部分蛋白质同样可以被利用生成菌丝体，或在过滤工段中截留用于蛋白饲料生产，饲料收率将提高；实现废水中柠檬酸的回收，提高柠檬酸提取收率；废水温度 60～70℃，不需要额外加热，节省了加热到工艺所需温度的蒸汽消耗，对能量实现合理利用，减少能量损耗成本。

3. 柠檬酸废水回流工艺研究

(1) 废水回流可行性研究

① 废水回流对液化的影响　从表 7-1 中可以看出，经过 3 次中试液化试验可以看出，废水配料与工艺水配料相比，各项指标均比较接近；并且 3 次试验中浑液总糖、清液总糖、滤渣总糖变化比较稳定，DE 值变化较小，说明废水配料对于液化的影响较小，总体液化效果比较稳定，可以进行废水回流循环利用研究。

表 7-1　废水回流工艺液化结果

试验次数	配料用水	浑液总糖/%	清液总糖/%	DE 值/%	滤渣总糖/%	滤渣总氮/%
对照	工艺水	19.2	18.45	23.9	18.36	2.42
1	废水	19.87	18.19	23.4	18.98	2.63
2	废水	20.24	18.21	25.1	18.79	2.59
3	废水	19.23	18.24	22.6	19.02	2.68

② 废水对（原菌种）发酵的影响　对废水回流发酵生产柠檬酸的工艺进行中试可行性研究，将原菌种分别采用工艺水和废水发酵，结果对比如表 7-2 和图 7-3 所示，由表 7-2 可

知，废水回流发酵，产酸接近采用工艺水对照的结果，表明黑曲霉菌种可以在废水环境中生产柠檬酸。但从图 7-3 和表 7-2 可知，采用废水回流发酵，前期菌体生长停滞，产酸缓慢，发酵延滞期和周期显著增长，说明废水对黑曲霉生长存在一定的抑制作用。

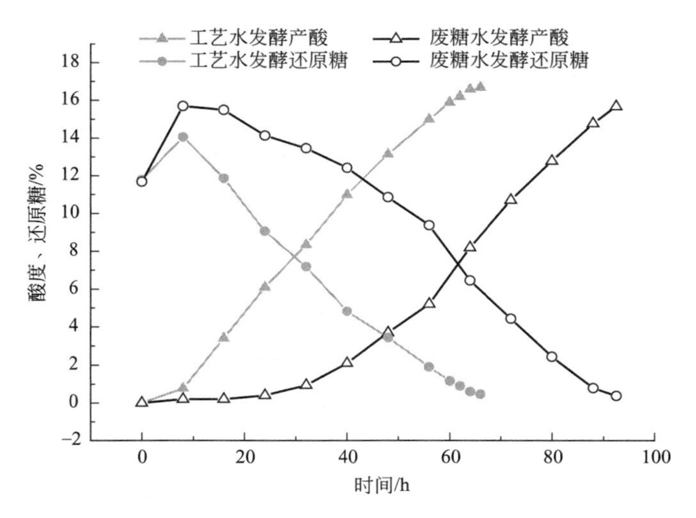

图 7-3　废水回流工艺与原工艺发酵结果比较

表 7-2　废水回流工艺发酵结果

用水种类	总糖/%	酸度/%	残糖/%	转化率/%	周期/h
工艺水	16.54	16.7	2.05	98.31	66
废水	16.37	15.7	2.04	92.43	92.5
废水	16.82	15.6	2.18	90.48	95
废水	16.03	15.49	2.11	93.88	83

③ 废水回流对柠檬酸提取的影响　将发酵采用废水回流生产的发酵液，进行后续的固液分离、中和、柠檬酸盐过滤等提取实验，实验结果如表 7-3 所示。

从表 7-3 中可以看出，废水回流产生的发酵液，过滤速度、复滤速度、中和钙盐水分、中和料液压滤速度、废水钙离子跟对照实验水平比较接近，波动幅度比较小，说明废水回流工艺对于中和提取工段没有显著影响。

表 7-3　废水回流工艺提取结果

用水种类	中和钙盐 RCS /BU	中和钙盐水分 /%	废水钙离子含量 /mg·L^{-1}
工艺水	2.45	56	710
废水	2.38	51	652
废水	2.53	59	729
废水	2.49	54	698

通过液化、发酵和中和提取工段的实验比较，废水回流工艺对于液化和中和提取工段没有显著影响，在发酵工段由于废水对菌种的抑制作用，使发酵延滞期和周期延长，转化率偏低。因此，在后期的实验中，首先进行菌种适应性研究，提高菌种对废水培养环境的耐受能力，达到正常生长和产酸水平。

(2) 废水中黑曲霉的适应性研究

① 菌种分离筛选　从生产保藏的原始菌株出发，以废水为配料用水，分别采用平板、摇瓶和发酵罐反复进行适应性培养和废水平板分离，挑选出生长良好的菌株，经过废水摇瓶筛选，得到编号为 F3016、F3010、Y9021、Y9004 和 P5023 的五株长势良好、产酸性能稳定的菌株，如图 7-4 所示。

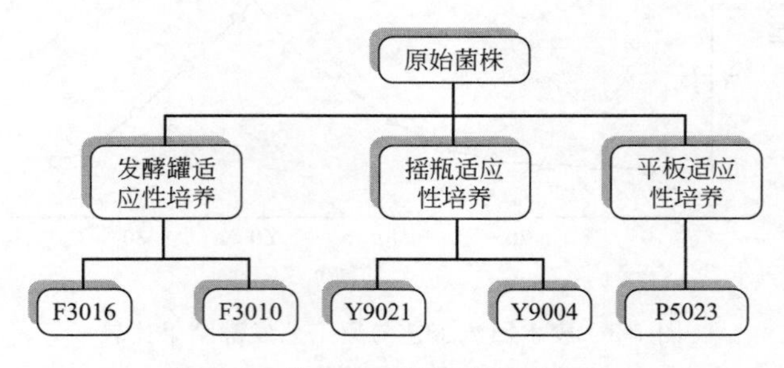

图 7-4　菌种分离筛选流程及结果

对这五株菌进行废水摇瓶复筛，复筛结果如表 7-4 所示。从表 7-4 中可以看出，编号为 F3010 的菌株在废水培养基中生长良好，产酸和转化率较高，与原始菌株在生产工艺水配制的培养基中发酵指标接近，因此，将其作为后续研究的出发菌株。

表 7-4　菌种适应性摇瓶复筛结果

编号	初始总糖/%	平均酸度/%	平均残总糖/%	平均转化率/%
对照 1	15.39	13.86	2.86	90.06
对照 2	15.47	12.96	3.75	83.78
F3016	15.44	13.53	3.12	88.20
F3010	15.38	13.88	2.71	90.25
Y9021	15.26	13.72	2.82	89.33
Y9004	15.32	13.67	2.59	89.23
P5023	15.35	13.59	2.73	88.53

注：对照 1 为原始菌株在生产工艺水配制的培养基中培养；对照 2 为原始菌株在废水配制的培养基中培养。

② F3010 菌株发酵稳定性考察　F3010 菌株发酵稳定性实验结果如表 7-5 所示，由表 7-5 可知，经过初筛复筛得到的 F3010 菌株接入废水培养基中，生长良好，其产酸效果与原始菌株接入正常配料的培养基中的发酵效果接近，说明 F3010 能够适应在废水中正常生长发酵。并且经过 5 次传代，菌种产酸性状保持稳定，说明该菌株的稳定性较好，可以应用于生产。对 F3010 进行扩大培养并保藏，作为后续研究的出发菌。

表 7-5　F3010 菌株发酵稳定性考察结果

编号	菌种	配料用水	初始总糖/%	平均酸度/%	残总糖/%	转化率/%
对照 1	原始菌	工艺水	15.32	14.25	2.59	93.02
对照 2	原始菌	废水	15.41	12.17	4.36	78.98
实验 1	F3010-0	废水	15.32	14.16	2.72	92.43
实验 2	F3010-1	废水	15.41	14.18	2.64	92.02
实验 3	F3010-2	废水	15.21	14.20	2.57	93.43
实验 4	F3010-3	废水	15.64	14.35	2.69	91.75
实验 5	F3010-4	废水	15.57	14.41	2.52	92.55
实验 6	F3010-5	废水	15.49	14.14	2.88	91.28

③ F3010 菌株种子培养验证　从表 7-6 可以看出，原始菌株在生产工艺水配制的种子罐中生长正常，产酸速率较快；但原始菌株对废水培养环境的适应性较差，在废水配制的种子罐中生长缓慢，前期还原糖和产酸明显低于正常水平；经过适应性筛选与废水稳定性验证的 F3010 菌株，完全能够适应中试种子罐中的废水培养环境，其在废水培养基中的产酸情况与生产用菌种在工艺水环境培养下的产酸情况接近，且相对稳定，说明 F3010 菌株可以作为废水回流工艺的生产菌株。

表 7-6　F3010 菌株种子培养验证结果

菌种	配料用水	总糖/%	总氮/%	20h 酸度/%	24h 酸度/%	菌球直径/μm
原始	工艺水	13.1	0.227	1.4	2.56	56
原始	工艺水	10.8	0.234	1.1	2.8	59
原始	废水	13.0	0.229	0.5	0.72	41
原始	废水	11.3	0.260	0.4	0.75	46
F3010	废水	10.8	0.222	2.2	3.2	61
F3010	废水	11.2	0.223	2.1	2.45	57

④ F3010 菌株发酵验证　对 F3010 菌株的发酵性能在 500L 中试罐内进行验证，结果如表 7-7 和图 7-5 所示，采用筛选的 F3010 菌株进行废水单次回流，其在发酵罐内菌体生长良好，产酸和转化率指标接近生产原工艺水平，表明经过适应性研究筛选菌种后，废水可以正常进行回流发酵生产柠檬酸。经过三次重复试验，发酵结果相对稳定，说明工艺可行。

表 7-7　F3010 菌株发酵验证结果

菌种	用水种类	总糖/%	酸度/%	残总糖/%	转化率/%	周期/h
原始	工艺水	16.54	16.26	2.05	98.31	66
F3010	废水	16.2	15.60	1.97	96.30	65
F3010	废水	16.35	15.79	1.85	96.58	68
F3010	废水	15.71	15.42	2.12	98.17	62

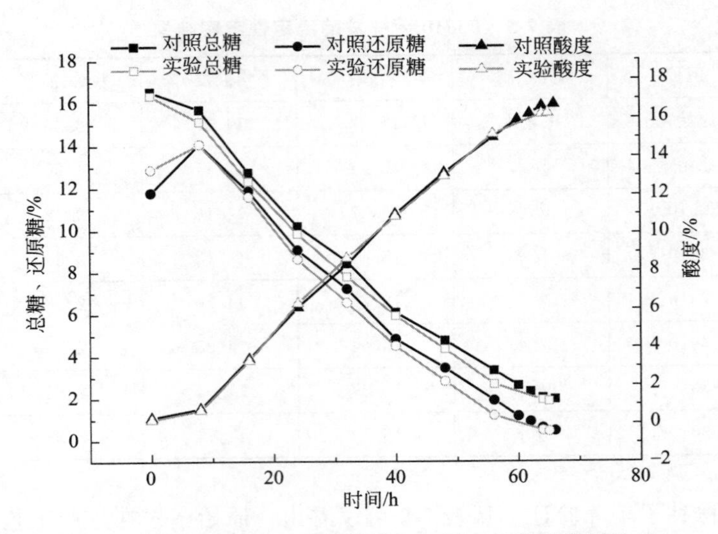

图 7-5 废水回流（F3010 菌株）与原工艺发酵曲线比较

(3) 废水单次回流工艺中试验证 经过大量小试实验后，将该工艺应用中试规模，进行3 批重复试验，结果如表 7-8～表 7-10 所示。

表 7-8 废水单次回流生产液化验证结果

试验次数	用水种类	浑液总糖/%	清液总糖/%	DE 值/%	滤渣总糖/%	滤渣总氮/%
对照	工艺水	18.64	17.65	21.8	18.63	2.47
1	废水	19.22	18.12	20.2	18.95	2.55
2	废水	18.79	17.52	22.4	18.77	2.41
3	废水	20.41	18.54	21.6	19.22	2.73

表 7-9 废水单次回流生产发酵验证结果（400m³ 发酵罐）

试验次数	菌种	用水种类	总糖/%	质量酸度/%	残总糖/%	残还原糖/%	转化率/%	周期/h
对照	原始	工艺水	16.15	15.99	1.99	0.49	98.98	67.5
1	F3010	废水	16.38	15.91	2.12	0.53	97.13	69
2	F3010	废水	16.21	15.83	1.97	0.47	97.65	67
3	F3010	废水	15.97	15.42	2.04	0.44	98.16	65

表 7-10 废水单次回流生产中和提取验证结果

试验次数	用水种类	菌丝体残酸/%	菌丝体水分/%	中和钙盐 RCS/BU	中和钙盐水分	废水残酸/%	废水钙离子含量/mg·L⁻¹
对照	工艺水	2.12	68.3	2.50	54	0.15	732
1	废水	2.24	70.8	2.47	53	0.13	759
2	废水	1.97	72.9	2.41	52	0.17	712
3	废水	2.18	67.4	2.58	57	0.18	745

采用废水回流工艺，发酵转化率与原工艺非常接近，且废水回流没有对中和提取产生明显影响，说明废水单次回流工艺可行。

(4) 废水循环回流工艺研究 在前期废水单次循环的基础上，分别研究了废水单次回流对整个柠檬酸生产过程中液化、发酵过程、中和提取的影响，在生产规模的基础上进行放大试验，研究结果表明，废水单次回流生产柠檬酸可以应用于生产规模。为了提高废水的利用效率，对废水循环利用、多次回流工艺做进一步研究。

① 循环回流工艺对液化效果的影响 从图 7-6 可以看出，浑液总糖和清液总糖、滤渣总糖与总氮也呈现一个增加的趋势，回用三个批次后，趋于动态平衡；说明废水中的总糖部分进入液化液中，部分被滤渣压滤，带入饲料中；废水的总氮大部分通过液化过程中的喷射絮凝而被压滤掉，进入滤渣中，少部分带入液化液中，DE 值比较稳定，说明废水循环利用没有对液化产生大的影响。

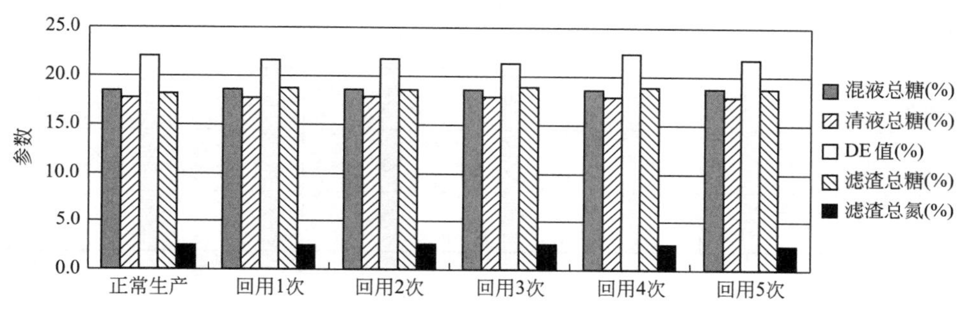

图 7-6 废水 5 次回用过程中液化参数的变化

② 循环回流工艺对发酵结果的影响 由表 7-11 可以看出，发酵初始总糖与总氮随着回用次数的增加而有一定程度的增加，并随着回用次数的增加趋于动态平衡；发酵液酸度也相应增加，说明废水中的部分有机物进入发酵培养基中被回收利用，提高了废水的利用价值。整个发酵周期与转化率比较稳定，同时，残总糖与残还原糖分别维持在 2.0％和 0.5％的水平，波动非常小，说明废水回收利用对发酵过程没有产生明显的抑制作用。

表 7-11 废水 5 次回用过程中发酵结果的比较

指标	正常发酵	回用 1 次	回用 2 次	回用 3 次	回用 4 次	回用 5 次
总糖	16.12％	16.36％	16.20％	16.17％	16.01％	16.45％
周期	68	65	69	70	66	69
总氮	0.90％	0.96％	1.00％	0.97％	0.99％	0.96％
酸度	15.81％	16.13％	15.87％	15.85％	15.71％	15.98％
转化率	98.08％	98.59％	97.96％	98.02％	98.13％	97.14％
残总糖	2.03％	1.98％	2.07％	2.09％	1.97％	2.16％
残还原糖	0.48％	0.49％	0.52％	0.55％	0.56％	0.53％

③ 循环回流工艺对中和提取的影响　从表 7-12 可以看出，随着回收利用次数的增加，发酵液过滤速度、复滤速度、中和钙盐水分、中和料液压滤速度、废水钙离子含量都围绕着正常生产值在一定幅度内波动，但波动幅度很小。表明虽然随着回用次数的增加，料液中糖、氮含量略有升高，但对于固液分离没有明显的不利影响。因为中和钙盐易炭化物 RCS 含量与料液中糖、氮、有机物含量有关，当料液中糖、氮、有机物含量增加时，钙盐的 RCS 值也相应略有增加。

表 7-12　废水 5 次回用过程中提取结果的比较

指标	正常生产	回用 1 次	回用 2 次	回用 3 次	回用 4 次	回用 5 次
发酵液过滤速度/L·min^{-1}	4.50	4.43	4.53	4.45	4.54	4.50
复滤速度/L·min^{-1}	6.00	5.96	6.05	5.93	5.98	6.03
中和钙盐 RCS/BU	2.42	2.46	2.48	2.52	2.47	2.44
中和钙盐水分	55%	56%	52%	58%	53%	55%
中和料液过滤速度/L·min^{-1}	3.50	3.40	3.45	3.52	3.48	3.53
废水钙离子含量/mg·L^{-1}	734	712	753	720	749	725

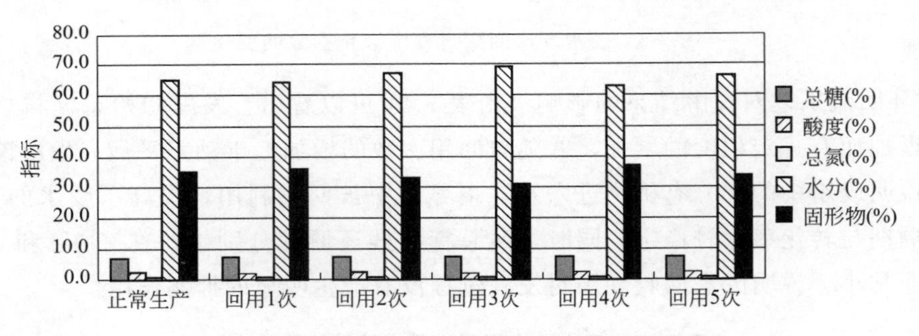

图 7-7　废水 5 次回用过程中菌丝体渣指标的变化

从图 7-7 可以看出，菌丝体的残总糖和总氮随着回收利用次数的增加，菌丝体带走的总糖与总氮含量不断增加，并逐渐趋于动态平衡，废水的循环利用对菌丝体残渣含量产生的影响较小。

④ 循环回流工艺对废水成分的影响　从图 7-8 可以看出，菌丝体带走一部分糖和蛋白类有机物，会导致废水中总糖和总氮不会无限制地增加，也是趋于一个动态平衡；废水中不溶悬浮物与固形物含量随着回收利用次数的增加呈现一个上升的趋势，但是不会无限度地增加，因为在液化与菌丝体固液分离时会带走一部分，使其含量下降。

本技术筛选分离得到一株对废水培养环境适应性较强的菌株 F3010。废水单次回流过程中，废水液化液总糖与总氮有一定程度的增加，得到的滤渣总糖与总氮有一定程度的增加；发酵初始总糖与总氮增加，产酸增加，发酵周期为 68h 左右，转化率为 98%左右，残糖平

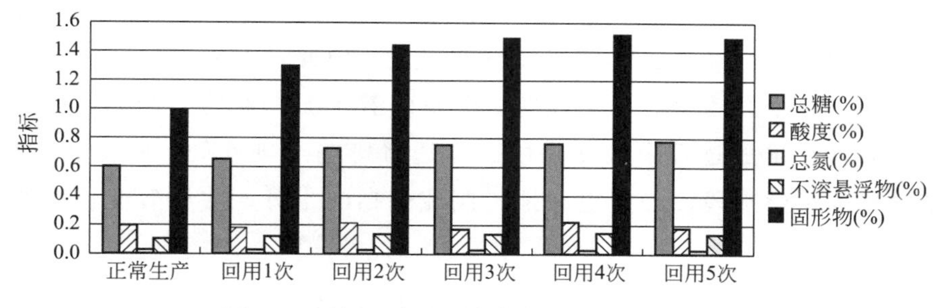

图 7-8 回用 5 次过程中废水基本指标的变化

均 2.0%，中和提取过程比较稳定，废水与菌丝体的各指标比较稳定。

废水循环利用过程中，液化效果比较稳定；发酵产酸、残糖、周期、发酵转化率等指标波动较小，维持在较高的水平；中和提取相对稳定。

4. 技术性能

(1) 筛选得到废水中适应性较高的菌株 柠檬酸废水中存在一定浓度的色素、金属离子等有害物质，对黑曲霉生长有一定的抑制作用，导致发酵前期菌体生长停滞，产酸缓慢，延滞期长。本研究分别经过平板、摇瓶和发酵罐反复进行适应性培养和废水平板分离技术，挑选出生长良好的菌株，再经过废水摇瓶筛选，产酸稳定性研究，筛选得到适应性较好的菌种。

(2) 构建了一套废水全回收利用工艺 柠檬酸中和工段产生的废水和色谱分离过程产生的残液，替代自来水用于玉米粉调浆，添加氢氧化钙调节 pH，加酶喷射液化；液化后的料液过滤去渣，进行发酵投料、实消；种子罐采用废水适应性研究得到的菌种培养，根据移种标准进行转种培养；发酵结束后，发酵液经过固液分离得到清液，通过钙盐或色谱分离工序得到废水或色谱残液，并继续用于液化调浆，如此实现废水的循环利用。

(3) 提高了废水生产柠檬酸过程中副产物的附加值 废水中部分糖类物质可以通过循环利用被黑曲霉转化为柠檬酸或菌丝体，提高了资源利用率，粮耗降低 $32kg \cdot t^{-1}$ 柠檬酸；部分蛋白质同样可以被利用生成菌丝体，或在过滤工段中截留用于蛋白饲料生产，饲料收率将提高 2.6%。实现废水中柠檬酸的回收，提高柠檬酸提取收率，收率将提高 2.3%。

第三节 硫 酸 钙

根据中和酸解反应式可知，生产 1t 柠檬酸将产生 1.03t 硫酸钙，以收率 92%计算，每生产 1t 成品柠檬酸将产生 1.12t 硫酸钙。经过改良后的氢钙法，虽然在硫酸钙产出比例上大幅降低，每生产 1t 成品柠檬酸约产生 0.6t 干硫酸钙，如果按 40%水分计算，湿硫酸钙渣的产出比例将达到 1t 湿渣/1t 成品柠檬酸。全年的产量巨大，如果不加以综合利用的话，不仅需要场地堆放，还会给环境带来负面影响。

由于柠檬酸生产过程中的硫酸钙纯度较高，且含有少量柠檬酸，可以替代天然石膏作为水泥的添加剂使用，并且生产的水泥性能更好。因此，大多数柠檬酸石膏均作为副产品销售给水泥厂，变废为宝，增加收益。但是随着水泥产业的去产能，柠檬酸石膏的需求量降低，并且在堆放过程中酸性物质的渗透将影响土壤性质，同样面临环境问题。因此，在硫酸钙的过滤工段，如何更好地控制硫酸钙的水分，减少酸性物质的渗透至关重要。

开发柠檬酸石膏的新用途，提高其附加值也是迫切的问题，有文献显示，采用柠檬酸石膏进一步加工成为硫酸钙晶须。硫酸钙晶须集增强纤维和超细无机填料二者的优势于一体，可用于树脂、塑料、橡胶、涂料、油漆、造纸、沥青、摩擦和密封材料中作补强增韧剂或功能型填料；又可直接作为过滤材料、保温材料、耐火隔热材料、红外线反射材料和包覆电线的高绝缘材料。

另外，如果将柠檬酸石膏制备成建筑石膏，将具有广阔的市场前景。

参 考 文 献

[1] Muñoz G，Valencia C，Valderruten N，et al. Extraction of chitosan from Aspergillus niger mycelium and synthesis of hydrogels for controlled release of betahistine [J]. Reactive and Functional Polymers，2015，91：1-10.

[2] Driouch H，Sommer B，Wittmann C. Morphology engineering of Aspergillus niger for improved enzyme production [J]. Biotechnology and bioengineering，2010，105 (6)：1058-1068.

[3] Delmas S，Pullan S T，Gaddipati S，et al. Uncovering the genome-wide transcriptional responses of the filamentous fungus Aspergillus niger to lignocellulose using RNA sequencing [J]. PLoS genetics，2012，8 (8)：e1002875.

[4] dos Santos N S T，Aguiar A J A A，de Oliveira C E V，et al. Efficacy of the application of a coating composed of chitosan and Origanum vulgare L. essential oil to control Rhizopus stolonifer and Aspergillus niger in grapes (*Vitis labrusca* L.) [J]. Food microbiology，2012，32 (2)：345-353.

[5] Wucherpfennig T，Hestler T，Krull R. Morphology engineering-osmolality and its effect on Aspergillus niger morphology and productivity [J]. Microbial cell factories，2011，10 (1)：58.

[6] Jørgensen T R，Park J，Arentshorst M，et al. The molecular and genetic basis of conidial pigmentation in Aspergillus niger [J]. Fungal Genetics and Biology，2011，48 (5)：544-553.

[7] Driouch H，Hänsch R，Wucherpfennig T，et al. Improved enzyme production by bio-pellets of Aspergillus niger：Targeted morphology engineering using titanate microparticles [J]. Biotechnology and Bioengineering，2012，109 (2)：462-471.

[8] Krijgsheld P，Altelaar A F M，Post H，et al. Spatially resolving the secretome within the mycelium of the cell factory Aspergillus niger [J]. Journal of proteome research，2012，11 (5)：2807-2818.

[9] Brandl M T，Carter M Q，Parker C T，et al. Salmonella biofilm formation on Aspergillus niger involves cellulose-chitin interactions [J]. PLoS One，2011，6 (10)：e25553.

[10] 毕文龙，崔雨琪，方迪，等. 嗜酸硫杆菌和黑曲霉对电镀污泥重金属浸出效果 [J]. 环境工程学报，2014 (10)：4402-4408.

[11] 彭泓杨. 固定化黑曲霉对废水中铅和铬的生物吸附 [D]. 哈尔滨：东北农业大学，2014.

[12] 徐健. 柠檬酸-沼气双发酵耦联系统创建及关键技术研究 [D]. 无锡：江南大学，2016.

[13] 边雪，尹少华，张丰云，等. 柠檬酸配合浸出分离稀土氧化物与氟化钙 [J]. 材料与冶金学报，2011，10 (4)：

244-248.
[14] 张强，陈贯虹，李昌涛，等．厌氧出水回流对柠檬酸废水处理的影响［J］．化工环保，2014，34（1）：14-18.
[15] 陈振，张艳青．柠檬酸废水处理工程实例［J］．中国给水排水，2011，27（2）：87-90.
[16] 许丹丹，许中坚，邱喜阳，等．重金属污染土壤的柠檬酸-皂素联合修复研究［J］．水土保持学报，2013（06）：57-61.
[17] 吴烈善，吕宏虹，苏翠翠，等．环境友好型淋洗剂对重金属污染土壤的修复效果［J］．环境工程学报，2014（10）：4486-4491.